게임체인지로 가는 첫 여정

탈냉전기 북한의 핵정책과 자주권 쟁탈사

문장권 _____

- 2000년 신한대학교(舊 신흥대학) 행정학과 졸업
- 2002년 육군3사관학교 졸업(학사)
- 2007년 국방대학교 국제관계학과 졸업(석사)
- 2016년 경남대학교 정치외교학과 졸업(박사)
- 현재 육군본부 지상전연구소 연구장교

- 논문: "탈냉전기 북한의 핵정책 결정요인 연구: 정치적 동기설을 중심으로", 『국가전략』, 제24권 1호(2018) 등

- 관심분야: 북한의 핵/WMD, 육군력, 지상전력 발전 등

_____

게임체인지로 가는 첫 여정
탈냉전기 북한의 핵정책과 자주권 쟁탈사

2018년 3월 15일 초판 인쇄
2018년 3월 20일 초판 발행

지은이 문장권
펴낸이 이찬규
펴낸곳 북코리아
등록번호 제03-01240호
전화 02-704-7840
팩스 02-704-7848
이메일 sunhaksa@korea.com
홈페이지 www.북코리아.kr
주소 13209 경기도 성남시 중원구 사기막골로 45번길 14
        우림 2차 A동 1007호
ISBN 978-89-6324-597-3 (93390)

값 23,000원

미래 국가안보 총서 1

게임체인지로 가는 첫 여정

탈냉전기 북한의 핵정책과 자주권 쟁탈사

문장권 지음

북코리아

게임체인지(GameChange)로 가는 '첫 여정'

2018년은 한반도에서 1950년 6·25전쟁이 발발하고 1953년 휴전 협정이 체결된 지 65년을 맞는 해이다. 한반도는 여전히 휴전 중에 있는 것이 냉엄한 현실이다. 북한은 2017년 제6차 핵실험을 포함한 15차례의 탄도미사일 발사 등 무모한 도발행위를 멈추지 않고 있으며, 이로 인해 한반도의 군사적 긴장 수위를 높이고 있다. 특히 북한의 핵무기 고도화로 인한 위협의 증가는 국가안보에 대한 심각한 도전이다. 이에 우리 육군은 북한의 핵무기를 포함한 비대칭 위협에 대응하기 위한 도약적 발전 측면에서 전장의 판도를 단숨에 뒤집을 수 있는 5대 게임체인저(Game Changer)를 제시했다. 바로 ① 전천후 초정밀 고위력의 미사일 전력 ② 전략기동군단 ③ 특수임무여단 ④ 드론봇(드론+로봇) 전투단 ⑤ 워리어 플랫폼이다. 이러한 5대 게임체인저가 전장에서 효과를 백분 발휘하기 위해서는 북한의 비대칭 전력 중에 하나인 핵무기에 대한 이해가 선행되어야 한다. 그래야 창의적인 운용개념이 도출될 수 있으며 이를 바탕으로 효과적으로 억제 및 대응할 수 있는 방안을 마련할 수 있기 때문이다.

이에 본 저서는 북한이 1993년 3월 NPT 탈퇴를 시작으로 한반도에 군사적 긴장사태를 조성 후 제네바 합의를 통해 일단락 되었던 과정을 '제1차 북핵위기', 2002년 고농축 우라늄 의혹문제로 시작되어 2006년 10월 제1차 핵실험까지를 '제2차 북핵위기', 2009년 제2차 핵실험 이후

2017년 제6차 핵실험까지를 '제3차 북핵위기'로 구분하여 '새로운 시각'에서 분석을 시도하여 탈냉전기 북한의 핵무기 기술능력과 핵심 동기(動機)에 대한 이해의 폭을 넓히는 데 목적을 두고 있다.

지금까지 북한은 여섯 차례의 핵실험을 통해 핵무기 고도화를 시도하며 군사적 긴장을 높이고 있다. 그럼에도 불구하고 작금의 북한 핵문제는 너무나 일상화된 주제로 취급되어, 그 중요성에 비해 관심이 무뎌지고 있는 것이 안타까운 현실이다. 이에 한반도의 평화를 정착시키기 위한 선결과제인 '북핵문제' 해결에 대한 관심을 제고시키고 보다 근원적인 해결방안에 대한 다양한 의견을 분출시키기 위한 작은 촉매제가 되기를 기대하는 바람에 보다 많은 독자들이 볼 수 있게 책으로 집필해야겠다고 생각했다.

그동안 탈냉전기 북한의 핵정책 결정요인을 소재로 한 연구는 많이 이루어졌다. 그러나 대부분의 기존 연구는 탈냉전기 북한의 핵정책 결정요인의 안보적 · 경제적 동기 측면을 부각해서 분석하고 있다. 물론 북한이 핵정책을 추구함에 있어 안보적 · 경제적 동기에 영향을 받은 것은 사실이다. 그렇지만 이러한 주장으로 인해 정치적 동기의 중요성이 상대적으로 간과되어서는 안 된다고 생각했으며, 진정 북한이 핵무기 개발을 통해 얻고자 하는 것이 무엇인지 다른 측면에서 고찰해 볼 필요가 있다고 생각했다.

이에 본 저서는 탈냉전기 북한의 핵정책 결정요인을 고찰해 본다는 맥락을 감안하면서 기존 연구가 상대적으로 간과했던 '정치적 동기'를 보다 중요요인으로 바라보고 있다. 필자가 탈냉전기 북한의 핵정책 결정에 있어 '정치적 동기'에 천착한 이유는 과연 북한이 핵정책을 통해 얻고자 하는 것이 무엇일까라는 질문에 대한 답에 '새로운 시각'으로 접근해 볼 필요가 있을 것으로 생각했기 때문이다.

이런 접근을 통해 탈냉전기 북한이 핵정책을 결정함에 있어 각 시기별로 '자주권 수호', '자주권 강화', '자주권 공고화'를 목표로 정치적 동기가 주된 결정요인으로 작용했음을 추론해 볼 수 있었으며, 이러한 북한의 핵정책 결정에 있어 '정치적 동기'를 상쇄시킬 수 있는 방안을 구체적으로 마련해야 한다는 시사점을 얻을 수 있었다.

본 저서는 필자가 2016년 8월 경남대학교 대학원에서 박사학위를 받은 논문인 "탈냉전기 북한의 핵정책 결정요인 연구"를 수정·보완한 것이다. 수정·보완하는 과정에서 독자들이 보다 쉽게 이해할 수 있도록 핵무기 기술 부분에서는 그림을 첨부하였으나, 여러모로 미진한 점이 많다고 생각되며 독자들이 너그러이 이해해주시기를 기대한다.

필자가 이 책을 내야겠다고 결심하는 데 가장 큰 영향을 준 경구가 있다. 그것은 미국의 제35대 대통령이었던 존 F. 케네디(John F. Kennedy)의 취임연설 내용 중 "국가가 나에게 무엇을 해줄 것인지 묻지 말고, 내가 국가를 위해 무엇을 할 것인지 물으라(Ask not what your country can do for you; ask what you can do for your country)"고 했던 경구이다. 이 경구처럼 미약하지만 필자가 국가를 위해 무엇을 할 수 있을까 라는 생각, 그리고 우리 육군이 "강하고, 자랑스러운 육군"으로 발돋움하는 데 작은 도움이 될 수 있지 않을까 하는 생각이 큰 영향을 미쳤다.

이 책이 나오기까지 도와주신 모든 분들께 감사를 드린다. 필자가 박사학위를 취득하기까지 첫 가르침과 도움을 주셨던 안병용 교수님, 권원기 교수님, 장인봉 교수님과 국방대학교에서 석사 학위 과정을 졸업하고 계속해서 학문의 뜻을 두게 도움을 주신 고(故) 윤현근 교수님과 국방대학교 안보정책학과 교수님들께 감사를 드린다.

또한 박사학위 논문이 나오는 데 많은 가르침와 학문적 질정(叱正)을 아끼지 않으신 김근식 교수님, 이수훈 교수님, 김병조 교수님, 구갑우 교수님, 최용환 박사님께 진심으로 감사드린다. 이 분들의 가르침이 없었더라면 이 책은 나올 수 없었을 것이다.

군인으로서 올곧은 모습을 보여주시며 군(軍)의 발전을 위해 지금도 헌신하고 계시는 윤경진 대령님, 정상국 대령님, 김재홍 대령님, 조성욱 대령님의 아낌없는 지도와 격려에 감사를 드린다. 그리고 제3야전군사령부 정보처 장세준 장군님, 박진용 장군님, 조병호 대령님, 작전처 심진선 장군님께도 감사를 드린다. 이 책을 보완하고 완성하는 데 많은 조언과 지도와 격려를 아끼지 않으셨다.

육군본부 지상전연구소에서 마지막 교정 및 정리할 수 있도록 많은 배려와 여건을 마련해 주신 지상전연구소 소장님(육군본부 정책실장님)이신 최인수 장군님, 정책실 표창수 장군님, 팀장님, 연구관님과 선후배 장교님, 육군의 발전에 기여할 수 있도록 많은 기회를 주신 육군본부 정책실 과장님 그리고 선후배 장교님께 진심으로 감사드린다. 또한 정보작전참모부 정보차장님과 과장님 그리고 선후배 및 동료 장교님들께도 감사드린다.

마지막으로 나의 사랑하는 아내와 양가 부모님께서는 박사학위 취득을 매우 기쁘게 생각하셨고 이 책을 완성하는 데 커다란 힘이 되었다.

2018. 3. 1.
육군본부 '미래 혁신을 준비하는' 지상전연구소에서
문장권 Ph. D.

/ 차례 /

표 차례

그림 차례

제1장

서론

제1절 연구의 배경 및 목적

지난 2017년 9월 3일 북한은 조선중앙TV를 통해 "수소탄 실험이 완벽한 성공을 거뒀다"고 제6차 핵실험 내용을 발표했다. 이러한 행위는 국제사회는 물론 한반도를 다시 한번 '북핵위기'의 소용돌이 속으로 몰아넣었다.

'북핵위기'는 한반도의 평화정착을 위해 가장 선차적으로 해결해야 할 문제이다. 왜냐하면 한반도의 생존과 번영에 지대한 영향을 미치는 핵심적인 문제이기 때문이다. 그러기에 북핵문제의 해결에 대한 관심과 노력은 아무리 강조해도 지나치지 않는다. 따라서 이런 시점에 무엇보다도 선차적인 노력을 집중해야 할 분야 중 하나가 '북한은 왜 핵무기를 가지려 하는가?'에 대해 '새로운 시각'에서 고찰해 보는 것이다. 특히 '북핵문제'를 정확히 인식하고 대안을 제시하기 위한 기초자료로서 북한이 핵무기를 가지려는 주장과 논리에 대해 현미경을 통한 것처럼 정밀하게 내부를 들여다보는 노력이 절실히 요구된다.

탈냉전기 북한의 핵정책 결정요인에 대한 분석 및 평가는 수없이 많이 있다. 그러나 북한의 핵무기 개발 의도 분석 및 평가에 있어 정치적 동기 측면을 다소 간과한 가운데 안보적 · 경제적 동기 측면을 부각하며 다루고 있다.

기존 논의에서 북한이 핵정책을 결정하는 데 있어 대내외적 환경이 미치는 영향에 대해 모두 인식하고 있다. 하지만 북한의 대내적 결정요인에 대한 구체적이고 미시적인 접근은 미비하다고 할 수 있다.[1] 특히 탈냉전기 북한의 핵정책[2]과 관련하여 1차 문헌자료를 중심으로 한 구체적인 결정요인을 상정하여 분석한 경우는 드물다고 할 수 있다. 무엇보다도 안보적·경제적 동기 측면 위주의 설명으로 탈냉전기 북한의 핵정책 결정요인 중 안보적·경제적 동기가 절대적인 요인으로 간주되고 있다.

따라서 기존 논의에서 북한의 핵정책 결정에 있어 정치적 동기 측면을 충분히 설명하고 있는가에 대한 의구심을 지울 수 없게 되었고, 그 동안 간과되어온 '정치적 동기' 측면에서 객관적 자료를 근거하여 재조명해 보아야 할 필요성이 증대됐다.

> "세계적으로 핵전쟁위험이 가장 짙은 조선반도정세는 우리 공화국으로 하여금 미제의 로골적인 핵전쟁책동에 대처하여 전쟁억제력을 백방으로 강화해나갈 것을 요구하고 있다. **우리의 핵억제력은 수단이며 자주권[3]과 평화 수호의 보검이다.**"[4](굵은 글씨는 필자가 강조)

> "우리 공화국이 단행한 수소탄시험은 미국을 위수로 한 적대세력들의 날로 가중되는 핵위협과 공갈로부터 **나라의 자주권과 민족의 생존권을 철저히 수호**하며 조선반도의 평화와 지역의 안전을 믿음직

---

1 기존 논의에 대한 구체적인 검토는 제2장 제1절 참조.

2 이 책에서 핵정책은 국가이익을 달성하기 위한 도구적 수단으로 핵관련 일체의 활동을 포함하며, 특히 핵무기 개발·이용·확산과 관련된 제반활동을 포함한 포괄적 범위로서 해당 국가의 목표를 달성하기 위한 정책 활동 개념으로 사용하고자 한다.

3 자주권의 사전적 의미는 "국가가 국내 문제와 대외 문제를 자기 뜻대로 자유롭게 결정할 수 있는 권리"라고 정의하고 있으며, 북한도 상기에서 정의된 바로 인식하고 있다. 〈네이버 사전〉, http://krdic.naver.com/detail.nhn?docid=31846700(검색일: 2017. 12. 25.)

4 『로동신문』, 2008. 10. 15.

하게 담보하기 위한 자위적 조치이다."[5]

　　상기와 같은 북한의 핵무기 개발에 대한 주장을 살펴보면, 자신들의 핵무기 개발을 '자주권 수호' 측면에서 다루고 있음을 엿볼 수 있다. 이는 과거 사례를 통해서도 쉽게 확인이 가능하다.

　　제1차 북핵위기 시 '특별사찰' 문제로 야기된 핵확산금지조약(NPT: Nuclear Non-Proliferation Treaty)[6] 탈퇴 문제를 시작으로 핵연료봉 교체를 통한 '전쟁위기'까지 치달았던 상황과, 제2차 북핵위기 시 '방코 델타 아시아(BDA: Banco Delta Asia) 금융제재' 문제로 6자회담을 통해 해결의 실마리를 찾아나가던 상황이 제1차 핵실험으로 정반대의 상황을 연출하게된 것, 그리고 제3차 북핵위기[7] 시 2009년 '장거리 로켓 발사'를 시작으로 제2차 핵실험, 그리고 일련의 위기조성과 대화국면 연출을 거쳐 다시 2012년 두 차례의 '장거리 로켓 발사'와 2013년 제3차 핵실험을 강행한 상황에 이어 2016년 제4차·5차 핵실험, 그리고 2017년 제6차 핵실험은 기

5　　조선민주주의인민공화국 정부 성명, 『로동신문』, 2016. 1. 7. 북한이 외교정책을 발표하는 정규통로로는 다섯 가지가 있다. 중요도 순으로 나열하면 정부 성명, 외교부 성명, 외교부 대변인 성명, 외교부 대변인 담화, 외교부 대변인 답변(기자회견) 등이 있다. 이 책에서는 북한의 발표 기관이나 형태에 대한 각각 중요도를 고려하기 보다는 북한의 핵정책과 관련해 주장하는 내용을 중심으로 고찰하고자 한다.

6　　NPT는 1968년 UN 채택 1970년 3월 5일 발효되었다. 전문과 11개 조항으로 되어 있으며, 핵무기 생산을 금지하고 핵보유국의 확산을 막는 데 목적이 있다. 조약당사국들인 비핵무기국들은 제3조에 따라 핵에너지의 평화적 이용이 아닌 무기 전용을 방지하기 위해 국제원자력에너지기구(IAEA: International Atomic Energy Agency)와 안전조치협정(Safeguard Agreement)을 체결하고 사찰을 받아야 한다. NPT는 발효된 지 25년이 지난 1995년 조약 제10조 2항 규정에 따라 재평가회의를 열고 조약연장을 결정했다. 회원국들은 조약 영구화가 국가 간 계층분화를 제도적으로 영구화할지 모른다는 우려에서 조약의 유효기간을 25년으로 정한 바 있다. 황영채, 『NPT 어떤 조약인가』(서울: 한울아카데미, 1995), p. 15.

7　　이 책에서 사용하는 제3차 북핵위기 구분에 대한 자세한 설명은 제1장 제2절 참조.

존의 안보적·경제적 동기 측면을 주된 결정요인으로 상정하여 종합적으로 설명하기에는 한계점을 드러내고 있다.

한편, 2009년 이후 북한의 핵정책 결정에 있어 대내적인 변화요인이 감지되고 있었다. 대표적으로 후계자 문제와 관련하여 언론에서 한 정보소식통이 "김정일 위원장이 1월 8일께 노동당 조직지도부에 세 번째 부인 고 고영희씨에서 난 아들 정운을 후계자로 결정했다는 교시를 하달한 것으로 안다"고 언급했다는 보도를 시작으로 이미 북한 내부에서는 일련의 시간표에 맞춰서 후계체제를 구축해 나가고 있음을 엿볼 수 있었다.[8]

이런 판단이 가능한 이유는 2008년 8월 김정일이 와병설과 함께 장기간 공개 행보를 하지 않아 여러 추측들이 난무했었고, 특히 북한 정부 수립 60주년 행사에도 모습을 나타내지 않아 의구심은 증폭되고 있는 상황이었다. 이런 가운데 김정일은 50여 일 만에 공개 행보를 시작했으며, 북한 체제[9]에 이상이 없다는 사실을 대내외에 확인시켰다.[10] 하지만

---

8 『연합뉴스』, 2009. 1. 15.

9 북한의 특수한 정치체제인 수령제에 대한 기존의 개념정의는 '수령의 영도를 대를 이어 계속적으로 실현하는 것을 목적으로 하는 체제'이다. 스즈끼 마사유끼, 유영구 옮김, 『김정일과 수령제 사회주의』(서울: 중앙일보사, 1994), p. 20 이와 함께 다양한 시각 하에서 개념정의를 시도하고 있다. '당국가 체제에서 최고지도자의 인격화된 지배가 관철되는 권력형태' 김연철, "북한의 산업화과정과 공장관리의 정치", 성균관대학교 박사학위논문 (1996), p. 3; '수령을 중심으로 전체사회가 전일적 틀로 편재되어 있고 이를 뒷받침하는 이론적 체계까지 갖춘 지도체계' 이종석, 『조선로동당 연구』(서울: 역사비평사, 1995), p. 16; '수령, 당, 대중의 일심동체' 김광용, "북한 수령제 정치체제의 구조와 특성에 관한 연구", 한양대학교 박사학위논문 (1995), p. 13 등이 있으며, 김근식, "북한 발전전략의 형성과 변화에 관한 연구", 서울대학교 박사학위논문 (1999), p. 122 에서는 위에서 제시된 수령제의 개념 규정인 후계자론, 인격화된 연줄망, 이데올로기적 재생산 체계, 유격대 국가, 유기체적 국가체제 등에 주목함으로써 수령제의 특징들을 종합적으로 표현하고 있다고 본다. 이와 함께 김근식 논문에서는 기존의 논의와 달리 북한 발전 전략의 산물 즉 1950년대 형성된 북한 발전전략이 1960년대를 거치면서 체제원리로 전환된 것으로 본다는 점에서 새로운 시각에서 접근하고 있음을 제시하고 있다.

오랜만에 공개 행보를 통해 보여진 김정일은 급격히 쇠약해져 있었으며, 건강상의 이상이 있다는 징후들을 내보이고 있었다.

사실 북한 내부의 후계자 문제와 관련한 미세한 정치적 변화가 6자 회담 및 핵정책에 어떤 영향을 미쳤는지를 정확히 알 수는 없지만, 2009년 이후의 핵관련 활동들에 대한 언동(言動)을 분석하는 데 있어 중요한 요인이라 할 수 있다.[11]

2009년 버락 오바마(Barack Obama) 차기 행정부 출범 1주일을 앞둔 시점에서 힐러리 클린턴(Hillary Clinton) 국무장관 후보자에 대한 미 의회의 인준청문회가 시작된 1월 13일 오후 북한은 외무성 대변인 담화 형식으로 오바마 차기 행정부에 메시지를 전달했다.

북한 외무성 대변인은 "우리가 9·19 공동성명에 동의한 것은 비핵화를 통한 관계 개선이 아니라 바로 관계정상화를 통한 비핵화라는 원칙적 입장에서 출발한 것"이라며 "우리가 핵무기를 먼저 내놓아야 관계가 개선될 수 있다는 것은 거꾸로 된 논리이고 9·19 공동성명의 정신에

10　『노컷뉴스』, 2008. 10. 5.

11　2006년 12월 30일 사담 후세인 전 이라크 대통령의 사형이 집행됐다. 이를 두고 여러 보도들이 있었는데, 시행한 배경에 대해 "부시 행정부가 '반인륜적 독재자' 후세인을 민주적 사법절차를 거쳐 신속히 제거하면서 국내외의 비판에 직면해 흔들리는 자신의 입지를 되찾아 내년부터 새로운 카드를 낼 수 있는 분위기를 조성하려는 것으로 풀이된다"라고 분석했다. 『연합뉴스』, 2006. 12. 30; 김정일도 이 사실을 알고 있었을 것이고, 2008년 8월 건강이상으로 인한 장기간 공개 행보를 중지하고 10월 이후 공개 행보를 다시 시작했으며, 이어서 2009년 1월 초 후계자를 지정했다는 언론보도 등을 통해서 추측해보면 김정일은 핵정책을 대내적 안정성 추구와 후계자에게 보다 잘 구축된 대내적 기반을 제공해 주는 데 있어서 핵심 정책수단으로 인식하지 않았을까 생각된다. 이러한 추측을 뒷받침해주는 회고록이 출간되었는데, 미국의 6자회담 수석대표였던 크리스토퍼 힐은 "나는 북한이 2008년 가을 협상 진전에 주저한 이유가 내부적 의사결정과 밀접한 관련이 있다고 생각했다. 그것은 바로 김정일 북한 국방위원장이 그해 여름 뇌출혈로 부자유한 상태가 됐다는 사실과 복합적으로 연결되어 있을 것으로 추측되었다"라고 언급했다. 크리스토퍼 힐, 이미숙 옮김, 『크리스토퍼 힐 회고록: 미국 외교의 최전선』(서울: 메디치미디어, 2015), p. 371.

대한 왜곡"이라고 말했다.[12] 이는 비핵화와 관계정상화에 있어 선후관계의 중요성도 제기하면서, 두 관계를 선순환적으로 풀어가기를 바란다는 의미도 내포되어 있다고 볼 수 있다.

이후 미 국무장관 후보자인 클린턴의 상원 인준청문회에서는 북핵 3대 핵심 사안을 검증하겠다고 천명한 뒤 "플루토늄 생산과 우라늄 농축, 핵확산 활동에 대해 충분히 설명하지 않는 한 관계정상화가 이뤄지지 않을 것"이라고 강조했다.[13] 이는 북한이 주장한 관계정상화를 통한 비핵화 주장의 내용과는 대척점에 있게 되었는데, 이러한 초반 북미 간의 팽팽한 입장 대결로 이어지면서 협력보다는 경쟁과 대결구도로 나아가게 되는 출발점이 됐다.

그렇다면 왜 북한은 이와 같은 주장을 했던 것인가? 미국의 차기 행정부가 정식으로 출범하기 전에 단지 기선 제압용이었을까? 아니면 차후 협상 시 보다 유리한 입장에 위치하기 위한 협상용이었을까? 이에 대한 명확한 답을 찾기에 어려움은 있지만, 2008년 후반기 김정일 위원장의 신변 이상 이후 북한이 주장한 내용들을 통해서 유추해 볼 수 있다.

북한은 김정일 위원장 신변 이상 이후에 주지하다시피 후계자 문제에 대해 보다 많은 관심을 기울이기 시작했다. 즉 북한 내부의 정치적 계승의 문제가 보이지 않게 핵심의제로서 다루어지기 시작했던 것이다. 이런 맥락 속에서 북한의 핵정책은 다루어지고 있었고, 대내외적으로 체제를 정당화하는 기제로서 그리고 자주권을 공고화하는 데 있어서 핵심 정책수단으로 인식하고 있음을 엿볼 수 있다.

북한은 2009년 1월 13일 외무성 대변인 담화를 통해 "회담 참가국

---

12   조선민주주의인민공화국 외무성 대변인 담화, 『조선중앙통신』, 2009. 1. 13.

13   『동아일보』, 2009. 1. 15.

들 사이의 자주권 존중과 관계정상화를 통하여 단계별로 조선반도를 비핵화 하는 것, 이것이 공동성명의 골자이다"라고 주장했으며, "우리가 9·19 공동성명에 동의한 것은 비핵화를 통한 관계 개선이 아니라 바로 관계 정상화를 통한 비핵화라는 원칙적 입장에서 출발한 것이다"라고 입장을 밝혔다.[14]

이런 가운데 2월 하순 북한은 장거리 로켓 발사를 예고했으며, 이에 미국을 비롯한 국제사회가 제재를 거론하며 비난을 가했다. 그러자 북한은 3월 24일 외무성 대변인 담화를 통해 "우주공간을 개척하여 평화적 목적에 리용하는 것은 지구상의 모든 나라들이 평등하게 지니고 있는 합법적 권리"이며, "6자회담 참가국들인 일본이나 미국이 유독 우리나라에 대하여서만 차별적으로 우주의 평화적 리용 권리를 부정하고 자주권을 침해하려는 것은 조선반도비핵화를 위한 9·19 공동성명의 《호상존중과 평등의 정신》에 전면배치된다"고 주장했다.[15]

결국 북한은 계획한 대로 4월 5일 장거리 로켓을 발사했고, 얼마 지나지 않아 제2차 핵실험을 강행했다. 이런 북한의 행동은 오바마 행정부로 하여금 강경대응으로 나아가게 하는 계기를 제공함과 동시에 북한이 먼저 진정성을 갖고 협력적 조치를 취하지 않는 한, 북한과의 협상이 더이상 진척될 수 없다는 인식을 확산케 했다.[16]

이와 함께 2010년 3월 천안함 피격 사건, 11월에 북한의 우라늄 농축시설의 공개, 그리고 북한의 연평도 포격 사건이 발생함으로써 한반도에서 위기가 급격히 고조되었고, 북한의 핵확산과 관련된 행동에 대해

---

14 조선민주주의인민공화국 외무성 대변인 담화, 『조선중앙통신』, 2009. 1. 13.

15 조선민주주의인민공화국 외무성 대변인 담화, 『조선중앙통신』, 2009. 3. 25.

16 김근식, "북한의 핵협상: 주장, 행동, 패턴", 『한국과 국제정치』, 제27권 제1호 (2011), p. 165.

우려의 목소리가 높아지자 미국은 북한과 '대화와 협상'의 방법을 선택하지 않을 수 없는 상황에 직면케 됐다.

이러한 대화국면의 조성은 2011년 7월부터 북미 고위급회담을 추동했으며, 결국 대화와 협상을 통해 2012년 2·29 합의를 이끌어냈다.

그러나 북한은 2012년 4월 김일성 주석의 100회 탄생을 경축하기 위한 일환의 행동으로 다시 '장거리 로켓' 발사를 예고하고 이어서 실행했다. 북한은 장거리 로켓 발사를 "자주적이고 합법적인 권리행사"라는 기존의 입장을 되풀이하고 있었다. 이는 결국 오바마 행정부 출범 이후 북미 간에 비핵화와 관련된 사전조치인 2·29 합의를 좌초시켰다. 그리고 다시 12월에 장거리 로켓 발사를 시도했으며, 이에 따른 국제사회의 강력한 대응은 결국 제3차 핵실험의 서막을 열게 하는 모습으로 귀결됐다.

뿐만 아니라 북한은 2016년 1월에 제4차 핵실험을 통해 핵융합 기술력을 보여주었으며, 9월에는 제5차 핵실험으로 핵능력이 더욱 고도화되어가고 있음을 가늠해 볼 수 있었고, 이어서 2017년 9월 제6차 핵실험으로 핵기폭 기술력의 고도화에 더욱 가까워졌다. 즉 북한이 스스로 강조한 '핵무력' 완성 단계에 진입한 것으로 판단된다.

상기의 모습들은 북한이 핵정책을 '자주권'을 수호하고 강화하며 공고화할 수 있는 확실한 대안이라고 인식하고 있음을 엿볼 수 있는 대목들이다.[17]

그렇다면 북한이 핵정책을 '자주권' 문제와 결부시키는 의도는 무

---

17 정성윤 외 4명, 『북한 핵 개발 고도화의 파급영향과 대응방향』(서울: 통일연구원, 2016), p. 11; 정성윤, "북한의 6차 핵실험(1): 평가와 정세전망", 『통일연구원 Online Series』, 제 17-26호, (서울: 통일연구원, 2017), p. 1. 본 책에서 '자주권'과 관련하여 사용하고 있는 '수호'는 '지키고 보호한다'는 의미로, '강화'는 '강하게 됨'을 의미하며, '공고화'는 '견고하고 튼튼하게 함'이라는 의미로 사용하여 북한이 핵정책을 이용하여 자주권을 지켜나가는 수준을 표현한 것이라 할 수 있다.

엇이고, 실제 '자주권' 문제가 핵정책에 영향을 미칠 수 있을까 라는 의문을 떨칠 수는 없지만, 북한의 과거 주장을 확인해 보면 쉽게 유추해 볼 수 있다.

북한은 제1차 북핵위기 시 전쟁위기까지 가는 시발점이 되었던 '특별사찰' 요구를 관철시키기 위한 강한 압력과 힘의 행사를 '자주권'에 대한 도전으로 인식했다. 이는 북한의 외교부 성명을 통해 확인할 수 있었다.

> **"우리는 민족의 존엄과 나라의 자주권을 건드리는 그 어떤 행위도 절대로 용납하지 않을 것이다.** 조선민주주의인민공화국 정부는 미국과 남조선당국자들에 의하여 조선반도에 조성된 엄중한 사태에 대처하여 필요한 자위적인 조치들을 취하지 않을 수 없다."[18]

북한은 '특별사찰' 수용 촉구를 체제의 자주권을 훼손하는 행위로 인식했고, 이에 따른 대응조치로 NPT 탈퇴라는 초강수를 두는 결과로 귀결됐다.

또한 제2차 북핵위기 시에 북한은 'BDA 금융제재' 문제를 자주권 문제와 결부지으며, 제1차 핵실험으로 나아가게 하는 도화선 역할로 작용했다. 아래와 같은 북한의 외무성 대변인 담화의 내용이 이를 잘 보여주고 있다.

> **"미국이 우리를 계속 적대시하면서 압박 도수를 더욱더 높인다면 우리는 자기의 생존권과 자주권을 지키기 위하여 부득불 초강경**

---

18   조선민주주의인민공화국 외교부 성명, 『로동신문』, 1993. 1. 28.

조치를 취할 수밖에 없게 될 것이다."[19]

만약 탈냉전기 북한의 핵정책의 본질이 단지 억지(안보)와 강제(경제)에만 있다면 상기와 같은 '자주권' 수호를 지속적으로 전면에 내세우며 행동으로 보여주었던 조치들은 어떻게 설명될 수 있을까?

결론적으로 탈냉전기 북한은 대내외적 안정성을 추구하기 위한 핵심 정책수단으로 핵정책을 다루고 있으며, 특히 정치적 동기 측면의 '자주권' 문제가 주된 결정요인으로 작용했다는 것을 보여주는 주요한 대목이라 할 수 있다. 물론 어느 한 가지 요인에 의해서 결정되어지는 것이 아니지만, 기존 논의에서 주목하지 못한 정치적 동기가 주된 결정요인이고, 안보적·경제적 동기가 부차적 결정요인으로 작용하여 정책으로 투영됐다는 것이 이 책의 핵심 주장이다.

이러한 주장은 기존 논의에서 북한의 핵정책을 '자주권' 수호를 위한 핵심 정책수단으로 활용하고 있는 현상을 설명해 주지 못하고 있다는 점에 주목함과 함께 상대적으로 소홀히 다루어졌던 정치적 동기 측면에 초점을 맞추고자 한다. 주지하다시피, 탈냉전기 북한은 핵정책 결정시 안보적 요인과 경제적 요인에 대한 교환은 실제로 있었으나, 정치적 요인 측면의 '자주권' 문제와 연관해서는 일체의 양보를 허용하지 않았다는 점에 주목하고자 한다.

예컨대 과거 제1차 북핵위기 시 핵확산 동결과 경수로 2기를 교환하였으며, 제2차 북핵위기 시 9·19 공동성명에서는 핵무기 프로그램의 불능화와 중유지원을 교환했다. 그리고 제3차 북핵위기 시 2012년 2·29 합의에서는 북한은 장거리 미사일 발사 및 핵실험 일시중단과 미

---

19 조선민주주의인민공화국 외무성 대변인 담화,『조선중앙통신』, 2006. 6. 1.

국의 대북 적대 의사 불보유 확인 및 영양지원 24만 톤을 교환했다.

이러한 현상은 안보와 경제가 관련된 사항은 협상의 대상이지만 '자주권'과 관련된 사항은 협상의 대상이 아니었음을 보여주는 증거라 할 수 있다.

보다 자세히 살펴보면, 제1차 북핵위기 시 '특별사찰'로 야기되어 NPT 탈퇴로 이어지고 전쟁위기까지 치닫게 되어 북미 고위급회담을 통해 위기를 해결했을 때도, 결국 '자주권' 문제와 결부된 '특별사찰'은 실행되지 않았다.

그리고 제2차 북핵위기 시 'BDA 금융제재' 문제도 북한은 '자주권' 문제와 결부지으며 6자회담에 불참하고 이어서 미사일 발사와 제1차 핵실험까지 이르게 되었고, 결국 미국은 동결된 자금을 북한에게 전액 돌려주면서 일단락됐다.

이처럼 북한은 탈냉전 이후 핵정책과 관련하여 안보와 경제 관련사항은 협상의 대상으로 다루었으나, 정치적 측면의 '자주권' 문제와 결부된 사항에 대해서는 협상 불가 입장을 나타내고 있었다.

결과적으로 탈냉전기 북한의 핵정책 결정과정은 '제1차 북핵위기: 자주권 수호' → '제2차 북핵위기: 자주권 강화' → '제3차 북핵위기: 자주권 공고화'라는 목표 하에 정치적 동기가 주된 결정요인으로 작용했다.

이 책은 상기의 핵심주장을 바탕으로 탈냉전기 북한의 핵정책 결정에 있어 정치적 동기가 주된 결정요인으로서 작용했다는 것을 재조명해보는 데에 가장 큰 목적을 두고 있다.

제2절 연구의 가설과 범위 및 방법

이 책의 목적은 탈냉전기 북한의 핵정책 결정요인을 고찰하는 데 있다. 다시 말해 탈냉전 이후 북한의 핵정책 결정요인이 무엇이며, 이를 어떻게 평가할 수 있는가를 중심으로 기존 논의에서 상대적으로 소홀히 다루어졌던 정치적 동기에 집중해서 재조명해보고자 한다.

이러한 책의 목적을 달성하기 위한 기본 가설은 "탈냉전 이후 북한의 핵정책은 정치적 동기요인이 주된 결정요인이고 안보적·경제적 동기요인이 부차적 결정요인이며, 이러한 핵정책은 북한의 대내외적 안정성을 추구하는 핵심 정책수단이다"라는 것이다. 상기의 가설이 성립하기 위해서는 '과거 핵확산을 시도한 나라들의 결정요인은 무엇이었는가?'라는 질문에 대답을 할 수 있어야 할 것이다. 왜냐하면 과거 핵확산을 시도한 국가들의 결정요인을 토대로 북한의 핵정책 결정 시에도 이러한 요인들을 동일하게 적용이 가능한지를 고찰해 볼 수 있기 때문이다. 또한 '북한은 어떤 결정요인에 의해 핵정책을 결정하게 되었는가?'에 대해 설명할 수 있어야 한다. 그런 다음에 '과연 북한의 핵정책 결정요인을 어떻게 평가할 수 있는가?'에 대한 대답을 할 수 있어야 할 것이다.

따라서 이 책은 기존의 핵확산 결정요인에 대한 이론적 고찰을 토대로 탈냉전기 북한의 핵정책 결정요인에 있어서 상대적으로 소홀히 다루어졌던 정치적 동기 차원에 중점을 둔 가운데 결정요인에 대해 재조명해 보기 위해 시간의 범위를 구체적으로 상정해서 분석을 시도했다.

　　　　　　게임체인지로 가는 첫 여정

이에 따라 제1차 북핵위기는 1980년대 후반부터 1994년까지를 설정했다. 이는 제1차 북핵위기의 직접적인 도화선이 되었던 영변지역의 첩보위성에 식별된 핵관련 시설들을 포착한 시점을 시작으로 북한과 IAEA 간의 핵안전협정을 체결하고 핵목록 신고에 따른 IAEA 사찰 간 중대한 차이가 발생하면서 위기가 촉발된 이후 1994년 10월 21일 북미 제네바 합의가 체결된 시점까지를 중심으로 북한의 핵정책 결정요인에 대한 분석을 시도했다.

왜냐하면 제1차 북핵위기가 국제문제화 되면서 한반도 내의 중요한 현안 문제로 대두되기 시작한 시점이 1980년대 후반이기 때문이다. 북한은 1985년 소련의 압력으로 NPT에 가입했다. 하지만 IAEA와 핵안전협정을 체결하고 있지 않았다. 이에 미국은 북한이 핵무기를 개발하고 있다는 의혹을 느끼고 있던 가운데, 1989년 3월 영변을 정밀 촬영하는 과정에서 재처리시설과 고폭실험장이 포착됐다. 이는 북한이 핵무기를 개발하고 있다는 명백한 증거였다. 이에 따라 미국은 관련국가들인 소련과 중국을 통해 북한의 핵무기 포기 압력을 가하기 시작했다. 또한 한국과 일본에 대해 관련 내용을 브리핑하고 핵안전협정 서명과 핵사찰을 남북관계 개선 및 북일 관계 개선의 전제조건으로 삼을 것을 요구했다. 이로써 북한의 핵문제는 국제문제화 되기 시작했으며, 이에 따른 북한의 반응이 나오기 시작했다.[20]

1992년 1월 국제환경의 변화와 국제적 회유와 압박 그리고 자구적인 대응책 마련 측면에서 북한은 IAEA와 핵안전협정에 서명했으며, 이어서 핵사찰을 수용했다.

---

20 장달중 · 이정철 · 임수호, 『북미대립: 탈냉전 속의 냉전 대립』(서울: 서울대학교출판문화원, 2011), p. 48.

하지만 북한의 핵시설 사찰 간 발생한 '중대한 불일치'로 야기된 핵무기 개발 의혹 시설에 대한 '특별사찰'을 수용해야 한다는 IAEA를 비롯한 국제사회의 요구를 북한은 '자주권' 문제로 결부지었다. 즉 '특별사찰' 수용 촉구를 자국의 자주권을 훼손하는 행위로 인식했다. 이에 북한은 3월 12일에 NPT 탈퇴를 선언했는데, "북조선을 무장 해제시키고 사회주의 체제를 압살하려는 노골적인 우격다짐"이라고 주장했다.[21]

이처럼 북한은 '특별사찰' 수용 촉구를 핵무기 개발 문제를 해결하기 위한 하나의 협상의제가 아닌 자국의 자주권 문제와 결부지으며, 핵정책의 향방을 결정짓는 핵심 변수로 인식하고 있었다. 결론적으로 제1차 북핵위기 시 북한의 NPT 탈퇴와 이어서 핵연료봉 인출로 위기가 고조되는 일련의 핵관련 행동들의 핵심 변수는 '특별사찰'로 귀결될 수 있으며, 이는 핵정책에서 자국의 정치적 동기 측면의 '자주권' 문제가 가장 우선순위에서 다루어지고 있음을 보여준 증거라 할 수 있다.

제2차 북핵위기는 미국의 켈리(James Kelly) 특사가 북한을 방문한 2002년 10월 3일부터 미국의 오바마 행정부가 출범한 2009년 초반까지로 설정했다. 왜냐하면 제2차 북핵위기의 직접적인 계기를 켈리 특사의 방북 간 미국의 고농축 우라늄(HEU: Highly Enriched Uranium) 의혹과 관련된 주장에 대해 북한의 강석주가 이를 인정하는 것으로 간주되는 발언을 했고, 켈리와 함께 북한을 방문했던 미국 대표단은 만장일치로 사실상 강석주가 북한의 HEU와 관련된 활동에 대해 단호하게 인정했다는 합의에 이르게 되었기 때문이다. 이러한 일치된 합의를 토대로 미국은 정부입장을 발표하며 북한의 핵무기 개발 시인을 기정사실화하였기 때문에

---

21 Don Oberdorfer, *The Two Koreas: A Contemporary History,* Third Edition (New York: Basic Books, 2014), p. 218.

제2차 북핵위기의 시발점을 켈리 특사의 방북 이후로 설정했고, 상기의 위기를 해결하기 위해 마련된 대화의 장인 6자회담을 통해 부분적인 성과를 거두었다. 하지만 한반도 비핵화를 위한 2단계 조치인 10·3 합의를 시행하기 위한 과정 속에서 핵신고 및 검증 문제로 합의에 도달하지 못했다. 그리고 미국에서는 2009년 오바마 행정부가 출범하게 됐고, 북한은 2009년 4월 장거리 미사일 기술을 이용한 로켓 발사 이전까지 새로운 미국 행정부에 대해 탐색을 하며, 새로운 핵정책 방안을 구상하고 있었던 것으로 보인다.[22]

과거 북한은 2003년 NPT 탈퇴를 시작으로 2005년 핵무기 보유선언, 이어서 2006년 제1차 핵실험을 통해 위기를 고조시키며 부분적인 핵확산 활동을 했다. 반면에 북한은 6자회담을 통해 2007년 9·19 공동성명을 이행하기 위한 2·13 합의와 10·3 합의에 동의하고, 북한 내 핵시설을 불능화하는 부분적인 비확산 활동을 보여줬다.

이처럼 2002년 10월을 기점으로 2009년 4월 장거리 로켓 발사 전까지 핵무기 개발 문제와 관련하여 6자회담이라는 대화의 장에서 부분적인 핵확산과 부분적인 비확산 활동을 보여줬다. 주지하다시피, 북한은 2009년 4월 장거리 로켓 발사를 기점으로 해서 마치 자신이 계획한 시간표가 있는 것처럼 시행한 일련의 조치들을(제2차 핵실험, 우라늄 농축작업 착수 선언 등) 강행한 모습은 새로운 위기의 모습이라 할 수 있다.

제3차 북핵위기[23]는 2009년 4월부터 2017년 제6차 핵실험까지 범

---

22 Charles L. Pritchard, *Failed Diplomacy: The Tragic Story of How North Korea Got The Bomb* (Washington, D.C.: Brookings Institution Press, 2007), p. 39.

23 북한의 핵위기를 구분하는 명확한 기준은 현재 없다. 그러나 이 책에서는 제1·2·3차 북핵위기를 시기별로 나누어 구분하고자 한다. 왜냐하면 현재까지 진행된 주요한 사건을 중심으로 북한의 핵정책 결정시 정치적 동기가 주된 결정요인으로 작용했다는 가설을 논리적으로 검증하기 위함이다. 이에 따라 1980년대 말을 시작으로 1994년 북미 기

위를 설정했다. 왜냐하면 2009년 4월 이후 북한의 핵정책 관련 조치들인 장거리 로켓 발사와 제2차 핵실험 그리고 2010년 영변 우라늄 농축 시설 공개, 2012년 두 번의 장거리 로켓 발사와 2013년 제3차 핵실험, 2016년 제4·5차 핵실험 그리고 2017년 제6차 핵실험은 기존 제2차 북핵위기의 모습과는 다른 새로운 전개양상을 띠고 있기 때문이다.

특히 2009년 4월 14일 북한 외무성 성명은 제2차 북핵위기를 해결하기 위해 마련된 6자회담 복귀 거부의 논리와 북한의 핵문제 해결의 기본방향을 설정하는 9·19 공동성명에 대한 자신의 입장을 밝히며, 기존의 협상 틀을 부정하며 비핵화 과정에 대한 새로운 입장을 밝혔다.

> "적대세력들은 우리의 위성발사가 장거리 미사일 능력을 향상시키는 결과를 가져오고 있다고 떠들고 있지만 사태의 본질은 거기에 있지 않다. 위성발사이든, 장거리 미사일 발사이든 누가 하는가에 따라 유엔안전보장이사회의 행동기준이 달라진다는 데 문제의 엄중성이 있다. 일본은 저들의 주구이기 때문에 위성을 발사해도 일없고 우리는 저들과 제도를 달리하고 저들에게 고분거리지 않기 때문에 위성을 발사하면 안 된다는 것이 미국의 논리이다. 미국의 강도적 논리를 그대로 받아 문 것이 바로 유엔안전보장이사회이다. 유엔안전보장이사

본합의문을 체결하면서 일단락되었던 시기를 '제1차 북핵위기'로, 2002년 고농축 우라늄 문제가 불거져 2006년 10월 9일 제1차 핵실험을 실시하고 이러한 위기를 완화하기 위한 2009년 초반까지 일련의 조치과정을 거친 시기를 '제2차 북핵위기'로, 2009년 4월 이후 장거리 로켓 발사 그리고 제2차 핵실험에 이어서 2012년 두 차례의 장거리 로켓 발사, 2013년 2월 제3차 핵실험에 이어 2016년 제4·5차 핵실험 그리고 2017년 제6차 핵실험까지를 '제3차 북핵위기'로 구분하여 북한의 주요한 핵정책 결정시 정치적 동기가 주된 결정요인으로 작용했다는 것을 논리적으로 검증해 보고자 한다. 제2차 북핵위기와 제3차 북핵위기의 구분에 대한 자세한 내용은 백학순, 『오바마정부 시기의 북미관계 2009~2012』(성남: 세종연구소, 2012)를 참조.

회의 행위는 우주는 어떠한 차별도 없이 동등한 기초 위에서 국제법에 부합되게 모든 국가들에 의하여 자유롭게 개발 및 이용되어야 한다고 규제한 우주조약에도 배치되는 난폭한 국제법 유린 죄행이다."[24]

"조성된 정세에 대처하여 조선민주주의인민공화국 외무성은 다음과 같이 선언한다. 첫째, 우리 공화국의 자주권을 난폭하게 침해하고 우리 인민의 존엄을 엄중히 모독한 유엔안전보장이사회의 부당천만한 처사를 단호히 규탄 배격한다. … 둘째, … 회담참가국들 자신이 유엔안전보장이사회의 이름으로 이 정신을 정면 부정해 나선 이상 그리고 처음부터 6자회담에 악랄하게 훼방을 놀아온 일본이 이번 위성발사를 걸고 우리에게 공공연히 단독제재까지 가해나선 이상 6자회담은 그 존재의의를 돌이킬 수 없이 상실하였다. … 우리의 주체적인 핵동력 공업구조를 완비하기 위하여 자체의 경수로 발전소건설을 적극 검토할 것이다. 셋째, 우리의 자위적 핵억제력을 백방으로 강화해 나갈 것이다."[25]

상기에서 주장한 북한 외무성 성명 내용은 제2차 북핵위기에서 보여졌던 모습과는 다른 전개양상을 보였으며, 이러한 모습은 새로운 위기로 명명될 수 있다는 전문가들의 의견이 다수 있었고,[26] 이를 비판적으

---

24 조선민주주의인민공화국 외무성 성명, 『조선중앙통신』, 2009. 4. 14.

25 조선민주주의인민공화국 외무성 성명, 『조선중앙통신』, 2009. 4. 14.

26 중국의 한반도 전문가인 류장융(劉江永) 교수는 북한의 장거리 로켓 발사로 이어진 제2차 핵실험 국면을 제3차 북핵위기라 부를 수 있다고 했다. 『YTN』, 2009. 5. 25; 구갑우, "'3차 북핵위기'와 북미 핵협상의 역사적 교훈: 북미 핵갈등은 왜 계속되고 있는가", 『한반도 포커스』, 2009년 7 · 8월호, p. 15; 제3차 북핵위기가 조성되고 있다는 주장도 제기됐다. 『문화일보』, 2009. 4. 27; 『내일신문』, 2009. 6. 11; 한국의 북한 문제 전문가인 백

로 고찰한 결과 이 책에 원용할 수준으로 판단했다. 또한 이러한 시기 구분은 탈냉전기 북한의 핵정책 결정과정을 보다 구체적으로 분석할 수 있다는 장점을 발견할 수 있었다. 따라서 이 책에서는 2009년 4월 장거리 로켓 발사 이후 제2차 핵실험으로 야기된 위기를 제3차 북핵위기로 규정하고자 한다.

2009년 미국의 오바마 행정부가 새로 등장하고 북미 간 새로운 관계 설정을 위한 과정 속에서 김정일 국방위원장이 장거리 로켓을 발사하고 제2차 핵실험까지 강행했고, 2011년 말 김정일 사후 김정은 체제의 등장으로 새로운 대내외관계의 방향을 설정하는 과정 속에서 2회에 걸친 장거리 로켓 발사와 기존 제1·2차 핵실험과는 차원이 다른 제3∼6차 핵실험을 강행하게 된 결정요인에 대한 분석을 시도하기 위해 구체적인 범위를 설정한 것이다.

연구방법 측면에서는 역사적 접근법과 사례 중심적 접근법을 함께 사용하고자 한다. 전술한 바와 같이 북핵위기를 세 시기로 나누어 핵정책 결정요인을 분석하고, 각 시기별 결정요인 간 관계를 평가해보고자 한다.

이와 함께 이 책은 문헌 분석을 통해 주된 목적을 달성코자 한다. 먼저는 핵확산 이론과 관련된 문헌을 통해 분석을 시도할 것이며, 북한의 핵정책 결정요인에 있어서 제(諸) 동기요인에 대해서는 북한의 1차 문헌을 적극 활용할 것이다. 또한 미국 측 1차 문헌도 함께 활용할 예정이며, 1차 문헌을 보완하기 위해 미국의 대북정책에 직접 관여한 정부관계자들의 인터뷰와 언론보도 내용 그리고 회고록도 함께 활용하고자 한

학순 박사는 북한의 장거리 로켓 발사를 시작으로 제2차 핵실험, 경수로발전소 건설 등의 새로운 위기를 제3차 북핵위기라 명명했다. 백학순, 앞의 책, pp. 29∼32.

다. 분석의 수준 측면에서는 북한을 합리적 의사결정체[27]로 보고 분석했으며, 이와 더불어 대내외적 환경과 핵기술능력 그리고 제 동기요인을 고려하여 북한의 핵정책을 분석하고 있다. 이는 합리적 의사결정체로써 북한의 국가이익[28]을 가정하고 핵정책을 그 합리적 실현과정으로 파악하는 관점이다. 즉 북한 역시 주어진 환경을 나름대로의 합리적 기준에 의해 인식하고 역시 나름대로의 합리적 정책결정과정을 통해 국가이익을 극대화하는 방향으로 핵정책을 다루고 있다는 점에서 국제관계의 한 성원에 불과하다는 점을 부정할 수 없기 때문이다.

이런 점을 감안해보면 북한의 핵정책도 대내외적 환경과 핵기술능력, 정치적 · 안보적 · 경제적 동기요인의 복합적 상호작용을 통해 결정되어진다고 간주할 수 있다.

---

27 이 책에서 언급하고 있는 '합리적'이라는 개념은 목표추구성 측면에서의 합리성을 지칭한다. 즉 어느 국가든 국가목표를 세우고 그것을 달성하기 위해 일련의 정책을 추진함에 있어 나름대로의 이론이나 이치에 합당한 방향으로 나아간다는 의미라 할 수 있다. 예를 들어 어느 전투에서 나폴레옹의 전략이 합리적이었다는 말은 당시 그의 군사적 목표에 비추어 그가 취한 선택이 최선이었다는 것을 의미한다. 그래엄 앨리슨 · 필립 젤리코 저, 김태현 역, 『결정의 엣센스: 쿠바 미사일 사태와 세계핵전쟁의 위기』(서울: 모음북스, 2005), p. 60.

28 일반적으로 국가이익은 국가생존, 국가안보, 경제적 번영, 자국의 가치 증진, 호의적이고 유리한 국제질서의 창출 등을 공통된 기본내용으로 하고 있다. 국가이익은 우선순위에 따라 존망의 이익(survival interest), 핵심적 이익(vital interest), 중요한 이익(major interest), 지엽적 이익(peripheral interest)으로 구분된다. 국가이익에 대한 개념 및 유용성에 대한 자세한 내용은 Hans J. Morgenthau, *In Defense of the National Interest: A Critical Examination of American Foreign Policy* (New York: Alfred A. Knopf, 1951); Charles A. Beard, *The Idea of National Interest: An Analytical Study in American Foreign Policy* (Chicago: Quadrangle Books, 1966); 구영록, 『한국의 국가이익』(서울: 법문사, 1995) 참조.

제3절 책의 구성

이 책의 구성은 다음과 같다. 제1장에서는 연구의 배경 및 목적과 가설·범위 그리고 방법을 기술했다. 탈냉전기 북한이 핵정책을 결정함에 있어 각 시기별로 '자주권 수호', '자주권 강화', '자주권 공고화'라는 정치적 동기가 주된 결정요인으로 작용했다는 점에 주목하고 있다. 이러한 주장을 뒷받침해주기 위해 가설을 설정하고 논리적으로 검증하는 접근방법을 택하고 있다. 제2장은 기존의 핵확산과 관련된 3가지 연구경향의 내용과 의미를 고찰한 후 이를 기초로 하여 탈냉전기 북한 핵정책의 결정요인에 대한 분석의 틀을 모색해 보았다. 특히 핵확산 원인에 대한 기존 이론들의 면밀한 분석을 통해 한계점을 고찰한 후 북한이 왜 핵무기를 가지는가에 대한 기존 가설들을 실제 사례에 대입함과 함께 발전적 논의를 통해 탈냉전기 북한의 핵정책 결정요인을 고찰할 수 있는 분석의 틀을 제시했다.

이 책의 핵심내용을 담고 있는 제3, 4, 5장에서는 제1·2·3차 북핵위기 시 전개과정과 핵기술능력 수준을 기술한 후, 북한의 핵정책 결정요인을 정치적 동기, 안보적 동기, 경제적 동기의 세 가지 차원에서 분석하고, 정치적 동기가 주된 결정요인으로 작용했다는 것을 재조명해보고자 한다.

보다 구체적으로 살펴보면 제3장에서는 제1차 북핵위기 시 북한이 핵정책을 결정할 시 '자주권 수호'라는 정치적 동기가 주된 결정요인으로, 안보적 · 경제적 동기가 부차적 결정요인으로 작용했다는 것을 검증해 볼 것이다.

　제4장에서는 제2차 북핵위기 시 북한이 핵정책을 결정할 시 '자주권 강화'라는 정치적 동기가 주된 결정요인으로, 안보적 · 경제적 동기가 부차적 결정요인으로 작용했다는 것을 검증해 볼 것이다.

　제5장에서는 제3차 북핵위기 시 북한이 핵정책을 결정할 시 '자주권 공고화'라는 정치적 동기가 주된 결정요인으로, 안보적 · 경제적 동기가 부차적 결정요인으로 작용했다는 것을 검증해 볼 것이다.

　제6장은 이 책의 결론 부분으로서 이상에서 논의된 내용을 요약하고 북한의 핵정책 결정 시 정치적 동기가 주된 결정요인으로 작용했다는 점과 안보적 · 경제적 동기요인이 부차적 결정요인으로 작용했다는 점을 평가해보고자 한다.

제2장

핵확산 이론에 대한
고찰과 분석틀

제1절 핵확산 이론에 대한 비판적 고찰

　　국제 핵확산 논의는 핵확산 원인, 국제질서 영향, 정치체제와의 연관성 등 3가지로 구분된다. 첫 번째 연구경향은 핵확산 원인에 대한 논의로서 핵확산의 원인을 핵기술(물질, 운반체 등), 경제능력, 산업능력 등 핵무기 프로그램에 필요한 제반기술의 유무에서 핵확산의 원인을 찾고자 했는데, 이 이론이 기술이론(技術理論, Technical Theory)이다.[1] 기술이론은 핵확산 이론의 출발점이라고 할 수 있는데, 1950년대와 1960년대에 걸쳐 비튼과 매독스(Leonard Beaton and John Maddox), 클리브(William R. Van Cleave), 웬츠(Walter B. Wentz)등에 의해 논의됐다.[2] 기술적 필연성에 의해 핵확산이 이루어진다는 논리구조를 가지고 있는 기술이론은 핵확산을 예방·통제하기 위한 처방책에 대해서 핵기술의 전파 통제와 금지를 중심으로 제시하고 있다.

　　이후 핵확산의 원인을 핵잠재능력의 기술적 필연성에 의해서가 아

---

[1] Stephen M. Meyer, *The Dynamics of Nuclear Proliferation* (Chicago: The University of Chicago Press, 1984), pp. 19~43.

[2] 기술이론을 통해 핵확산의 원인을 규명하려고 시도한 연구는 Leonard Beaton and John Maddox, *The Spread of Nuclear Weapons* (New York: Frederick A. Praeger, The Institute for Strategic Studies, 1962); William R. Van Cleave, "Nuclear Proliferation: The Interaction of Politics and Technology," Ph. D. Dissertation at Claremont Graduate School, (1967); Walter B. Wentz, "Nuclear Proliferation: A Study of the New Reality," Ph. D. Dissertation at Claremont Graduate School (1967) 등이 있음.

니라 해당 국가가 처해 있는 대내외적 상황이 조성한 동기요인(motive factors)에 의해 핵무기 개발의 원인을 찾고자 했던 이론이 1970년대 이후에 등장한 동기이론(動機理論, Motivational Theory)이라 할 수 있다.[3] 동기이론을 핵확산의 주요 원인으로 설명하고자 하는 연구자들은 핵기술능력을 충분조건 중 하나로 생각하며, 동기이론의 핵심 개념인 동기요인 즉 정치적 · 안보적 · 경제적 동기요인들이 핵무기 개발로 나가지 못하게 하는 동기억제요인보다 클 때 핵무기 개발로 나아가게 된다는 논리구조를 가지고 있다.[4] 동기요인에 의해 핵확산이 이루어진다는 논리구조를 가지고 있는 동기이론은 핵확산을 예방 · 통제하기 위한 처방책에 대해서는 동기요인을 억제하기 위한 처방을 중심으로 제시하고 있다.[5]

연계이론(連繫理論, Linkage Theory)은 앞에서 논의된 기존 두 이론과는 차이점을 보이고 있다. 즉 수직적 핵확산과 수평적 핵확산 간의 연계성을 중심으로 논리구조를 가지고 있다.[6] 연계이론은 핵확산의 원인이 핵

---

3   Stephen M. Meyer, *op. cit.*, pp. 73~74.

4   *ibid.*, pp. 141~143.

5   동기이론을 통해 핵확산 원인을 규명하려고 시도한 연구는 Lewis A. Dunn & Herman Kahn, *Trends in Nuclear Proliferation: 1975-1995* (New York: Hudson Institute, 1976); William C. Potter, *Nuclear Power and Non-Proliferation: An Interdisciplinary Perspective* (Cambridge, Massachusetts: Olgeschager, Gunn & Hain, Publishers, Inc., 1982) 등이 있으며, 메이어에 와서 이러한 논의들을 동기이론으로 명명하면서 체계화를 시도했다. 한편, 일부에서는 동기이론에서 파생된 '유사동기이론(Quasi-Motivational Theory)'이 논의되고 있는데, 유사동기이론은 핵확산의 원인에 관해서는 동기이론과 동일한 논리구조를 취하면서도 핵확산에 대한 처방책에서는 기술이론을 받아들이는 논리구조로 기술적 능력의 통제와 거부를 제시하고 있다. 이에 관해서는 Thomas Dorian & Leonard Spector, "Covert Nuclear Trade and International Nuclear Regime," *Journal of International Affairs*, Vol. 35, No. 1 (Sping/Summer, 1981); John J. Weltman, "Managing Nuclear Multi-Polarity," *International Security*, Vol. 6, No. 3 (Winter, 1981/1982) 등을 참조.

6   세부적인 내용은 Sadruddin A. Khan, ed., *Nuclear War, Nuclear Proliferation and their Consequences* (New York: Oxford University Press, 1986), pp. 121~164; Taewoo. Kim, "Nuclear Proliferation: Long Term Prospect and Strategy on the Basis of a Realist Explanation of India

무기 보유국들의 수직적 확산과 연계되어 있다는 주장을 보이고 있다. 하지만 핵확산을 예방·통제하기 위한 처방책에 대해서는 상반된 입장을 보이고 있다. 미국 중심의 '자유주의적(liberal)' 입장은 핵무기 보유국이 수평적 핵확산을 억제하는 비확산 체제를 유지하기 위한 방안들을 제시하고 있다. 이와는 반대로 제3세계학자들의 일반적인 입장은 핵무기를 갖지 못한 국가들과 핵무기를 보유한 국가들 간에 착취적이며 불공정한 구조를 띠고 있기 때문에 현재의 핵정치구조의 구조적인 변화만이 핵확산의 문제를 해결할 수 있다는 주장이다.[7]

독자적 발생이론에서는 핵확산 원인의 유사성을 찾아낼 수 있어도 결코 같은 경우가 발생하지 않는다는 논리구조를 이루고 있다. 기존의 기술이론, 동기이론, 연계이론처럼 핵확산이 일정한 가설에 의해 논리가 이루어지고 있는 것이 아니라 반복될 수 없는 많은 요인들이 한순간에 결합되어 그러한 결정이 이루어졌기에 핵무기 개발 결정은 다른 특성을 지니고 있다는 주장이다.[8]

두 번째 연구경향은 핵무기 개발이 국제질서의 안정에 미치는 영향에 대한 논의로서 크게 핵확산 낙관론(optimism)과 비관론(pessimism)적 입장으로 대별되고 있다. 현실주의학파 내에서는 대체적으로 핵확산에 대해 낙관적인 입장을 보이고 있는데, 이는 냉전시기 미국과 소련 간 핵억지력이 국제질서의 안정감을 가져다 줬다는 주장에 기초하고 있다.[9] 낙관

Case," Dissertation for Ph. D. of Political Science (State University of New York at Buffalo, 1989), pp. 69~77 참조.

7   Taewoo. Kim, *op. cit.*, pp. 69~74.

8   Stephen M. Meyer, *op. cit.*, p. 17.

9   Keneth N. Waltz, "The Spread of Nuclear Weapons: More May Be Better," *Adelphi Paper*, No. 171 (1981). 위 논문에서는 핵무기로 인해 국제관계는 보다 신중하고 사려깊은 행동을 유발하기 때문에 핵무기 개발 국가가 증가할수록 전쟁의 가능성은 줄어든다고 주장하

적인 입장에서는 핵무기 개발에 참여하는 국가들이 증가할수록 핵무기 사용에 대한 두려움이 증가하게 되고 핵무기 사용으로 인한 위험은 어느 정도 낮아질 것이며, 핵확산이 전쟁의 가능성마저도 상당 부분 희석시킬 수 있다는 주장에 기반을 두고 있다고 할 수 있다.[10] 반면에 비관적인 입장에서는 오히려 핵확산이 수평적인 모습으로 나아갈 경우에는 국제질서의 안정 측면에는 부정적인 영향을 미칠 것이라고 주장하고 있는데, 과거 미소 간의 핵억지로 인한 국제질서의 안정감은 미소 간의 전략적 측면에 기인한 것이지 핵무기 소유로 인한 것은 아니라는 것이 주된 주장이다.[11] 핵확산으로 인한 전략적 결과의 부작용들은 지역의 안정성을 훼손할 뿐만 아니라 국제질서의 안정성 측면에서도 긍정적인 작용을 하지 못한다고 주장한다.[12]

세 번째 연구경향은 정치체제와 핵확산과의 연관성에 대해 중점을 두고 논리적 주장을 하고 있다. 정치적 상대주의(political relativism)는 국내정치구조에 대한 접근을 통해서 핵확산과 정치체제와의 상관관계에 초점이 맞추어져 있다. 이런 접근의 출발점은 슐레진저(James Schlesinger)의 연구에서 찾아볼 수 있다. 정치적 상대주의 입장에서는 핵확산에 영향을 미치는 것은 해당 국가의 무기체계의 양과 질에 의하기보다는 국가의 체

고 있다.

10 John Mearsheimer, "The Case for a Ukrainian Nuclear Deterrent," *Foreign Affairs*, Vol. 72, No. 3 (Summer, 1993), pp. 50~66; 존 J. 미어셰이머, 이춘근 옮김, 『강대국 국제정치의 비극』(서울: 나남출판, 2004), pp. 429~446.

11 Karl Kaiser, "Nonproliferation and Nuclear Deterrence," *Survival*, Vol. 31, No. 2 (March/April, 1989), pp. 123~136.

12 Peter R. Lavoy, "The Strategic Consequences of Nuclear Proliferation," *Security Studies*, Vol. 4, No. 4 (Summer, 1995), pp. 717~753.

제 성격에 따라 결정된다고 주장하고 있다.[13] 이러한 주장은 핵확산의 전략적 결과에 대한 정치적 상대주의의 관점을 갖고 있다고 볼 수 있다. 이처럼 정치적 상대주의의 관점으로 접근하고 있는 연구자들은 아래와 같은 몇 가지 신념을 가지고 있다고 볼 수 있다. 첫째, 해당 국가의 전략적 행동의 주요한 요인에 있어 무기체계의 기술적 능력에 대한 해당 국가의 전략적 입장에 대해 중요하게 여긴다. 둘째, 특정 국가의 전략문화는 속성상 타국가보다 평화를 더 선호할 수도 있고, 어떤 정치체제는 다른 국가의 정치체제보다 더 평화를 선호하는 경향이 있다는 것을 보면서 특정 국가의 정치체제, 이데올로기, 그리고 전략문화를 중시한다. 셋째, 핵억지가 작동하는 논리구조상에도 충분히 오류가 발생할 수 있다는 회의적인 입장에 대해 동의하고 있다. 넷째, 핵확산에 대한 일부 비관적인 입장에서도 일부 조건을 충족 시 핵확산이 그리 큰 위험이 아니라고 주장하는 바를 일정 부분 인정하고 있다.

이처럼 냉전 이후 등장한 핵무기 개발 시도국들의 효과적인 통제를 위한 처방책 마련에 논리적 근거를 제시해준 것이 정치적 상대주의이다.[14] 이러한 정치적 상대주의의 입장을 받아들이고 있는 학자들은 국가를 정치체제 성향에 맞게끔 범주화를 시도한 다음에 핵무기 개발 동기를 억압할 수 있는 정책을 사용하여 좌절시켜야 한다고 주장하고 있다. 이러한 입장을 추구하고 있는 만델바움(Michael Mandelbaum)은 냉전시기 독일과 일본에게 핵우산을 제공했던 정책을 유지한 가운데, 1990년대 초

---

13 James R. Schlesinger, "The Strategic Consequences of Nuclear Proliferation" in James E. Dougherty and J. F. Lehman, Jr. ed., *Arms Control for the Late Sixties* (New York: D. Van Nostrand, 1967).

14 Anthony Lake, "Confronting Backlash States," *Foreign Affairs*, Vol. 73, No. 2 (March/April, 1994), pp. 45~55.

반 파키스탄, 이스라엘, 우크라이나와 같은 국가에 대해서는 안보를 추구함에 있어 핵무기 개발에만 함몰되지 않도록 외교적인 노력을 경주하고, 미국의 국가이익에 나쁜 영향을 끼칠 수도 있는 소위 '불량국가(rouge states)'로 명명되는 이란과 이라크 그리고 북한에 대해서는 핵무기 개발에 몰두하지 않도록 압력을 행사하고 필요하다면 군사력도 사용이 가능할 수 있다는 것을 보여주어야 한다고 주장하고 있다.[15]

이상과 같이 핵확산에 대한 이론적 세 가지 연구경향에 나타나는 핵확산 원인에 대한 이론과 확산의 결과가 국제질서의 안정에 미치는 영향, 그리고 핵확산과 정치체제와의 상관관계에 대한 이론적 접근 등은 그 자체가 유의미한 논리적 구조를 지니고 있어 부분적인 핵확산의 양상에 대해서 설명의 도구 역할을 충분히 해오고 있다. 이러한 다양한 연구시도는 현재까지 국제사회가 핵확산의 부정적인 영향을 감소시킬 수 있는 정책적 대안인 국제적 제도 마련과 안보 보장 제공 등 나름의 역할을 해오는데 핵심적인 역할을 담당했다고 볼 수 있다.

상기에서 논의된 핵확산 관련 세 가지 연구경향들은 나름 핵확산의 원인과 영향 그리고 대응책 마련 측면에서 일정한 유용성을 가지고 있다고 할 수 있다.

한편, 본 연구와 연관해서 살펴보면 첫 번째 연구경향인 핵확산의 원인에 대한 논의에 있어 다양한 핵확산 원인에 대해서는 설명할 수 있는 논리적 근거를 제시하고 있음에도 불구하고 이 책의 연구대상이 되는 탈냉전기 북한의 핵정책 결정요인을 도출해내는 데 있어서 핵확산 원인에 대한 발전적 논의가 필요하다고 판단했다.

---

15   Michael Mandelbaum, "Lessons of the Next Nuclear War," *Foreign Affairs*, Vol. 74, No. 2 (March/April, 1995), pp. 22~37.

왜냐하면 북한은 제1차 북핵위기 시 1992년 1월 30일 IAEA와 안전 협정을 체결하기 이전에 이미 핵무기 개발의 충분조건이라 할 수 있는 핵기술능력을 갖추고 있었음에도 핵무기 개발을 위한 활동을 숨기고 있었기 때문이다. 북한이 핵무기 개발 활동에 대해 숨기려 했던 의도에 대해서는 명확히 알 수는 없지만, 핵잠재능력 국가가 핵기술능력만 갖추었다고 해서 바로 핵무기 개발 국가로 나아가지 않는다는 기존 동기이론의 가설을 뒷받침해주는 사례라고 할 수 있다. 즉 앞에서 제시된 동기이론에서 핵무기 개발의 필요조건이 존재해야 핵무기 개발로 나아갈 수 있음을 방증하고 있다.

뿐만 아니라 2005년 9·19 공동성명 채택 이후 6자회담에 순풍이 불고 있었음에도 불구하고, 'BDA 금융제재'로 인해 북한은 2006년 미사일 발사와 핵실험을 강행한 경우에도 환경의 변화나 핵기술능력의 요인보다는 제재에 대해 북한의 '자주권'을 침해하는 행위로 인식하고, '자주권' 수호 측면에서 핵정책을 추구해 나갔음을 엿볼 수 있다. 또한 오바마 정부가 출범 이전에 북한과 대화를 할 수 있다는 메시지를 보냈음에도 불구하고,[16] 2009년 4월 장거리 로켓 발사에 이은 제2차 핵실험을 강행했던 경우에도 핵기술능력이 획기적으로 진화된 내용이 없음을 고려 시 이는 북한 내부의 정치적 동기요인이라 할 수 있는 자주권을 공고화하기 위한 목적 하에 핵정책을 다루고 있음을 보여주는 대목이다.[17]

즉 탈냉전 이후 북한의 핵정책은 대내외적 환경과 핵기술능력의 진

---

16 Jeffrey A. Bader, *Obama and China's Rise: An Insider's Account of America's Asia Strategy* (Washington D. C.: The Brookings Institution, 2012), p. 29.

17 이에 대해 북한 문제에 정통한 전문가들은 오바마 행정부 출범 초기에 너무나 성급한 행동을 했다는 평가를 내놓았다. 백학순, 『오바마정부 시기의 북미관계 2009~2012』, pp. 74~75; 김근식, "북한의 핵협상: 주장, 행동, 패턴", pp. 162~168 참조.

화에 따른 결정이 아니라 정책을 결정할 당시의 최고지도부 내의 어떠한 동기요인이 발생하게 되는지에 따라 좌우된다는 것을 보여주는 대목이라 생각된다.

상기의 내용을 고려해 보면 기존 핵확산 원인에 대한 이론적 근거로서 기술이론이 갖고 있는 여러 한계점을 확인할 수 있었으며, 동기이론을 통해서만 설명할 수 있는 사례가 나타나고 있다는 점을 볼 때 북한의 핵정책 결정요인을 고찰함에 있어서 보다 유용한 이론은 동기이론임을 알 수 있다.

그럼에도 불구하고 기존 동기이론이 가지고 있는 한계점은 동기요인에 대한 구체화된 유형을 제시해주고 있지 못하고, 단지 다양한 요인들을 제시하는 차원에 머물러 있다는 점이다.[18] 이는 특정 국가의 핵확산으로 나아갈 때 동기요인이 작용하지만 어떠한 동기요인이 작용하는지에 대한 충분한 설명을 하지 못하고 있다. 그렇기 때문에 특정 국가의 핵확산으로 나아가는 동기요인에 대한 보다 체계적이고 복합적인 설명이 가능한 분석틀 개발의 필요성이 절실히 요구된다.

따라서 핵잠재능력을 갖추고 있는 특정 국가의 핵정책 결정요인을 분석함에 있어서 핵무기 개발의 충분조건인 핵기술능력 측면에서 살펴보기보다는 동기이론에서 주장하고 있는 동기요인 측면에서 분석이 필요하되 보다 구체적인 설명을 할 수 있는 분석틀을 마련해야 탈냉전기 북한의 핵정책 결정요인을 분석하는 데 있어서 종합적인 설명이 가능하다.[19]

---

18 Stephen M. Meyer, *op. cit.*, pp. 13~14 참조.

19 Stephen M. Meyer, *The Dynaimcs of Nuclear Proliferation (Chicago : The University of Chicago Press, 1984)*; Scott Sagan and Kenneth Waltz, *The Spread of Nuclear Weapons* (New York/London: W. W. Norton & Company, 1995); Victor A. Utgoff ed., *The Coming Crisis: Nuclear*

이에 책에서는 기존에 논의되었던 동기요인에 대한 세부적인 항목을 비판적으로 고찰함과 함께 책의 목적을 달성할 수 있게끔 동기요인의 유형화를 시도하였으며, 세부 내용은 다음과 같다.

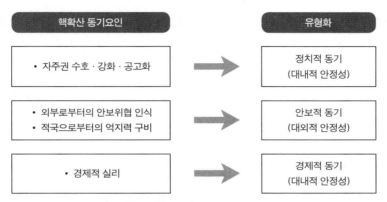

<그림 2-1> 핵확산 동기요인과 유형화

〈그림 2-1〉에서 제시된 핵확산 동기요인의 유형화 시도는 탈냉전기 각 시기별 북한의 핵정책 결정요인에 대한 관계를 평가해봄으로써 어떠한 요인이 보다 중요하게 다루어졌는지를 고찰해 보기 위한 선별작업이라 할 수 있으며, 이를 통해 차후 북한의 핵정책에 대한 대응방안을 마련하고 적용할 때에 순서를 결정할 기초자료로 활용될 수 있다.

이 책은 핵확산 동기요인을 정치적 동기, 안보적 동기, 경제적 동기로 구분하고자 한다. 정치적 동기라는 개념은 국가의 구성요소 중 주로

Proliferation, U. S. Interests, and World Order (Harvard University Cambridge, Mass.: MIT Press, 2000); Scott Sagan and Kenneth Waltz, *The Spread of Nuclear Weapons*, Second Edition (New York/London: W. W. Norton & Company, 2003); Scott Sagan and Kenneth Waltz, *The Spread of Nuclear Weapons*, Third Edition (New York/London: W. W. Norton & Company, 2013).

자주권이 훼손당하거나 침해되지 않도록 하기 위한 행동의 직접적인 원인이라 할 수 있다. 즉 국가의 자주권에 관한 내용이며 대내적 안정성과도 깊은 연관성을 갖고 있다. 예를 들어 북한의 경우에는 국제레짐의 가입과 깊은 연관이 있다고 할 수 있다. 국제레짐의 가입여부는 국가의 자주권에 해당되는데, 국제레짐에 가입하지 않을 경우 이를 독려하거나 강제하려 할 때 피가입 국가에서는 '자주권'이 침해되는 경우라고 인식 할 수 있다.

안보적 동기라는 개념은 외부로부터의 안보위협을 인식함과 함께 국가를 보호하기 위한 일련의 행동을 일으키는 직접적인 원인이라 할 수 있다. 즉 안보위협을 인식하고 이에 대한 대응방안을 추구하게 되는데 대표적인 방법이라 할 수 있는 국가능력의 핵심인 파워(power)[20]를 구비하는 것이며, 이는 국가안보의 핵심적 수단이라 할 수 있다. 파워는 외부의 위협을 억지할 수 있는 수단이 될 뿐만 아니라 국가의 대외적 안정성을 유지할 수 있는 수단이 되기도 한다.

---

20 파워(power)에 대한 다양한 정의가 존재한다. 모겐소(Hans J. Morgenthau)는 "상대방 국가의 정책에 영향을 미치거나 상대방 국가의 행동을 지배할 수 있는 능력(who is influencing whom with respect to what)"으로 정의했다. 달(Robert A. Dahl)은 파워를 "상대방에게 자신의 의지를 강요할 수 있는 능력(the ability to ger others to do what they otherwise would not do)"이라고 정의했다. 대부분의 학자들은 "상대방의 행동이 자신의 목표와 일치할 수 있도록 영향력을 행사할 수 있는 능력"을 제공하는 수단(means), 힘(strength) 또는 능력(capacity)으로서의 파워에 초점을 맞추고 있다. 이와 함께 논의되어지고 있는 개념으로 '소프트 파워(soft power)'는 본 논의의 선호대상을 만들어내는 능력에 바탕을 두고 있다. 소프트 파워는 협력을 이끌어내기 위해 (무력이나 경제력이 아닌) 색다른 통용수단을 활용한다. 즉 공동의 가치와 정당성, 그리고 그런 가치의 실현에 기여해야 한다는 책임감에 매력을 느끼게 하는 것이다. 이 책에서 사용하는 파워의 개념은 모겐소의 파워의 개념을 원용하고자 한다. Hans J. Morgenthau, *Politics Among Nations: The Struggle for Power and Peace*, 5Th Edition (New York: Alfred A. Knopf, 1973); Robert A. Dahl, *Modern Political Analysis* (Englewood Cliffs, N. J.: Prentice Hall, 1976); Joseph S. Nye, 홍수원 옮김, 『소프트 파워(SOFT POWER)』(서울: 세종연구원, 2004).

경제적 동기라는 개념은 경제적 능력을 구비하며 확대하고, 경제적 무능력을 상쇄시키기 위한 행동의 직접적인 원인이라 할 수 있다. 경제적 능력은 군사력과 국가의 일반적인 힘, 그리고 사회 · 정치적 안정성과 깊게 연관되어 있다. 반면에 경제적 무능력은 대내적 안정성에 심대한 영향을 미치고 이에 따른 파생으로 인해 안보와 정치에도 영향을 미치게 되며 궁극적으로 국가의 힘에도 영향을 미치는 핵심적인 요인이라 할 수 있다.[21]

기존에 탈냉전기 북한의 핵정책에 대한 논의들의 연구경향을 살펴보면, 대부분 '핵문제'에 관한 연구들로서 크게 두 가지로 대별된다고 할 수 있다.

첫째는 북한의 핵무기 개발 능력 등 객관적인 사실들에 초점을 맞춘 연구들로서, 북한의 핵문제가 대두된 대내외적인 배경, 북한의 핵전력체계 등 핵능력에 대한 평가, 핵문제 관련 남북한 협상 및 북미협상 과정, 합의내용 등 주어진 사실에 관한 기술과 발생사건을 시계열적 순서에 따라 정리한 연구들이 다수를 이루고 있었다.[22] 두 번째는 북한의 핵

---

21 김열수, 『국가안보: 위협과 취약성의 딜레마』(서울: 법문사, 2010), pp. 135~163.

22 이춘근, 『북한 핵의 문제: 발단 · 협상과정 · 전망』(성남: 세종연구소, 1995); 하버드 대학교 케네디 스쿨 엮음, 서재경 옮김, 『한반도, 운명에 관한 보고서』(서울: 김영사, 1998); 백학순, 『부시정부 출범 이후의 북미관계 변화와 북한핵 문제』(성남: 세종연구소, 2003); 하영선 엮음, 『북핵위기와 한반도 평화』(서울: 동아시아연구원, 2006); 양무진, "제2차 북핵문제와 미북간 대응전략: 미국의 강압전략과 북한의 맞대응전략", 『현대북한연구』, 제10권 제1호 (2007); 김근식, "북핵문제와 6자회담 그리고 제도화", 『한국동북아논총』, 제45권 (2007); 박용수, "1990년대 이후 한반도 안보환경의 변화: '푸에블로호 사건'과 비교해 본 제1, 2차 '북핵위기'의 특징", 『국제정치논총』, 제47집 제2호 (2007); 장달중, "한반도의 냉전 엔드게임(Endgame)과 북미대립", 『한국과 국제정치』, 제25권 제2호 (2009); Leon V. Sigal, *Disarming Strangers: Nuclear Diplomacy with North Korea* (Princeton, N. J.: Princeton University Press, 1998); James Clay Moltz and Alexandre Y. Mansourov, *The North Korean Nuclear Program: Security, Strategy, and New Perspectives from Russia* (New York: Routledge, 2000); Selig S. Harrison, *Korean Endgame: A Strategy for Reunification*

무기 개발 저지를 위한 정책적 대안 제시 차원의 연구로서 각종 학술세미나 및 학술지 등을 통해 북한 핵무기 개발 관련 여러 가지 대응방안이 제시됐다.[23] 이처럼 기존의 연구들은 북한 핵정책의 일부분이라 할 수 있는 핵무기 개발 능력 및 핵무기 개발의 발단 그리고 전개과정 위주의 단순히 설명하는 수준에 머물러 있다고 할 수 있다. 또한 북한의 핵무기 개발 저지라는 당위로서의 목표를 위한 대응방안 측면만을 강조함으로써 핵정책 결정요인에 대한 이론적인 접근을 통한 종합적인 설명을 할 수 있는 연구가 미미한 것이 실정이다.

이하에서는 이 책의 주제와 밀접하게 연관되어 있는 대표적인 논문들에 대한 비판적 고찰을 통해 보다 명확한 관점과 주장을 제시하고자 한다.

유성옥[24]은 이 책의 이론적 토대를 마련해 줌과 함께 많은 자료를 제공해주고 있다. 특히 이 책에서 원용하고자 하는 이론을 적용하여 과

---

and U. S. Disengagement (Princeton, N. J.: Princeton University Press, 2002); Joel S. Wit, Daniel B. Poneman, and Robert L. Gallucci, *Going Critical: The First North Korean Nuclear Crisis* (Washington D. C.: The Brookings Institution, 2004); Charles L. Pritchard, *Failed Diplomacy: The Tragic Story of How North Korea Got The Bomb* (Washington, D. C.: Brookings Institution Press, 2007); Yoichi Funabashi, *The Peninsula Question: A Chronicle of the Second Korean Nuclear Crisis* (Washington, D. C.: Brookings Institution Press, 2007); Mike Chinoy, *MELTDOWN* (New York: St. Martin's Press, 2009); Don Oberdorfer, *The Two Koreas: A Contemporary History,* Third Edition (New York: Basic Books, 2014).

23　전성훈, 『북한의 고농축우라늄(HEU) 프로그램 추진 실태』(서울: 통일연구원, 2004); 전성훈, "북한의 핵능력과 핵위협 분석", 『국가전략』, 제11권 제1호 (2005); 이춘근, 『과학기술로 읽는 북한핵』(서울: 생각의 나무, 2005); 이근욱, "북한의 핵전력 지휘–통제 체제에 대한 예측: 이론 검토와 이에 따른 시론적 분석", 『국가전략』, 제11권 제3호 (2005); 신성택, 『신성택의 북핵리포트』(서울: 뉴스한국, 2009); 함형필, 『NUCLEAR DILEMMA: 김정일체제의 핵전략 딜레마』(서울: 한국국방연구원, 2009).

24　유성옥, "북한의 핵정책 동학에 관한 이론적 고찰", 고려대학교 박사학위논문 (1996).

거 북한의 핵정책을 논리적으로 분석한 연구이다.[25] 무엇보다도 북한의 핵정책 결정을 체제내적·역내적·국제체제적 동인과 군사안보적·정치적·경제적 諸 동기와 정책결정자의 인식을 접목한 새로운 분석틀을 제시하여 북한의 핵정책 전환에 대해 논리적으로 설명하고 있다. 하지만 북한 핵정책의 동인을 구조적 접근을 통한 최고지도자의 인식(認識)을 중심으로 설명을 시도함에 따라 구체적인 諸 동기들에 의한 설명과 구체적인 검증이 부족했다. 즉 군사안보적·정치적·경제적 동기들의 세부적인 내용에 초점을 맞추기보다는 체제수준을 기준으로 한 접근으로 동기요소들의 구체적인 내용과 과정에 대한 설명에는 한계가 있다고 볼 수 있다. 또한 냉전기 북한의 핵정책 위주의 분석으로 인해 제1차 북핵 위기 이후의 최근 변화를 담고 있지 못하다는 점에서 설명력의 한계를 보이고 있다.

최용환[26] 논문은 비대칭 억지와 강제라는 이론을 토대로 북한의 핵정책을 분석했다. 최용환은 북한의 핵정책을 '대미 비대칭 억지·강제의 전략'이라고 정의하고 억지와 강제의 조건에 주목하고 있다. 상기 논문의 핵심 요지는 다음과 같다. 북한의 억지능력이 일정 수준 이하로 떨어졌을 경우, 북한은 미국의 무관심의 대상이 될 것이다. 이는 관심의 영역(=협상의 영역)에 진입하지 못하는 것이며, 미국을 강제할 수 있는 협상의 장을 마련할 수 없다는 것을 나타낸다. 그리고 이와 함께 북한과 같이 단순한 억지를 넘어서 무언가 부수적 이득을 노리는 입장에서는 미국을 상대하기 위한 억지충분성의 정도를 넘어서지 않는 것이 중요하다고 주

---

25 위의 논문, p. 60.
26 최용환, "북한의 대미 비대칭 억지·강제 전략", 서강대학교 박사학위논문 (2002).

장하고 있다.[27]

황지환[28]은 국제정치이론의 전망이론(Prospect Theory)[29]을 적용하여 탈냉전기 북한의 핵정책이 '대결정책'과 '협력정책' 사이에서 변화된 동인을 설명하고 있다. 특히 상기 연구의 핵심개념은 최고지도자의 '위험부담성향'이라고 할 수 있다. 위험부담성향을 결정짓는 것은 주관적으로 인지된 대외적 상황과 대내적 상황이다. 만일 대내적 상황이 체제유지에 위협을 주는 단계라면 대내적 현상복원을 위해 최고지도자는 극도의 위험부담성향을 나타낼 것이고, 이는 핵정책에서 대결방향으로 표출될 것이다. 반면에 대내적 상황이 안정적인 범위에서 통제가 가능하다면, 핵정책은 대외적 상황에 의해 결정된다는 것이다. 대외적 상황이 악화된다면 최고지도자의 인식은 이 상황을 극복하기 위해 위험부담적인(risk-acceptant) 핵정책, 대미 대결정책을 추구하게 된다. 그렇지만 북한 최고지도부 차원에서 돌이킬 수 없는 막대한 피해를 입히는 군사적 충돌이 불가피한 상황에 직면하게 될 경우, 전쟁이라는 최악의 손실을 회피하기 위

---

27 위의 논문, pp. 70~71.

28 Jihwan Hwang, "Weaker States, Risk-Taking, and Foreign Policy: Rethinking North Korea's Nuclear Policy, 1989-2005," University of Colorado at Boulder Phd Dissertation (2005).

29 전망이론은 기존의 국제정치학계의 주류인 신현실주의와 신자유주의 사이의 논쟁이 상대적 이익(relative gains)과 절대적 이익(absolute gains)이라는 이익(gains)의 문제에 초점을 맞추었다면 손실(losses)의 문제가 국가의 행동방식에 미치는 영향력을 설명하면서 상대적 손실(relative losses)의 중요성을 강조한다. 즉 기존 이익의 문제가 국가들의 협력 가능성 여부에 초점을 맞추었지만, 정반대의 측면인 손실의 문제가 국가간의 협력과 충돌에 미치는 영향에 대해 유용한 설명력을 제공해 주고 있는 것이 전망이론이라 할 수 있다. 이러한 관점에서 전망이론은 국가가 경험하는 이익과 손실의 차이가 가지는 의미에 관심을 집중하고 그 차이가 외교정책 결정과정상의 위험수용(risk-taking)의 문제와 선택의 과정에 미치는 영향을 설명하고 있다. 황지환, "전망이론의 현실주의적 이해: 현상유지경향과 상대적 손실의 국제정치이론", 『국제정치논총』, 제47집 제3호 (2007), pp. 10~11.

해 보다 위험회피적(risk-aversive) 핵정책을 모색하게 된다는 주장이다.[30]

요컨대 탈냉전과 함께 북한이 갑작스럽게 처하게 된 대외적 고립 상황은 대결적 핵정책과 제1차 북핵위기의 발생을 설명해준다고 볼 수 있다. 또한 1994년 초반 전쟁위기로 치닫던 순간에 김일성이 왜 갑작스럽게 협력적 핵정책으로 전환시켰는지를 설명해주고 있다. 이와 함께 부시(George W. Bush) 행정부가 채택한 대북정책은 북한의 대외적 상황에 있어 압박을 받는 상황으로 인식하게 하였고, 이는 2002년 10월 이후 제2차 북핵위기의 발생을 설명해 주고 있다. 이처럼 국제정치이론인 전망이론을 특정 사례에 대입하여 이론적 가치를 검증했다. 그러나 탈냉전기 북한의 핵정책 결정요인을 최고지도자의 인식(認識)을 중심으로 설명을 시도함에 따라 구체적인 諸 동기들이 어떻게 영향을 미치고 있으며, 어떠한 요인이 우선적으로 고려되고 있는지에 대한 설명과 구체적인 검증이 부족하다.

임수호[31]는 북한의 핵정책이 억지와 강제의 동시추구를 하는 "실존적 억지(existential deterrence)"의 개념을 제시하고 있다. 즉 "2차 공격 능력의 확실성이 아니라 2차 공격의 가능성에 대한 우려, 곧 1차 공격의 심리적 불확실성에 기반하는 억지이며, 이런 의미에 단 1개의 핵무기, 곧 핵무기의 존재 자체만으로 비대칭 억지를 가능케 하는 개념이다"라고 정의하고 있다.[32]

임수호는 북한의 실존적 억지를 가능하게 하기 위한 두 가지 조건을 설정하고 있다. 첫째, 핵무기의 실전배치(nuclear weapon-deployed)를 하지

---

30 Jihwan Hwang, *op. cit.*, pp. 143~160.

31 임수호, "실존적 억지와 협상을 통한 확산", 서울대학교 박사학위논문 (2007).

32 위의 논문, pp. 97~98.

말아야 한다는 것이다. 둘째, 미 본토를 사정권에 둔 장거리 핵탄두 미사일을 개발하지 말아야 한다는 것이다. 그리고 북한의 대미억지는 미국을 직접억지 하는 것이 아니라 미국의 중대한 혹은 사활적 이익인 한국과 일본을 매개로 하는 간접억지(indirect deterrence)이다. 이처럼 실존적 억지를 가능케 하는 조건을 통해 북한은 핵능력의 보유가 제공하는 이익과 핵능력의 축소로부터 제공되는 보상 이익의 합계가 극대화되는 수준에서 협상을 통해 핵능력을 조정하고자 할 것이며, 북한은 완전한 비핵화는 불가하지만 제한적 비핵화는 가능하다는 것을 주장하고 있다.[33]

특히 상기 논문에서는 '북한이 왜 핵무기를 추구하는가?'에 대한 기존 가설들의 비판적인 검토를 통해, 새로운 분석의 틀을 제시했다. 방어적 군사목적설, 공격적 군사목적설, 외교목적설과 정치적 동기설에 대해 이론적인 접근을 통한 탈냉전기 북한의 핵정책 사례를 적용하여 검증을 시도했다는 점에서 유의미한 분석을 제공해 주고 있다.

그러나 임수호는 북한이 핵무기를 추구하는 데 있어서 정치적 동기는 핵심변수가 아니라고 분석하고 있다.

> "정치적 동기설은 북한이 핵개발을 추진하는 이유가 김정일 체제의 위신과 체제정당화에 있다고 보는 시각이다. 그러나 이러한 동기가 존재한다는 것은 인정하더라도 그것이 핵심적 동기라고 보는 사람은 없기 때문에 여기서는 간략하게만 살펴본다. … 요컨대 정치적 동기가 핵개발을 자극하는 요인이 됐을 수는 있지만, 그것이 핵심 요인이었다고 볼 증거는 없다."[34]

---

33 위의 논문, pp. 10~11.
34 임수호, 앞의 논문, p. 70.

상기의 주장처럼 정치적 동기에 대해 주목하지 않고 있다. 이러한 주장은 북한의 핵정책 결정에 있어서 정치적 동기가 핵심변수로 있지 못하다고 지적하고 있다. 이는 정치적 동기요인 측면에서 다루고 있는 김정일의 체제유지와 정당화의 수단으로서 핵정책을 '자주권' 문제와 결부지으며 주된 결정요인으로 작용하고 있었던 많은 현상들을 소홀히 다루고 있음을 보여주는 증거라 할 수 있다. 무엇보다도 북한이 핵정책을 결정함에 있어 정치적 동기가 있었다는 것에 대해서는 설명을 제공하지만, 주된 결정요인으로서 작용했다는 사실을 간과하고 있는 한계점을 내포하고 있다.

손용우[35]는 북한은 핵무기의 확산을 위해 억지·강제 동시추구를 시도하나 냉혹한 현실은 북한의 억지와 강제의 동시추구를 원치 않으며, 미국이 원하는 북한의 제한적 확산은 북한이 원치 않고, 미국이 원하는 북한의 제한적 확산은 북한이 원치 않는다고 제시하고 있다. 따라서 북한이 억지와 강제를 동시에 추구할 수는 있어도, 이 두 가지를 동시에 성취한다는 것은 사실상 불가능하며, 북한은 앞으로도 억지(=확산)와 강제(=협상)의 선택적인 딜레마에서 억지를 선택할 것을 주장하고 있다.[36]

손용우는 "북한이 생존과 안보를 위해 확산과 협상을 동시에 추구하지만, 확산과 협상의 갈림길에서 확산을 선택한다"는 가정을 견지한 가운데 냉전기 및 탈냉전기 북한의 핵정책의 역사적 사실들을 제시하며 논증 및 검증하고 있는 것이다. 이는 기존의 최용환, 임수호 논문과는 다른 새로운 관점으로 냉전기 및 탈냉전기 북한의 핵정책을 역사적으로

---

35 손용우, "신현실주의 관점에서 본 북한의 핵정책", 북한대학원대학교 박사학위논문 (2012).

36 위의 논문, pp. 17~18.

접근함으로써 기존 논문의 핵심주장인 '억지'와 '강제'의 상호관계에 대한 다양한 패러다임을 제시해 줬다는 점에서 큰 의미를 갖는다고 할 수 있다. 그러나 탈냉전기 북한의 핵정책 결정요인에 거시적으로 접근하며 설명을 시도함에 따라 구체적인 諸 동기들이 어떻게 영향을 미치고 있으며, 어떠한 요인이 우선적으로 고려되고 있는지에 대한 미시적인 설명과 구체적인 검증이 부족하다.

이를 종합해보면, 최용환·임수호·손용우 이상의 논문들은 북한의 핵정책을 '억지'와 '강제' 개념을 원용하여 탈냉전기 북한의 핵정책 목적과 전략을 설명하고 미래를 전망할 수 있는 준거틀을 제공해준다는 점에서 크게 기여하고 있는 게 사실이다. 그러나 북한의 핵정책 결정에 있어 안보와 경제 측면에 보다 주목하고 있으며, 정치적 측면을 간과하고 있다. 특히 미시적 수준의 요소들에 대한 구체적인 설명 그리고 인과관계에 대한 검증이 부족하고 나아가 결정요인들이 실제 북한의 핵정책에 어떻게 작용했는지에 대한 충분한 분석이 미흡하다는 점이 기존 연구의 한계라 할 수 있다.

그럼에도 불구하고 상기에서 제시된 논문들은 핵확산 관련 첫 번째 연구경향인 핵확산 원인에 대한 이론적 논의의 지평을 넓히는 데 기여했다. 또한 북한의 핵정책 동기에 대한 탁월한 설명과 관점을 제시해주고 있으며, 이 책의 관점과 주장에도 많은 영향을 줬다.

결론적으로 상기의 논의를 토대로 탈냉전기 북한의 핵정책 결정요인에 대한 새로운 분석틀을 마련하기 위한 시도를 했는데, 다음과 같은 이론적·개념적 작업을 통해서 보다 설득력 있는 설명이 가능한 이론적 토대를 마련하고자 한다.

첫째, 탈냉전기 북한이 핵확산으로 나아가거나 다른 정책으로 전환하는 원인은 핵정책의 필요조건인 동기요인이 작용한다는 기존의 동기

이론 가설의 적실성을 인정한다.

둘째, 탈냉전기 북한의 핵정책 결정요인에 있어 기존의 가설들은 정치적 동기 측면을 소홀히 다루고 있음으로 인해 부분적인 설명만이 가능하다고 가정한다.

이하에서는 상기에서 논의된 바를 기반으로 북한의 핵무기 개발 관련 기존 가설들에 대해 비판적으로 고찰한 후 북한의 핵정책 결정요인을 설명할 수 있는 분석틀을 마련하고자 한다.

제2절 북한의 핵무기 개발 동기요인 관련
기존 가설 고찰

북한의 핵무기 개발 관련 기존 가설들을 살펴보면 대표적으로 방어적 군사목적설, 공격적 군사목적설, 외교목적설, 정치적 동기설 등이 있다.[37] 이하에서는 그동안 제시되어온 가설들을 탈냉전 이후 북한의 핵정책 현상에 대입시켜서 설명이 가능한지를 고찰한 후 탈냉전기 북한의 핵정책 결정요인을 설명할 수 있는 분석틀을 마련해 보고자 한다.

1. 방어적 군사목적설

신현실주의에서는 국가들이 무정부상태라는 국제질서 구조 속에서 국가들의 힘의 분포에 따라 많은 영향을 받는다고 한다. 예컨대 왈츠의 학설에서 무정부상태의 국제질서는 국가들을 생존[38]시키겠다는 국가목표를 추구하도록 할 뿐만 아니라, 국가안보를 추구한다는 측면에서 세

---

37 Victor Cha, "North Korea's Weapons of Mass Destruction: Badges, Shields, or Swords," *Political Science Quarterly*, Vol. 117, No. 2 (2002).

38 이 책에서 '생존'의 정의는 다음과 같다. 국제정치에서 국가가 추구하는 최종 가치는 정치적 독립의 수호와 국토 보존, 즉 '생존'이다. 이근욱, 『왈츠 이후: 국제정치이론의 변화와 발전』(파주: 한울아카데미, 2009), p. 35.

력균형을 창출하기 위해 조심스런 관심을 기울일 것을 강요한다는 가정에서 출발한다.[39] 따라서 국제질서 구조는 무정부 상태이기에 파워(power)를 추구할 수밖에 없다는 것이다.

이처럼 신현실주의 무정부하 국제질서의 구조는 국가의 안보를 달성하기 위한 행동을 유도하고, 제약을 가하기 때문에 안보를 달성하기 위한 수단으로서의 핵확산과 비확산의 원인을 설명하는 데 유용하다.

특히 신현실주의의 이론은 핵확산의 원인을 설명함에 있어서 가장 유용한 도구로서 평가받고 있다. 왜냐하면 국가목표를 안보를 추구한다는 단순한 논리로 연결 지으며 단순하면서도 명쾌한 설명을 제공해 주기 때문이다. 하지만 특정 국가의 구체적인 정책결정과정을 들여다보지 못한다는 한계점을 내포하고 있는 것이 현실이다.[40]

왈츠의 학설로써 살펴보면 북한이 핵무기 개발을 시도하는 목적은 생존을 위한 자조(self-help)라고 볼 수 있다. 방어적 군사목적설에서는 북한이 핵무기 개발을 추진하는 목적을 안보적 위협에서 찾고 있다. 북한은 미국으로부터의 핵위협에 스스로 이를 타개하기 위한 일환으로서 핵무기 개발이라는 대응책을 추구하게 됐다는 것이다.[41]

북한의 핵무기 개발 동기가 안보적 위협에 있다고 보는 가설은 방어적 군사목적설과 외교목적설 모두가 공유하고 있다. 특히 방어적 군사목적설은 북한의 핵무기 개발 동기가 억지력을 구비하기 위함에 있다고 보고 있다. 즉 방어적 군사목적설은 미국의 안보적 위협을 제거하고

---

39 존 J. 미어셰이머, 이춘근 역, 앞의 책, pp. 64~65.

40 Kenneth Waltz, *Theory of International Politics* (Reading, Mass.: Addison-Wesley, 1979), p. 73.

41 Andrew Mack, "The Nuclear Crisis on the Korean Peninsula," *Asian Survey*, Vol. 33, No. 4 (April, 1993), p. 344.

안전보장을 제공한다고 해도 핵무기 개발을 포기하지 않을 가능성이 농후하다는 주장을 펼치고 있다.[42] 이는 북한이 핵무기 개발을 억지와 방어를 위해 반드시 필요한 수단으로 인식하고 있다는 주장의 논리적 근거가 된다.[43] 상기의 주장을 뒷받침해 줄 수 있는 구체적인 증거도 확인할 수 있는데 아래와 같다.

> "미국은 지금 《서면안전담보》라는 문서장 하나를 가지고 우리의 핵 억제력을 송두리째 들어내 보자고 하는 것 같다. 사실상 《서면안전담보》는 하나의 공약에 지나지 않는다. … 우리가 적대 상대방인 미국의 미온적인 공약 하나만을 믿고 스스로 무장해제 된다는 것은 상상할 수도 없는 일이다."[44]

이처럼 방어적 군사목적설로 바라볼 때, 북한이 핵무기 개발을 포기할 가능성은 거의 없다고 할 수 있다. 그러나 탈냉전 이후 북한의 핵무기 개발에 대한 확산 및 비확산 활동을 살펴보면 과연 방어적 군사목적설의 시각대로 억지와 방어만을 목적으로 하고 있는가에 대한 의문이 제기된다.

왜냐하면 북한은 1992년 1월 핵안전협정에 서명한 이후 IAEA로부터 핵사찰 과정 속에서 '중대한 불일치' 발생으로 특별사찰을 요구받게 되었고, 이를 '자주권' 문제와 결부지으며 NPT 탈퇴의 조치까지 이르며

---

42 *ibid.*, p. 359.

43 David Kang, "Threatening, But Deterrence Works" Victor Cha and David Kang, *Nuclear North Korea: A Debate on Engagement Strategies* (New York: Columbia University Press, 2003), p. 43.

44 조선민주주의인민공화국 외무성 대변인 대답, 『로동신문』, 2003. 12. 10.

위기를 증폭시켰기 때문이다.

또한 2002년 HEU 문제로 야기된 제2차 북핵위기 이후에도 북한은 6자회담을 통해 부분적인 비핵화를 위한 합의와 조치들을 시행함과 함께 2003년 8,000개의 폐연료봉 재처리를 통한 플루토늄 보유량을 늘리고, 2005년에는 8,000개의 폐연료봉을 인출했으며 급기야 2005년 2월에는 "자위를 위해 핵무기를 만들었다"고 주장했고, 이어서 "대화와 협상을 통하여 문제를 해결하려는 우리의 원칙적 입장과 조선반도를 비핵화 하려는 최종목표에는 변함이 없다"[45]는 주장을 덧붙였다. 이러한 가운데 2005년 9·19 공동성명을 통해 한반도 비핵화를 위한 합의가 이루어졌지만, 경수로 제공 문제와 'BDA 금융제재' 문제로 북미 간 대립국면으로 전환됐다.

특히 북한은 BDA 문제에 대한 미국의 조치에 대해 2006년 7월 미사일 발사에 이어서 10월 제1차 핵실험을 강행하는 초강경조치를 취했다.

더불어 2009년 북한 내부의 정치적 동기로 야기된 핵무기 운반수단 능력 증강을 위한 장거리 로켓 발사는 다시 한반도에 암운을 드리웠다. 특히 북한의 탄도미사일 개발 기술을 이용한 장거리 로켓 발사는 유엔 안보리 의장성명을 채택케 했고, 이에 맞서 2008년에 핵불능화 시설에 대한 원상 복귀 및 사용 후 연료봉을 재처리하겠다는 선언을 했다. 또한 추가적인 핵실험과 대륙간탄도미사일 시험발사 등 자위조치를 취하겠다고 밝혔으며, 결국 이를 강행했다. 이러한 가운데 북한은 "핵 보유국과 동등한 입장에서 핵 비확산과 핵물질의 안전한 관리를 위한 국제적

---

45 조선민주주의인민공화국 외무성 성명, 『조선중앙통신』, 2005. 2. 10.

노력에 동참하려고 한다"[46]고 언급하며 비확산 관련 주장을 통해 관련국들에게 혼동케 하는 메시지를 보내며 자신에게 유리한 상황을 유도하려는 모습을 보였다.

그럼에도 불구하고 북한은 결국 국제사회의 비확산 노력을 위협하는 우라늄 농축시설을 공개하는 행동을 취했다. 이에 6자회담 재개의 필요성이 증가했고, 관련국가들의 긴밀한 협의로 2012년 2·29 합의를 이루며 다시 부분적인 비확산 노력을 보였다.

그러나 합의를 이룬 지 얼마 지나지 않아 북한은 4월과 12월에 걸쳐 장거리 로켓 발사를 강행했고, 이에 따른 제재에 맞서 2013년 제3차 핵실험을 강행했다.

탈냉전기 북한의 핵정책 행태는 방어적 군사목적설에 입각해서 억지와 방어가 목적이었더라면 억지력과 경제적 보상의 교환이 이루어지지 않고 일방적인 개발 활동의 형태로만 나타났을 것이다. 만일 외교목적설에 입각해서 살펴본다면 우라늄 농축 프로그램의 추진은 협상용(Bargaining Chip)이라는 논리에 부합되지 않는 행동이다. 이는 탈냉전기 북한의 핵정책 목적에서 안보와 경제 논리가 주된 요인이 아니라 북한의 국가위신과 체제정당화 측면을 부각시키는 '자주권' 문제와 결부된 정치적 동기가 주된 요인으로 작용하기 때문에 발생하는 현상이라 할 수 있다.

만일 방어적 군사목적설에서 주장하는 대로 억지와 방어만이 목적이었다면 제1차 북핵위기 시 왜 북한이 제네바 합의를 통해 핵동결을 선택했는지, 제2차 북핵위기 시 왜 2005년 9·19 공동성명을 통한 구체적인 이행조치 합의에 이르게 되었는지를 종합적으로 설명하지 못한다.

---

46 『한국일보』, 2010. 9. 30.

요컨대 방어적 군사목적설도 탈냉전 이후 북한의 핵정책 동기요인을 종합적으로 설명하는 데 있어 한계를 보이고 있다.

2. 공격적 군사목적설

공격적 군사목적설의 주장을 통해 살펴보면, 북한의 핵무기 개발을 무력통일의 군사적 수단으로 인식하고 있다. 그러므로 방어적 군사목적설과 마찬가지로 북한이 핵무기를 포기할 가능성은 거의 희박하며, 부분적인 비확산 활동은 단지 핵무기 개발의 여건을 조성하기 위함이다.

냉전기 북한의 국가목표는 한반도의 무력통일에 있었지만, 탈냉전기에 들어와서는 수세적 현상유지로 변경됐다고 다수의 전문가들이 평가하고 있다.[47]

그러나 북한은 여전히 노동당 규약에 '적화통일'이라고 명시하고 있으며 실제 이를 체제정당화 기제로서 사용하고 있다. 특히 북한이 느끼고 있는 무력통일의 유혹은 한반도의 적화통일이라는 수정주의적 목표일 뿐만 아니라 공세적인 생존전략이라 할 수 있다.[48]

이처럼 공격적 군사목적설 측면에서 바라보면 북한은 핵무기가 그동안 국가목표로 삼아왔던 한반도의 적화통일을 앞당길 수 있는 핵심정책수단이라고 인식한다는 것이다.

---

47 이종석, 『현대 북한의 이해』(서울: 역사비평사, 2000); 백학순, "대남전략", 정성장 외, 『북한의 국가전략』(파주: 한울아카데미, 2003); 정봉화, 『북한의 대남정책: 지속성과 변화, 1948-2004』(파주: 한울아카데미, 2005).

48 Stephen Bradner, "North Korea's Strategy," Henry Sokolski ed., *Planning For a Peaceful Korea* (Strategic Studies Institute, 2001), p. 30.

이와 같은 시각은 1990년대 초반에 제기된 바 있었는데, "대남적화 전략을 포기하지 않고 있는 북한은 핵무기와 같은 대량살상무기를 보유함으로써 앞으로 대남 우위의 군사력을 유지하는 동시에, 미국의 남한에 대한 방위공약을 약화시키고, 주한미군의 핵억제력을 봉쇄하면서 대남 무력침공 시 미국의 군사개입을 억지할 수 있다고 생각하고 있는 듯하다"[49]라고 발표된 바 있었다.

그러나 1990년 초반에는 북한의 핵무기 숫자와 능력에 대해 명확히 알 수 없어서 직접적인 위협으로 언급되고 있지는 않았다. 특히 1994년 제네바 합의를 통해 일정 수준에서 핵무기 개발 활동을 중단시키며 관리 가능한 상태로 유지되고 있었다.

이런 가운데 2002년 10월 이후 HEU 문제로 야기된 제2차 북핵위기가 시작되면서 북한의 핵무기 개발 숫자에 대한 평가는 증가하기 시작했다. 급기야 2007년을 기준으로 보면 핵관련으로 저명한 미국의 데이비드 올브라이트(David Albright) 박사는 2006년 제1차 핵실험을 마친 북한이 핵무기 5~12개를 제조할 수 있는 분량인 총 28~50kg의 플루토늄을 보유하고 있을 것으로 추정했고, 지그프리드 헤커(Siegfried S. Hecker) 박사는 핵무기 약 6~8개를 제조할 수 있는 총 40~50kg의 플루토늄을 보유하고 있을 것으로 추측했다.[50]

또한 운반수단으로서 북한의 미사일 개발 수준을 살펴보면 2006년 주한미군사령관 벨은 미국 본토에 도달할 수 있는 대포동 장거리 미사

---

49 북한연구소, 『북한총람: 1994년』(서울: 북한연구소, 1994), p. 879.

50 David Albright and Paul Brannan, "The North Plutonium Stock," *Institute for Science and International Security (ISIS)*, (February 20, 2007), p. 7; Siegfried S. Hecker, "Dangerous Dealings: North Korea's Nuclear Capabilities and the Threat of Export to Iran," *Arms Control Today*, Vol. 37, No. 2 (2007), pp. 6~12.

일 개발을 위한 기술력을 보유한 것으로 추정되며, 개발 단계인 대포동 2호 미사일은 알래스카까지 도달할 수 있고, 대포동 3호 미사일은 미국 본토 전역에 도달할 수 있다고 밝혔다.[51]

이처럼 미국과 견주어서는 소수의 핵무기를 보유한 북한이 과연 핵무기를 사용할 수 있을까 하는 의문이 제기된다. 하지만 소수의 핵을 보유한 핵국이 핵을 갖지 않은 한국과 같은 비핵국에 대해서는 핵보복을 우려하지 않아도 되기 때문에 얼마든지 핵을 사용할 수 있다는 점을 간과해서는 안 되는 상황이다. 물론 한반도에서 전쟁이 발발 시 한미동맹에 따른 주한미군의 자동개입을 북한이 모르지는 않지만, 주한미군의 개입을 차단할 수 있다는 생각을 가질 수 있다는 점을 완전히 배제할 수 없는 것이 공격적 군사목적설의 주장이다.

예컨대 한반도의 재래식 전쟁을 상정하는 경우, 북한은 한국의 전쟁수행 의지를 꺾기 위한 수단으로 전쟁에서 재래식 전력의 불균형을 보완하고 궁극적으로 전쟁을 승리로 이끌기 위해서 전쟁 와중에 핵무기를 사용할 가능성이 많다. 과거 사례로 핵무기가 최초로 사용된 전쟁도 비핵국인 일본에 대해서였다.

또한 북한이 국지전을 강행해서 서해 5도나 수도권 등 핵심지역을 점령하고 전쟁을 조기 종결시킬 목적으로 핵무기를 사용할 경우, 한국 내부에서는 전쟁을 중단하고 북한의 요구를 들어주자는 의견이 강하게 제기될 가능성도 배제할 수 없다는 주장도 제기됐다.[52] 이와 함께 한국국방연구원의 안보전문가에 따르면 북한이 핵무기를 대남전략의 핵심 정책수단으로 인식하고 있으며, 아래와 같이 주장했다.

51　『업코리아』, 2006. 3. 10.

52　전성훈, "핵보유국 북한과 한국의 선택",『국가전략』, 제10권 제3호 (2004), p. 10.

"북한은 한반도 문제를 민족내부의 문제로 규정하고 외세의 개입을 배제시킨 후 한국의 일방적인 양보를 강요하는 대남전략을 적극 수행하며, 미국과 평화협정 체결로 북한체제 인정, 미국의 대한반도 핵우산정책 철폐 및 주한미군 철수를 유도하고, … 대남전략의 기본방향으로 설정할 것으로 예상된다. 북한은 위와 같은 대남전략 목표와 기본방향을 전개하기 위해 다음과 같은 군사행동을 취할 것으로 예상된다. 첫째, 노골적인 위협이나 테러를 통해 한반도 긴장을 조성 … 둘째, 국지도발로 한국의 방어능력과 미국의 대한반도 군사정책을 시험 … 셋째, 결정적인 시기가 도래했다고 판단하면 곧바로 대남 기습공격을 개시"[53]

상기의 주장은 공격적 군사목적설의 주장과도 궤를 같이 하고 있는 점이다. 즉 북한은 핵무기를 통해 한반도의 적화통일과 주한미군 철수를 유도하고 궁극적으로 한반도 적화통일을 달성하기 위해 개발한다는 논리로 귀결된다고 할 수 있다.

이상의 논의를 종합해보면, 결국 공격적 군사목적설은 최악의 상황을 가정한 핵정책이라고 할 수 있다. 이러한 공격적 군사목적설에서 주장하는 대로 한반도에서의 적화통일을 목표로 삼는다면, 과거 왜 북한이 부분적인 비확산 활동인 제네바 합의를 통해 핵동결을 선택했는지, 2005년 9 · 19 공동성명을 통한 구체적인 이행조치 합의에 이르게 되었는지 그리고 2012년 2 · 29 합의를 통해 일시적이지만 비확산 활동에 대한 입장을 표명했는지에 대한 종합적인 설명을 하고 있지 못한다.

---

53 남만권, "북한 핵무장의 안보적 파급영향 분석", 『전략연구』, 제28호 (2003), pp. 173~174.

3. 외교적 목적설

외교목적설에서는 북한이 핵무기를 개발하는 목적은 체제유지에 필수적인 안전보장과 경제적 실리를 강제하기 위한 외교적 협상카드라고 보고 있다. 예컨대 미국의 세계전략상 파급효과가 광범위하게 나타날 수 있는 핵무기를 협상수단으로 강구함으로써 미국으로부터 체제유지를 위한 안전보장, 경제적 보상, 국제질서로의 일정 수준의 편입을 강제하기 위한 "갈등적 편승" 전략을 구사하고 있다는 주장이다.[54]

외교목적설은 기존의 핵확산 이론이나 억지이론으로 설명이 되는 것은 아니다. 과거 협상을 목적으로 핵무기를 개발한 나라는 없으며, 협상력은 핵무기 개발에 따른 부차적인 산물이라고 할 수 있다. 북한도 "포기를 전제로 한 핵억제력의 활용은 과거에 그 어느 나라도 택하지 못한 전략이었다"[55]고 주장한 바도 있었다.

이에 대해 외교목적설은 위와 같은 주장이 잘못된 것이 아니고, 단지 안보적 동기가 주된 요인으로 작용하여 핵무기 개발을 추구했던 것이 탈냉전과 함께 협상카드로서의 유용성을 지님을 깨달은 것이라고 주장하고 있다.[56]

탈냉전 이후 북한의 핵무기 개발이 협상카드로 전환될 수 밖에 없었던 것은 스스로 생존할 수 있는 내부 경제구조를 갖추고 있지 못했기 때문이다. 즉 대내적 경제 자원의 고갈로 대외로부터의 원조 없이는 생

---

54 장노순, "약소국의 갈등적 편승외교정책: 북한의 통미봉남 정책", 『한국정치학회보』, 제 33권 제1호 (1999), pp. 393~394.

55 조선민주주의인민공화국 외무성 성명, 『조선중앙통신』, 2006. 10. 5.

56 Michael Mazarr, "Going Just a Little Nuclear: Nonproliferation Lessons From North Korean," *International Security*, Vol. 20, No. 2 (Autumn, 1995), pp. 100~101.

존 자체가 곤란한 현실로 해서 북한은 타협을 택하게 됐다.

또한 외교목적설은 북한의 핵무기 개발 동기를 협상용이라고 주장하며 다음과 같이 지적하고 있다. "결국 북한은 외부로부터의 경제적 지원 없이는 생존할 수 없는 내적 구조와 외교적 고립, 미국이라는 초강대국의 군사적 위협 등에 직면하여 북핵·미사일 문제를 대미 협상용 카드로 전환시켜 체제 보장과 경제적 보상을 요구하고 있는 것이다."[57]

상기의 주장과 맥락을 같이 하는 내용들이 언급되고 있는데, 이는 외교목적설의 시각을 견지하고 있는 연구자들에 의해 지속적으로 제기되고 있는 것이 실정이다. 물론 북한이 핵무기 개발을 협상카드로 활용하고 있는 것은 주지의 사실이다. 그렇다고 북한이 단지 협상목표를 달성했다고 해서 핵무기를 포기할 것이라는 것은 쉽게 예단할 수 없다.

외교목적설은 북한의 핵정책 동기와 의도를 분석하는 데 있어서 주요한 시각이라 할 수 있다. 실제로 북한은 핵무기 비확산과 관련하여 제1차 북핵위기 시 제네바 합의, 제2·3차 북핵위기 시 2005년 9·19 공동성명과 2012년 2·29 합의로 비확산 활동과 경제적 보상이라는 거래(trade-off)를 통해 협상카드로 활용하고 있다는 것은 엄연한 사실이다.

하지만 외교목적설에서 북한의 협상목표 달성 시에 핵무기를 포기한다는 가정은 '희망적 사고(wishful thought)'와 다를 바 없다. 결국 이는 미국의 비타협적인 협상태도로 인해서 북미협상이 순조롭게 진행되지 못했다는 결론으로 환원되면서 해결에 있어서 '미국책임론'과 연결되고 만다.[58]

---

57 이종석, "북핵·미사일 문제의 해법: 한반도 냉전 구조의 해체를 위한 제언", 『당대비평』, 제7호 (1999), p. 91.

58 Leon V. Sigal, *Disarming Strangers: Nuclear Diplomacy with North Korea* (Princeton, N. J.: Princeton University Press, 1998).

사실 제1차 북핵위기 시 북미회담과 제2차 북핵위기 이후 마련된 6자회담 과정을 통해 이루어진 협상과정을 자세히 살펴보면 북한도 시종일관 한반도의 비핵화를 위해 협력적인 태도만을 유지한 것이 아니다.

특히 2009년 4월 북한은 지난 제1차 핵실험에 대한 제재 결의안인 1718호를 위반하는 장거리 로켓 발사를 강행했다. 이는 핵무기 운반수단인 미사일 발사 기술을 이용한 것으로 국제사회가 우려를 표하고 있음은 물론이고, 기존에 채택된 UN 결의안과 정면으로 배치되는 행동이었다. 또한 2012년 두 차례의 장거리 로켓 발사도 협상궤도에서 심각하게 이탈한 행위라고 할 수 있다.

이처럼 외교목적설에서 주장하는 대로 북한의 협상목표가 충족되면 핵무기를 포기한다는 가정은 실현가능한 현실에 기초한 것이 아닌 희망적인 사고의 기반에 서 있을 뿐만 아니라 '미국책임론'과 연결된다. 주지하다시피, 미국책임론은 한쪽의 시각만을 지나치게 강조한 측면이 있으며, 분명 북한의 비확산과 관련한 이탈행위에 대한 언급이 미비하다는 점을 간과하고 있다.

4. 정치적 동기설

정치적 동기설은 북한의 핵정책 동기가 국가위신과 체제정당화에 있다고 보는 시각이다. 이는 기존의 핵확산 이론의 규범모델(norms model)과 관련성을 가지고 있다. 규범모델을 제시한 세이건(Scott Sagan)의 주장에 따르면 북한의 핵무기 개발은 국내의 상징적인 파워(power)를 얻어내는 것이 목적이라고 지적하고 있다. 즉 핵무기는 근대성과 권력의 증표를 제공한다고 언급하고 있다.[59] 또한 핵무기는 국제사회로부터 중요한 국가로서 인식되는 데 있어 핵심적인 증표로 여겨져 오고 있기에, 북한은 NPT 비확산체제 속에 포함되어 있는 불평등과 불공정에 대한 반발을 통해 핵클럽 국가로의 도약을 추구하고 있다는 논리에 기반하고 있다. 이러한 시각을 통해서 보면, 핵무기 개발은 국가의 위신과 핵클럽 국가가 가지는 국제적 명성 그리고 체제정당화의 수단이기 때문에 추구한다는 논리로 귀결된다.[60]

일부 연구자들은 정치적 동기설에 입각해서 살펴보면 북한의 핵무기 개발에 대한 이유를 설명할 수 있는 사례가 존재는 하지만 그것이 핵심적인 동기는 아니라고 주장하고 있다.[61]

그러나 전술한 바와 같이 제1차 북핵위기 시 전쟁위기까지 치닫게 된 결정적인 계기가 '특별사찰' 요구에 대해 북한은 '자주권'을 침해한다고 인식했고, 이에 따른 일련의 위기를 고조시켰기 때문이며 이를 통해 자신이 추구하고자 하는 바를 미국에게 관철시키며 구체적인 산물로서 제네바 합의를 도출한 바 있었다. 뿐만 아니라 제2차 북핵위기 시 나타난 북한의 핵정책도 정치적 동기설로만 설명될 수 있는 현상들을 나타내고 있었다. 예컨대 북한은 지난 2003년 제1차 6자회담 이후 줄곧 미국의 선 핵포기 주장에 맞서 스스로의 자주권을 주장하며, 이에 따른 자신의 핵정책에 대한 입장을 언급하고 미국과의 힘겨루기에 대응했다. 북한은 2003년 10월 18일 외무성 대변인 담화 형식을 통해 미국이 북한에 대한 '자주권'을 존중하고 있지 않다고 비난을 했다.

---

59   Victor Cha, *op. cit.*, p. 227.

60   *ibid.*, p. 228.

61   이러한 주장은 Victor Cha, *op. cit.*; 임수호, 앞의 논문 참조.

"부쉬 행정부는 우리와 상대해 보기도 전부터 우리에 대한 체질적인 거부감을 노골적으로 드러내 보이면서 우리를 악의 축, 핵선제 공격대상으로 규정함으로써 긍정적인 발전 추이를 보이던 조·미 관계를 파국상태에 몰아넣었고 나중에는 조·미 기본합의문의 주요 사항들을 완전히 파기해 버렸다.《악의 축》, 핵선제공격대상 지명과 공공연한《정권교체》론은 자주적인 주권국가에 대한 모독이고 난폭한 내정간섭으로 될 뿐 아니라 상대방의 자주권을 존중하고 호상 신뢰를 쌓으며 관계를 개선해 나가기로 한 조·미 기본합의문을 전면 위반하고 완전히 무용화시킨 일방적인 적대행위로 된다.″[62]

북한이 핵무기 개발을 한 정치적 동기가 핵심 결정요인이 아니라는 주장은 제1차 북핵위기 시 나타난 현상에 대한 종합적인 설명에 한계를 내포함을 의미하는 바이며, 더불어 제2차 북핵위기 시 나타난 북한의 다양한 주장을 살펴보면 정치적 동기가 주된 결정요인으로 작용했다는 것을 간과한 것이라 할 수 있다.

이는 지난 제2차 북핵위기 시 핵무기 개발 문제를 해결하기 위해 마련된 6자회담 속에서 북한이 '자주권'과 관련된 미국의 언동에 대해서 즉각적으로 대응하며 위기를 조성하고 극한의 대결국면으로 나아가는 모습을 보였다는 것이 이를 방증한다고 할 수 있다. 구체적으로 2003년 10월 18일 북한의 외무성 대변인 담화에서 주장한 내용을 보면, 북한이 '자주권'에 대해서 어떤 인식을 가지고 있는지를 쉽게 확인할 수 있다.

"2002년 10월 평양에 온 미국 대통령 특사 켈리는 아무런 근거

---

[62] 조선민주주의인민공화국 외무성 대변인 담화, 『조선중앙통신』, 2003. 10. 18.

자료도 없이 우리가 핵무기 제조를 목적으로 농축 우라늄계획을 추진하여 조·미 기본합의문을 위반하고 있다고 걸고들면서 그것을 중지하지 않으면 조·미 대화도 없고 특히 조·일 관계나 북남 관계도 파국상태에 들어가게 될 것이라고 우리에게 노골적인 위협과 압력을 가해 나섰다. 우리는 켈리의 이러한 오만무례하고 강압적인 처사에 대처하여 미국의 가중되는 핵압살 위협으로부터 자주권을 지키기 위해서는 핵무기는 물론 그보다 더한 것도 가지게 되어 있다는 것을 명백히 말해 주었을 뿐 미국의 주장대로 농축 우라늄계획을 인정한 적은 없다."[63]

상기에서 주장한 바와 같이 북한은 미 켈리 특사의 방북 당시 강압적인 말과 행동을 빗대어 자국의 '자주권'을 훼손하고 적대정책을 표방한다고 인식하였으며, 그에 합당한 조치를 취하는 것은 당연하다는 주장을 펼쳤다.

한편, 북한의 핵무기 개발 문제를 해결할 수 있는 방안을 마련한 2005년 9·19 공동성명을 도출했지만, 'BDA 금융제재' 문제로 인해 대립국면이 조성되었고 무엇보다도 북한은 'BDA 금융제재' 문제를 자신의 '자주권' 문제와 다시 한번 결부지으며 초강경 조치에 대해 언급했다.

"우리는 미국이 빼앗아 간 돈은 꼭 계산할 것이다. 지난 50여 년의 역사가 증명하듯이 제재는 헛수고에 불과하며 우리의 강경대응 명분만 더해줄 뿐이므로 결코 우리에게 나쁘지는 않다."[64]

---

63 조선민주주의인민공화국 외무성 대변인 담화, 『조선중앙통신』, 2003. 10. 18.
64 조선민주주의인민공화국 외무성 대변인 담화, 『조선중앙통신』, 2006. 6. 1.

이와 더불어 북한은 BDA 문제와 관련하여 입장을 밝혔는데, "미국은 공동성명에서 한 공약과는 정반대로 우리에 대한 제재압박도수를 계단식으로 높이면서 우리로 하여금 회담에 나갈 수 없게 만들고 있다. … 미국 측은 지난해 9월 제4차 6자회담에서 공동성명초안에 《선 핵포기》 요구가 반영되지 않게 되자 마지막까지 반대하다가 다른 참가국들의 설득에 못 이겨 하는 수 없이 그에 서명하였다"고 언급했다. 또한 "미국의 《금융제재》 같은 것에 흔들리지 않게 되어있다. 그러나 우리는 미국이 빼앗아간 돈은 꼭 계산할 것이다. … 부득불 초강경조치를 취할 수밖에 없게 될 것이다"라고 주장했다.[65] 이후 북한은 2006년 7월 5일 미국의 독립기념일 날 '대포동 2호' 1기를 포함한 여러 발의 미사일을 발사했다.

한편, 2009년 미국의 오바마 행정부가 출범하고 북미 간의 초반 탐색전이 계속되고 있던 가운데 2월 3일 중동에 위치하고 있는 이란에서 인공위성 발사 성공 소식이 들려왔다.[66] 이는 북한에게는 큰 의미로서 다가왔다. 이란의 인공위성 발사에 대해 미국이 "탄도미사일 기술개발을 위한 것"이라는 우려를 표명한 데 대해 북한의 『로동신문』은 "우주개발과 그 이용이 평화적 성격을 띠고 인류의 복리증진에 이바지할 수 있는 것이라면 이에 대해 그 누구도 뒷다리를 잡아당기지 말아야 한다"며 "우주과학 기술경쟁도 평화적 환경에서 공정하게 진행되어야 모두에게 이롭고 인류의 문명발전도 그만큼 빨라지게 될 것"이라고 말했다.[67]

이러한 가운데 북한은 얼마 지나지 않아서 2월 25일 조선우주공간 기술위원회 대변인 담화를 통해 "현재 시험통신위성 《광명성 2호》를 운

---

65   조선민주주의인민공화국 외무성 대변인 담화, 『조선중앙통신』, 2006. 6. 1.
66   『연합뉴스』, 2009. 2. 3.
67   『로동신문』, 2009. 2. 7.

반로케트《은하-2호》로 쏘아올리기 위한 준비사업이 함경북도 화대군에 있는 동해위성발사장에서 본격적으로 진행되고 있다"[68]고 인공위성 로켓발사를 예고했다. 이에 대해 미국 등 국제사회에서는 유엔 안보리 제재 거론 등 우려를 표명하자, 북한은 3월 24일 외무성 대변인 담화 형식으로 입장을 밝혔다.

"위성발사기술이 장거리 미사일 기술과 구분되지 않기 때문에 유엔안전보장이사회에서 취급되어야 한다는 것은 식칼도 총창과 같은 점이 있기 때문에 군축의 대상으로 삼아야 한다는 소리나 같은 억지이다. 6자회담 참가국들인 일본이나 미국이 유독 우리나라에 대하여서만 차별적으로 우주의 평화적 이용권리를 부정하고 자주권을 침해하려는 것은 조선반도 비핵화를 위한 9·19 공동성명의 호상존중과 평등의 정신에 전면 배치된다."[69]

이처럼 북한은 장거리 로켓 발사에 대해 제재를 언급하는 것을 '9·19 공동성명'의 상호 주권존중 정신에 위배됨과 동시에 안보위협으로 인식함으로써 이에 따른 행동의 일환으로 4월 5일 장거리 로켓 발사와 5월 25일 제2차 핵실험을 강행했다.

그러자 한반도 내에 다시 긴장국면이 조성되었으나 관련국가들의 중재 및 대화시도 노력으로 2009년 말 북미 간의 우호적인 분위기가 조성된 가운데 마무리됐다.

이런 가운데 2010년에는 6자회담의 기대감이 높았음에도 불구하

---

68 조선우주공간기술위원회 대변인 담화, 『로동신문』, 2009. 2. 25.

69 조선민주주의인민공화국 외무성 대변인 담화, 『조선중앙통신』, 2009. 3. 24.

고, 북한은 1월 10일 외무성 성명을 통해 6자회담 복귀 조건으로 제재 해제를 요구하고 비핵화 논의에 앞서 평화협정 논의에 대한 주장을 하는 등의 모습을 보였다. 이어서 북한은 1월 18일 외무성 대변인 담화를 통해 다시 한번 자신들의 입장을 밝혔다.

> "우리가 제재모자를 쓴 채로 6자회담에 나간다면 그 회담은 9·19 공동성명에 명시된 평등한 회담이 아니라 피고와 판사의 회담으로 되고 만다. 이것은 우리의 자존심이 절대로 허락지 않는다. 자주권을 계속 침해당하면서 자주권을 침해하는 나라들과 마주 앉아 바로 그 자주권 수호를 위해 보유한 억제력에 대하여 논의한다는 것은 말이 되지 않는다."[70]

상기의 주장처럼 북한은 제재에 참여한 6자회담 관련국가들이 '자주권'을 훼손했다는 주장을 고수하며, 비핵화를 위한 6자회담 복귀에 대한 명확한 입장을 밝히고 있지 않았다. 이런 가운데 북한은 2010년 3월 천안함 피격 사건과 4월 미국의 『핵태세 검토보고서(NPR: Nuclear Posture Review Report)』 발표에 대한 반발 그리고 농축우라늄 프로그램 공개에 이은 연평도 포격 사건이 발생하면서 회담에 중대한 장애를 초래케 했다.

특히 11월에 발생한 연평도 포격 사건으로 인해 한반도의 긴장이 고조되자 관련국가들의 긴장완화에 대한 필요성이 증가되었으며, 이런 흐름 속에서 2011년 1월 미중 정상은 한반도의 안정에 대한 공감대를 형성하고 일련의 조치들을 취하여 다시 긴장을 완화케 했고, 대화로 이어지도록 많은 노력들을 기울였다.

---

[70] 조선민주주의인민공화국 외무성 대변인 담화, 『조선중앙통신』, 2010. 1. 18.

결국 7월 남북회담이 이루어지게 되었고 이어서 북미회담으로 이어지며 다시 대화국면으로 전환하게 됐다. 해당 회담을 통해 한반도 비핵화를 위한 물밑 접촉은 계속 이루어지고 있었다. 이런 회담의 과정 속에서 북한은 11월 30일 외무성 대변인 담화를 통해 평화적 핵에너지를 문제를 자주권과 결부지으며 언급했는데, "핵에네르기의 평화적 이용 권리는 우리나라의 자주권과 발전권에 속하는 사활적인 문제로서 추호도 양보할 수 없으며 그 무엇과도 바꿀 수 없다"[71]고 주장하며 대화국면을 이용하여 지속적으로 주장해오던 평화적인 핵에너지 이용 주장에 대한 당위성을 강조하고 있었다.

이러한 일련의 북한의 모습은 핵무기 개발 동기에 있어서 정치적 동기 차원의 '자주권' 수호와 강화 그리고 공고화가 주된 결정요인으로 작용했다는 증거라 할 수 있다.

기존의 정치적 동기설이 주장하는 대로 북한의 핵무기 개발 동기에 있어 정치적 동기가 주된 결정요인이 아니라는 가설을 받아들인다면, 상기에서 나타난 자주권에 대한 북한의 인식과 이를 토대로 나타난 행위들에 대한 종합적인 설명이 어렵다.

결론적으로 기존 정치적 동기가 북한의 핵무기 개발에 있어 핵심 결정요인이 아니라고 주장[72]한 것은 재고되어야 할 것이다. 이 책이 기존 논의와 가장 대별되는 점이 정치적 동기설에 대한 평가라 할 수 있다. 즉 탈냉전기 북한의 핵정책 결정에 있어서 정치적 동기가 주된 결정요인이라는 가설이 타당하다는 전제하에 이를 검증하기 위한 논리적 증거를 제시해 나갈 것이다.

---

71 조선민주주의인민공화국 외무성 대변인 담화, 『조선중앙통신』, 2011. 11. 30.

72 기존 정치적 동기가 북한의 핵무기 개발 동기에 있어 핵심요인이었다고 볼 증거가 없다는 주장을 한 내용은 다음과 같다. Victor Cha, *op. cit.*, p. 228; 임수호, 앞의 논문, pp. 70~72.

게임 체인지로 가는 첫 여정

제3절 분석의 틀

탈냉전에 따른 대외적 안보위협으로 자력구제 측면에서 억지력 구비로 보는 방어적 군사목적설과 체제유지에 필수적인 안전보장과 경제적 실리를 강제하기 위한 외교적 협상카드로 활용한다는 외교목적설은 탈냉전기 북한의 핵정책 결정요인을 고찰하는 데 있어서 각각 부분적 설명력을 보이고 있다. 이와 함께 북한의 핵정책 동기를 수정주의적 목표인 한반도 적화통일의 도구로 보는 공격적 군사목적설은 여러 우려에도 불구하고 이를 뒷받침해주는 논리적 근거가 없는 것으로 나타났다.

지금까지 살펴본 바와 같이 북한의 핵정책 동기를 정치적 차원의 자주권을 수호 및 강화하고 공고화하기 위한 수단으로서 인식하고 있는 점을 고려 시 북한이 핵정책을 결정함에 있어 주된 결정요인으로 보는 정치적 동기가 종합적인 설명이 가능하다고 판단된다.

그렇다고 다른 안보적·경제적 동기요인이 전혀 북한의 핵정책 결정에 작용하지 않았다는 것은 아니다. 지금까지의 많은 연구들은 북한의 핵정책 동기를 안보적·경제적 동기 측면에 초점을 맞추다 보니 상대적으로 정치적 동기에 대한 중요성과 '어떻게' 작용했는지에 대해 간과하고 있었을 뿐이다.

따라서 이 책에서는 북한의 핵정책 결정시 주된 결정요인으로서 정치적 동기가 부차적인 결정요인으로서 안보적·경제적 동기가 작용했다는 주장을 하고자 하며, 이를 '전략적 동기이론'[73]으로 명명하고자 한다.

전략적 동기이론은 기존의 '북한이 왜 핵무기 개발을 추구하는가'에 대한 가설들을 근간으로 하면서도 기존 가설들의 취약점을 보완하고 발전적 논의를 통해 '정치적 동기'를 핵심 변수로 가정한 것이다. 따라서 '전략적 동기이론'은 탈냉전 이후 북한의 핵무기 개발 동기에 대해 다음과 같은 전제하에 있다는 점을 강조하고자 한다.

첫째, 탈냉전 이후 북한의 핵정책 결정에 있어서 대내외적 환경과 핵기술능력은 상수(常數)로 전제하고자 한다. 이 책에서는 북한의 핵정책 결정에 있어 동기이론과 핵무기 개발 가설을 토대로 탈냉전기 북한의 핵정책 결정요인에 대한 미시적인 분석을 목적으로 하고 있다. 그렇기에 탈냉전 이후 북한의 대내외적 환경과 핵기술능력에 대해서는 이미 주어진 결과로서 전제하고자 하는 것이다. 분명 대내외적 환경과 핵기술능력이 북한의 핵정책 결정에 영향을 미치는 것은 사실이다. 하지만 이 책에서는 이러한 점보다는 미시적 분석을 통해 '각각의 동기요인'이 북한의 핵정책결정에 '어떻게' 영향을 미쳤는지를 북한의 인식과 대응측면에 초점을 맞추고자 한다.

둘째, '전략적 동기이론'은 기존의 핵무기 개발 동기 가설에서 간과하고 있는 정치적 동기요인이 북한의 핵정책 결정에 주된 결정요인으로 작용한다고 전제한다. 물론 탈냉전기 북한의 핵무기 개발 동기는 안보적 동기와 경제적 동기에 많은 영향을 받았다는 것은 주지의 사실이다. 그러나 대부분의 연구들은 북한의 핵정책 결정에 있어서 정치적 동기가 핵심 변수가 아니라고 주장하며 정치적 동기의 중요성을 간과하고 있다.

---

73 "전략적"이라 함은 주어진 어떤 목적을 효과적으로 달성하기 위한 수단들의 우선순위의 설정과 배열의 원리를 지적하는 것이다.

특히 2008년 말 이후 북한의 핵정책 결정에 있어서 대내외적 환경의 변화는 미미했지만 북한의 핵확산 활동은 증가하고 있다. 다시 말해 안보적·경제적 환경의 변화 요인보다는 북한 내부의 정치적 환경에 더 많은 영향을 받고 있는 행태들이 나타나고 있다는 점을 주목하고자 한다.

더불어 북한은 '자주권'과 관련된 사항은 일체 양보의 대상이 되지 않았다는 것이 이를 방증한다 할 수 있다. 그리고 기존 합의된 내용들을 면밀히 살펴보면 정치적 동기요인에 대한 중요성을 지속 강조하고 있는 모습을 확인할 수 있다.

이처럼 '전략적 동기이론'은 탈냉전 이후 북한의 핵정책 결정에 있어 기존의 핵무기 개발 가설을 비판적으로 수용하면서도 일부 소홀히 다루어졌던 부분에 대한 이론적 보완작업을 통해 도출된 것이다. 즉 '전략적 동기이론'은 정치적 동기요인에 대한 중요성에 집중하면서 안보적·경제적 동기요인을 함께 아우르는 분석틀을 제공하고 있다.

따라서 '전략적 동기이론'은 기존에 논의된 가설이 실제 북한의 핵정책 결정에 '어떻게' 작용하여 결과로 투영되는지에 대해 미시적인 분석을 시도하는 데 있어서 '정치적 동기' 요인인 '자주권' 수호 및 강화 그리고 공고화에 주된 결정요인으로 작용한다는 점을 전제로 하고 있다. 이는 탈냉전 이후 북한은 핵정책을 결정함에 있어서 주된 결정요인으로서 정치적 동기를 고려하고 있는 것이며, 혹시 여러 요인들 간의 경쟁적 딜레마 상황이 발생하게 된다면 우선적으로 정치적 동기를 고려해서 핵정책을 결정한다는 것을 주장하는 것이다.

제3장

제1차 북핵위기
핵정책 전개과정과 결정요인

제1절 제1차 북핵위기의 전개과정과 핵기술능력

1. 탈냉전과 '자주권' 수호

1) 탈냉전과 '자주권' 문제

1980년대 후반 한반도 상공을 날고 있던 미국의 첩보위성은 영변에서 북한의 핵무기 개발 징후에 해당하는 정보를 획득했다. 특히 위성사진에 대형 원자로와 기초공사 활동이 식별됐다.[1]

미국에서는 이 원자로의 용도에 대한 분석을 시도하였으며, 연구용으로 판단하기에는 크고, 발전용으로 보기에는 송전망과 연결되어 있지 않다는 것이 핵심적인 분석내용이었다. 마자르(Michael Mazarr)가 지적하는 바에 따르면 이 원자로의 설계방식은 플루토늄을 만들기 위한 것으로 보였다.[2]

북한은 1974년 7월에 IAEA에 가입했으나 NPT에 가입하지 않고 있었다. 이런 가운데 북한의 핵무기 개발 문제가 국제이슈화되면서 미국은 소련을 통해 북한에 압력을 넣었다.[3] 이후 북한은 1985년 12월 12일

---

1   Joel S. Wit, Daniel B. Poneman, and Robert L. Gallucci, *op. cit.*, p. 1; 조엘 위트 · 대니엘 폰먼 · 로버트 갈루치, 김태현 역, 『북핵위기의 전말: 벼랑 끝의 북미협상』(서울: 모음북스, 2005), p. 1.

2   Michael J. Mazarr, *North Korea and The Bomb: A Case Study In Nonproliferation* (New York: St. Martin's Press, 1995), p. 36.

3   *ibid.*, p. 41; 국제이슈화를 주도했던 기사는 아래와 같다. John Fialka, "North Korea May

NPT 가입에 서명했다. 이로써 북한은 동 조약에 따라 핵무기를 수입하거나 제조하지 않으며 이러한 사실을 입증하기 위해 핵시설에 대한 국제사찰을 받아들일 의무를 지게 됐다.

그러나 북한은 미국이 한국에 핵무기를 배치하고 있다는 이유를 구실로 사찰을 수용하고 있지 않았다. 여기에는 IAEA의 실수까지 겹쳐 북한은 NPT 가입 6년 1개월 만인 1992년 1월 30일이 돼서야 핵안전협정을 체결했다.[4]

사실 이처럼 북한이 NPT 가입 후 핵안전협정 체결을 늦게 이루게된 배경은 따로 있었다. 북한의 핵무기 개발 문제가 의혹이 커져가는 가운데 1991년 중동에서는 '걸프전'이 발발했다. 이라크가 걸프전 발발 당시 핵무기 완성까지 겨우 몇 달을 남겨 놓고 있었다는 사실을 감안할 때, 북한 핵무기 개발 문제에 대한 IAEA와 미국의 입장은 보다 강경해졌다. 특히 UN 사찰팀이 이라크 현지를 조사한 뒤 돌아와 제출한 이라크 핵시설 지도는 북한의 핵시설을 연상시켰다.[5]

과거 1991년까지 IAEA의 업무는 NPT 회원국들이 자진 신고한 민간 핵시설 및 핵물질 사찰에 국한됐다. 그러나 걸프전 당시 이라크가 그동안 IAEA의 사찰대상 시설에 인접한 한 비밀공장에서 최첨단 고성능 핵무기를 집중적으로 개발해온 사실이 드러났다. 이 사건은 IAEA에게 엄청난 영향을 미쳤으며, 핵무기 개발과 관련하여 이상한 징후가 감지되는 즉시 적극적인 경고 조치를 취하기 시작했다. 즉 IAEA의 조사를 위해

Be Developing Ability To Build Nuclear Weapons," *Wall Street Journal*, (July 19, 1989); Don Oberdorfer, "North Koreans Pursue Nuclear Arms: U. S. Team Briefs South Korea On New Satellite Intelligence," *Washington Post*, (July 29, 1989).

4　Joel S. Wit, Daniel B. Poneman, and Robert L. Gallucci, *op. cit.*, p. 4.

5　Mazarr J. Michael, 김태규 역, 『북한 핵 뛰어넘기』, p. 112.

미국 및 기타 회원국들이 제공하는 정보를 채택할 권리와 의심되는 시설에 대한 강제적 '특별사찰'을 요구할 수 있는 권리를 부여받게 됐다.

이에 따라 미국은 IAEA에 첩보위성 사진을 포함한 북한의 핵무기 개발 징후에 관한 정보를 제공했다. 무엇보다도 과거 대외에 공개된 적이 없는 첩보위성의 사진까지도 제공했다. 이처럼 조사대상에 대한 광범위한 정보를 획득한 IAEA와 국제사찰단은 더 이상 기만이나 망신을 당하지 않겠다는 결연한 의지를 다졌으며, 새로운 역량과 의지를 시험하게 된 첫 번째 나라가 바로 북한이었다.[6]

이런 가운데 북한은 핵안전협정을 체결한 이후 얼마 지나지 않아 IAEA에 최초보고서를 제출했으며, 이는 협정상의 의무기한보다 앞당겨져서 행해졌다. 이에 IAEA는 북한이 제출한 최초보고서를 검토 후 입장을 밝히겠다고 했다.[7] 이후 IAEA는 북한이 보유 또는 건설 중이라고 신고한 주요 핵시설 목록을 발표했다. 그 당시 다소 놀라웠던 내용은 북한이 최초보고서에 1990년 실험용으로 90g의 플루토늄을 생산했다고 신고한 내용이었다.[8]

한편, 북한이 제출한 자료에서 중대한 불일치가 발견되었고 이는 IAEA로부터 '특별사찰'의 요구로 귀결됐다.[9] 그러자 북한은 '특별사찰' 요구 문제를 '자주권'을 침해하는 사항으로 인식하였고, 이에 대한 대응

---

6   Don Oberdorfer, *op. cit.*, p. 209.

7   『연합뉴스』, 1992. 5. 4.

8   Don Oberdorfer, *op. cit.*, pp. 208~211.

9   '특별사찰'이란 해당 국가가 부인하는 미신고 핵시설에 대해 사찰을 강행한다는 것을 의미했다. 이라크를 제외하고 IAEA는 과거 단 한번도 특별사찰을 요구한 적이 없었다. 그 와중 유엔안전보장이사회는 핵확산은 국제평화와 안보에 중대한 위협이 되므로 IAEA의 사찰 요구가 거부된다면 해당국가에 대해 제재조치를 가할 수 있다고 선언했다. 따라서 북한은 이라크의 비밀 핵무기 개발 계획이 백일하에 드러난 이후 국제사회에서 비등해진 핵확산 반대 여론의 의지를 시험하는 첫 번째 대상으로 부각됐다. *ibid.*, p. 210.

차원에서 북한은 1993년 3월 12일 NPT 탈퇴 계획을 발표했다.

2) 제네바 합의와 '자주권' 수호

북미 고위급회담은 1993년 6월 2일을 시작으로 1994년 10월 21일 북미 기본합의문을 체결하면서 종료되었는데, 해당 기간 내에 북미 간의 치열한 협상과 결렬 그리고 전쟁위기로까지 치닫는 등 여러 우여곡절을 겪었고 이후 지미 카터(Jimmy Carter) 전(前) 대통령의 등장으로 해결점을 찾을 수 있었다.

제1차 북미 고위급회담 간에는 북한이 미국으로부터 '핵무기를 포함한 무력의 위협과 사용금지', '상호 내정 불간섭', 'IAEA의 특별사찰 수용문제 지속 논의' 합의를 도출했으며,[10] 이에 대한 대가는 '필요하다고 판단되는 동안' NPT 탈퇴를 '유보'한다는 북한 측의 결정이 회담의 주요한 내용이었다.[11]

제2차 북미 고위급회담은 1993년 7월 14일부터 19일까지 실시됐으며, 북한 측 협상 대표였던 강석주 부부장은 영변에 있는 흑연 감속 원자로에 비해 경수로를 지원해 줄 것을 요구했다.[12] 이는 북한과의 핵무기 개발 문제의 가장 중심에 있는 사항으로서 경수로 제공의 요청은 국제적 차원에서 통제하기에는 어렵지만 현실적인 대안으로 바로 부각되었으며, 북미 간의 현 난국을 타개할 수 있는 해결책에 근접할 수 있게 됐다.

하지만 제2차 회담 이후 미국이 제3차 회담의 전제조건인 IAEA와

---

10   Joint Statement of the Democratic People's Republic of Korea and the United States of America, (June 11, 1993); 원문은 아래 참조.
http://nautilus.org/wp-content/uploads/2011/12/CanKor_VTK_1993_06_11_joint_statement_dprk_usa.pdf(검색일: 2015. 10. 10.)

11   Don Oberdorfer, *op. cit.*, pp. 223~224.

12   *ibid.*, pp. 226~227.

      게임체인저로 가는 첫 여정

한국과의 대화재개 문제와 관련하여 많은 논쟁과 대결국면이 조성됐고, 국제사회 차원에서 대북 결의안이 통과되는 등 다시 위기상황으로 치닫게 됐다.

한편, 북한은 미국이 핵정책과 관련된 사안에 대해 언급한 내용을 '자주권' 문제와 결부지으며 강력한 대응을 시사하는 발언을 했다.

> "우리가 핵무기를 개발할 의사도 필요도 없다는 것을 여러 차례 천명하였고 조 · 미 쌍방이 핵문제를 협상을 통해 해결하기로 공약한 지금에 와서 미국 대통령이 있지도 않는 우리의 《핵무기 개발문제》를 걸고든 것이 사실이라면 그것은 우리에게 압력을 가하려는 시도로밖에 달리 볼 수 없다. … 자주권을 생명으로 여기는 우리는 그 어떤 침략행위에 대해서도 강력하게 대처할 실천적 준비가 되어있다."[13]

이러한 가운데 북한의 강석주 부부장은 11월 11일 평양에서 "조미공동성명에서 쌍방은 핵위협을 그만두고 서로의 자주권을 존중하며 전면담보의 공정한 적용을 보장하고 미국이 조선의 평화통일을 지지하는 것을 핵문제 해결의 기본원칙으로 확인"하였다고 언급함과 함께, "우리는 최소한 쌍방이 서로 제 할 바를 정해놓고 동시에 움직이는 일괄타결 방식으로 나가자는 것이다. 제3단계 조미회담이 열리고 거기에서 일괄타결방식이 합의되면 핵문제해결의 확고한 전망이 열리게 될 것이다"[14] 라고 제안했다. 이에 대해 미국은 종합적인 검토를 통해 12월 29일 아직

---

13 조선민주주의인민공화국 외교부 대변인 기자의 질문에 대답, 『로동신문』, 1993. 11. 10.
14 조미회담 우리측 대표단 단장이 외교부 강석주 제1부부장의 담화, 『로동신문』, 1993. 11. 12.

정해지지는 않았지만 일괄타결안 네 가지 조치를 동시에 상호적으로 취하기로 합의했다.[15]

그러나 이러한 합의에도 불구하고 북한의 IAEA 사찰 불허와 국제사회의 사찰촉구 결의에 대해 "미국이 핵문제해결을 눈앞에 둔 지금의 결정적인 대목에 와서 이처럼 뉴욕합의문을 공공연히 뒤집어엎고 제3단계회담의 기초를 완전히 허물어버림으로써 핵문제의 해결전망을 가로막는 것은 미국의 구태의연한 대조선적대시정책으로부터 출발한 것이다. … 조미회담을 통한 핵문제해결을 위해서가 아니라 바로 우리 공화국을 압살하려는 정치적 목적을 추구하였기 때문이라는 것이 명백하다", "만일 미국이 조미회담을 끝내 회피하고《팀 스피리트 94》합동군사연습을 재개하면서 우리에 대한 핵위협을 가중시키거나 국제원자력기구가 우리에 대한 사찰결과를 왜곡하여 불공정성을 더욱 확대하면서 강권과 압력으로 나오는 경우", "우리는 민족의 자주권과 국가의 안전을 수호하기 위하여 지난해 3월 12일부 공화국정부성명에서 천명한 조치들을 실천에 옮기는 방향으로 나갈 수밖에 없게 될 것이다"[16]라고 북한은 외교부 대변인 성명을 밝힌 후 1994년 5월 4일 영변 5MWe 원자로의 사용후 연료봉을 인출하는 사태로 몰고 갔다. 이에 따라 미국은 IAEA와 북한 간의 사용후 연료봉 인출 문제와 관련하여 협의의 장을 마련해주고 해결책 모색을 주도하였으나, 합의점을 찾는 데에는 실패했다. 이러한 상황 속에서 IAEA는 폐연료봉에 대한 추후 계측이 불가능하다는 것을 안보리에 보고했다.

그러자 북한 강석주 부부장은 "조미관계 력사 사이 처음으로 핵무

---

15   Joel S. Wit, Daniel B. Poneman, and Robert L. Gallucci, *op. cit.*, pp. 116~117.

16   조선민주주의인민공화국 외교부 대변인 성명, 『로동신문』, 1994. 3. 22.

기를 포함한 무력사용과 그 위협의 금지, 자주권의 호상 존중과 내정불
간섭 등을 쌍방 사이에 확약한 이 공동성명은 조선반도의 핵문제를 평
화적으로 해결하며 조미 사이의 적대관계를 실질적으로 끝장내기 위한
조미회담의 기초를 마련하였다는 점에서 중요한 의의를 가지였다. 그러
나 지난 1년간을 돌이켜볼 때 유감스럽게도 조미공동성명의 원칙들은
리행되지 못하였다", "우리는 《경제제재》가 우리에 대한 선전포고로 된
다는 데 대해서도 이미 유관측들에 통지한 바 있다. 이 경우 반공화국
《제재》에 참가하는 측은 물론 이러한 《제재》를 뒷받침하는 측들도 응당
한 책임을 지게 될 것이다"[17]라고 입장을 밝혔다. 북한의 이러한 반응에
맞서 IAEA는 북한에 대한 제재조치를 결의했다. 1994년 6월 10일 IAEA
는 연간 56만 달러 상당의 기술원조 중단을 포함한 제재 결의안을 채택
했다.[18]

　　이에 북한은 외교부 대변인 성명을 통해 6월 13일 IAEA 탈퇴를 선
언하고 핵사찰도 불허하고, 제재는 선전포고로 간주한다는 입장을 밝혔
다.[19] 이러한 한반도의 위기 상황 속에서 미국은 군사적 조치까지 논의하
며 난관을 타개할 방안을 논의 중에 있었으며, 다양한 옵션들의 장·단
점을 검토해보고 있었다. 이런 와중에 등장한 카터 전 대통령은 6월 15
일부터 18일까지 북한을 방문하여 김일성과 직접 회담을 가졌다. 김일
성은 북한이 핵무기를 만들 능력도 없었고 그럴 필요도 없었다고 여러
번 밝혔지만 자신의 말을 믿어주지 않았다면서 불만을 표시했다. 그러
면서 북한이 필요로 하는 것은 단지 원자력 에너지라는 점을 그는 다시

17　조미회담 우리 측 대표단 단장과 외교부 강석주 제1부부장의 담화, 『로동신문』, 1994.
6. 4.

18　『중앙일보』, 1994. 3. 31.

19　조선민주주의인민공화국 외교부 대변인 성명, 『로동신문』, 1994. 6. 14.

한번 강조했다. 즉 미국이 경수로 지원에 협력을 할 경우 가스 냉각 방식의 흑연감속로를 해체할 것이며 NPT에 복귀할 것이라는 얘기였다. 또한 김일성은 핵문제 해결 방안의 일환으로 북한에 대해 핵공격을 하지 않겠다는 미국의 보장을 요구했다.

이처럼 카터와 김일성 간 만남으로 합의된 바는 첫째, 제3차 북미고위급회담이 성사되기 전 계획을 일시 동결할 것이며, 둘째, 영변의 IAEA 사찰단원 두 명의 북한 잔류를 허용하는 것이었다.[20] 이에 다시 대화의 분위기가 무르익어 가게 됐고 대화시점에 대한 협의가 이루어졌다.

그런데 김일성의 사망으로 일시 회담은 중단됐으나, 얼마 지나지 않아 제3차 북미 고위급회담은 두 차례에 나뉘어서 진행됐다. 결국 많은 우여곡절 끝에 시작된 제3차 북미 고위급회담에서 타결된 북미 간의 제네바 합의로 제1차 북핵위기를 일단락 지을 수 있었다.

2. 제1차 북핵위기 시 북한의 핵기술능력

북한은 핵관련 제반시설을 토대로 핵무기 개발을 위한 활동을 활발히 진행해왔는데, 그 당시 북한의 핵기술능력의 수준을 추측해 보기 위해서는 핵심 구성요소라 할 수 있는 핵물질과 고폭장치의 개발, 핵장치의 소형화, 핵실험, 운반수단 등의 기술수준을 구체적으로 살펴보아야 한다.

냉전기 북한의 핵무기 개발 활동의 시작은 1955년 4월 과학원 제2차 총회에서 원자 및 핵물리학연구소 설치를 결정한 이후였다. 같은 해

---

20   Don Oberdorfer, *op. cit.*, pp. 256~259.

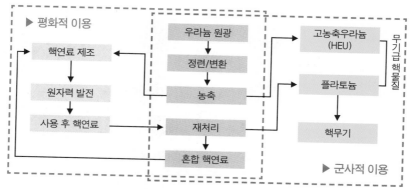

〈그림 3-1〉 핵의 평화적 · 군사적 이용 개념
출처: 『동아일보』, 2009. 4. 27.

6월 동유럽에서 개최된 원자력의 평화적 이용에 관한 국제회의에 북한 과학원 소속 6명의 학자가 참여했다.[21] 그리고 1956년 3월 26일에는 소련 드브나연구소에서 주관한 '연합 원자 핵 연구소' 창설을 위한 회의에 참여하여 소련과 협력 협정을 맺었다. 이 협정에는 제한된 수의 북한 과학자들이 소련에서 진행 중인 핵물리 연구에 참여하고 또 관련기술자들이 연수계획에 포함되어 있었다.[22] 이후 1959년 9월에는 소련, 중국과 추가로 원자력 협정의정서에 조인하였으며, 이 내용은 주로 원자력의 평화적 이용에 관한 것이었다.[23]

이러한 협약들을 통하여 북한의 많은 과학자와 기술자들이 소련과 중국으로 파견되어 훈련을 받아 핵관련분야의 기술을 전수받는 계기가 됐다. 또한 1959년에 맺은 의정서를 바탕으로 북한 과학원에서 추진 중이던 핵관련 연구를 본격적으로 추진할 수 있었다.

---

21 이춘근, 『과학기술로 읽는 북한핵』(서울: 생각의 나무, 2005), p. 72.

22 조선중앙통신사, 『조선중앙년감 1957』(평양: 조선중앙통신사, 1957), p. 197.

23 이은철, "북한 핵의 과학기술적 의미", 『북한연구』, 제3권 제2호, (1992), p. 113.

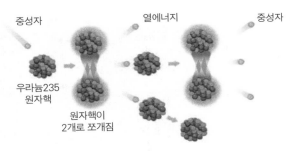

중성자　　　　　　　　열에너지　　　　　　　中성자

우라늄235
원자핵

원자핵이
2개로 쪼개짐

〈그림 3-2〉핵분열 연쇄반응 원리

출처: 국방부, 『대량살상무기에 대한 이해』(서울: 국방부, 2007), p. 47.

　　이런 가운데 1962년에는 외국에서 돌아온 학자들을 주축으로 영변과 박천에 원자력연구소를 설립했으며, 1965년에는 IRT-2000 연구용 원자로[24]와 1968년에는 영변 단지에 0.1MWt 소형임계시설을 소련에서 도입, 설치하여 본격적인 핵분열연구에 돌입했다.[25]

　　이러한 적극적인 노력은 그 당시 북한이 원자력에 대한 지대한 관심을 보였다는 것을 가늠해 볼 수 있는 중요한 근거라 할 수 있다. 1970년대에 들어서면서부터는 본격적인 원자력기술과 핵물질의 자립 기반을 구축하기 시작했다. 북한은 1970년대에 우라늄 매장량을 재조사하는

24　원자로는 핵분열 반응이나 핵융합 반응을 일으켜 에너지를 생성하는 반응장치를 지칭한다. 원자로에는 핵분열 반응에 의한 에너지를 생성하는 핵분열로(fission reactor)와 핵융합 반응에 의해 에너지를 생성하는 핵융합로(fusion reactor)의 두 종류가 있다. 원자로가 에너지 생성장치로 유용한 것이 되기 위해서는 원자로 내에서 단위시간당 일어나는 핵반응의 수 즉 핵반응률을 자유자재로 제어할 수 있어야 하며 또한 핵반응을 지속적으로 일으킬 수 있어야 한다. 핵분열로의 경우는 이러한 조건을 만족시키는 원자로가 1950년대에 이미 개발되었고 원자로 기술이 고도화되면서 경수로(LWR: Light Water Reactor), 중수로(HWR: Heavy Water Reactor), 가스냉각로(GCR: Gas-Cooled Reactor), 고속증식로(FBR: Fast BreederReactor)로 불리우는 여러 종류의 원자로가 상업화되어 있다. 김창효 엮음, 『핵공학개론』(서울: 원자력학회, 1989), pp. 1~2.

25　이은철, 앞의 논문, p. 113; 이춘근, 『과학기술로 읽는 북한핵』, pp. 72~73.

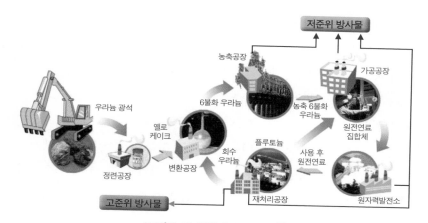

〈그림 3-3〉 북한의 핵연료주기[26]

출처: 국방부, 『대량살상무기에 대한 이해』(서울: 국방부, 2007), p. 52.

한편, 핵연료[27]주기, 즉 우라늄의 정련, 변환, 가공 등을 연구하여 자체 기술로 연구용 원자로의 출력을 증강했고, 1975년에는 최초로 g단위의 플루토늄을 추출하는 데 성공했다.

이와 함께 북한은 소련의 지원을 받아 영변지역을 중심으로 상당수의 핵관련 연구소들을 설립했다. 또한 1973년에 김일성종합대학에 핵물리학과를, 김책공업대학에 핵전기공학과와 핵연료공학과, 원자로공학과를 설치하여 자체적인 인력양성을 본격화했다. 그리고 1974년 3월에는 원자력법을 제정하고 동년 9월에 IAEA에 가입했으며, IRT-2000에

---

26 우라늄의 채광으로부터 에너지 생산을 위한 원자로에 장전 및 운전, 그리고 최종적으로 영구 처분될 때까지의 일련의 단계로 구성된 순환과정을 핵연료주기(核燃料週期, nuclear fuel cycle)라고 한다.

27 원자로 안에 장입하여 핵분열을 연쇄적으로 일으켜서 이용 가능한 에너지를 얻을 수 있는 물질

대해 IAEA와 '부분 핵안전조치협정'[28]을 체결했다.[29]

마침내 1980년 7월 북한은 5MWe 원자로를 자체 설계하여 건설을 시작하여 1986년부터 가동하기 시작했다. 이 원자로의 주된 목적은 플루토늄 생산에 있었으며, 최대 출력으로 운전 시 약 11kg 정도의 플루토늄 생산이 가능할 것으로 판단됐다.[30]

1985년 12월에 소련과 맺은 '원자력발전소 건설을 위한 경제기술협조협약'에 의거해 50MWe급과 200MWe급 원자로를 추가로 건설하기 시작했다. 특히 1985년부터는 원자로 옆에 플루토늄 재처리[31] 시설인 '방사화학실험'을 건설하여 1989년부터 부분적인 가동에 들어갔다. 이후에도 핵 관련설비 도입과 건설 등 다양한 기술 개발을 위해 많은 노력을 기울여왔다.[32]

한편, 북한은 핵무기를 독자적으로 개발하기 위해 우선적으로 핵물질[33]을 확보하는 것이 필요했다. 북한이 핵무기 개발에 필수 원료인 핵물

---

28 NPT(제3조)는 핵무기 불보유 당사국에 대해 IAEA와 전면 안전조치협정을 체결할 의무를 부과하고 있으나 NPT 비가입국은 동 의무에 귀속되지 않는바, IAEA는 원자력의 평화적 이용을 위해 NPT 비가입국이나 핵보유 NPT 당사국을 대상으로 '부분 안전조치협정'을 맺고 사찰 등 안전조치를 실시. 외무부, 『한반도문제 주요현안 자료집』(서울: 외무부, 1998), p. 4.

29 이춘근, 앞의 책, pp. 73~74; 외무부, 앞의 책, p. 4.

30 이은철, 앞의 논문, p. 114.

31 원자로의 사용후 핵연료에는 분열되지 않고 남아 있는 U^{235}와 비분열성 물질인 U^{238}, 핵분열로 생성된 플루토늄 등이 혼재되어 있다. 이를 분리해 원하는 물질을 얻는 것을 재처리 공정이라 한다.

32 이춘근, 앞의 책, pp. 74~75.

33 핵무기에 사용되는 대표적인 핵물질에는 천연자원으로 존재하는 우라늄-235($92U^{235}$)와 핵분열로 생성되어 사용 후 핵연료에서 분리, 추출하는 플루토늄-239($94PU^{239}$)가 있다. 우라늄과 플루토늄 모두 다양한 동위원소들이 있고 연쇄적인 핵분열을 일으키기에 필요한 특정 동위원소와 최소농도 및 중량이 존재한다. 따라서 무기급 핵물질을 얻기 위해서는 이를 분리, 농축, 정제, 가공하는 복잡한 공정을 거치게 된다.

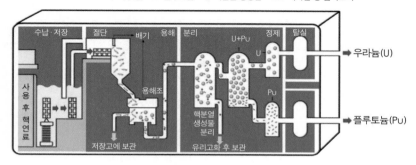

● 우라늄 ▬ 플루토늄 ● 핵분열 생성물 ⟋ 피복관 등 금속조각

〈그림 3-4〉사용후 핵연료 재처리공정 개략도

출처: 국방부, 『대량살상무기에 대한 이해』(서울: 국방부, 2007), p. 55.

질을 확보하기 위한 방법은 고농축의 우라늄을 사용하는 방법과 원자로에서 연소된 사용 후 핵연료로부터 플루토늄을 추출하여 사용하는 방법이 있다. 이때에 우라늄을 고도로 농축시키려면 필수적으로 농축과정을 개발하여야 했고, 플루토늄을 얻으려면 재처리설비를 갖추어야 했다. 주지하다시피, 북한은 플루토늄 재처리설비를 운용하고 있었기에 해당 기술을 활용한 핵무기 개발 활동을 추구하고 있었을 것으로 판단해 볼 수 있다.

다른 핵물질을 확보하기 위한 방법 중에 하나인 우라늄 농축은 농축방법에 따라 공정에 필요한 기자재의 확보가 선행되어야 한다. 이런 우라늄 농축을 위한 방법은 대체로 6가지 방법이 알려져 있다.[34] 즉 기체확산방법, 원심분리방법, 공기역학방법, 레이저분리법, 화학적 교환법, 전자기 동위원소 분리법이었다. 이 중 기체확산법은 그 규모가 엄청나게 크며 효율도 낮기 때문에 미국에서조차 폐기됐으며, 만일 이 방법을 사

---

[34] 농축기술에 대한 자세한 설명은 함형필, 『NUCLEAR DILEMMA: 김정일체제의 핵전략 딜레마』(서울: 한국국방연구원, 2009), pp. 19~32 참조.

용하려면 곧 외부에 노출될 가능성이 컸다. 원심분리방법은 독일과 일본이 앞장서서 개발해 온 방법으로 효율이 상당히 높지만, 이 방법 역시 규모가 크고 외부에 노출될 가능성이 컸다.

공기역학법은 분리공정 중 발생열의 제거, 부품제조, 수소의 취급 등 기술적인 어려움과 과다한 에너지 소비문제를 가지고 있었다. 레이저분리법과 화학적 교환법은 비교적 규모가 적은 대신 농축도를 크게 높일 수 없는 단점이 있었다. 전자기 동위원소분리법은 저효율성과 과다한 에너지 소비율로 다른 농축기술에 비해 낮은 경제적 경쟁력이 단점이었다. 이러한 기존의 농축방법의 장·단점을 고려 시 북한이 제1차 북핵위기 시 만약에 농축기술 개발을 시도하려고 했더라면 레이저분리법이 아니면 화학적 교환법을 이용하고자 했을 것이라 추측해 볼 수 있다.[35]

이러한 기술적 요인으로 인해 북한은 플루토늄을 원료로 핵무기 개발을 시도했다. 북한의 플루토늄 양에 대한 가장 과학적인 분석을 시도한 내용을 참고로 추정해 보면[36], IRT-2000 원자로에서 2~4kg 정도를 확보했을 것으로 추정되며, 과거 1992년 5월 IAEA 사찰 개시 전에 확보된 양이 6.5~8.5kg으로 추정해 볼 수 있다. 이러한 추정치는 미국 내에서 북한의 핵관련 시설을 가장 많이 다녀온 헤커 박사가 추정하고 있는 약 2~10kg양과는 다소 차이가 있지만, 최대치에서는 2.5kg의 차이가 발생하고 있어서 그 당시는 대략적으로 판단하고 있음을 보여주는 대목이다.[37]

---

35 이은철, 앞의 논문, pp. 118~119.

36 IISS, *North Korea's Weapons Programmes: A Net Assessment* (London: The International Institute for Strategic Studies, 2004).

37 지그프리드 해커, "북핵 위기는 해결될 수 있는가?", 『Rethinking Nuclear Issues in Northeast Asia: 동북아시아 핵 문제의 재고』, 경남대학교 극동문제연구소 40주년 기념 국제학술회의 (2012), p. 144.

또한 핵무기 개발에 있어 중요한 요소 중에 하나인 고폭실험은 핵연쇄반응을 유도하는 고폭장치의 개발 실험을 말한다. 고폭장치의 개발과 실험의 경우 북한은 1983년부터 시작해 모두 70여 차례의 고성능 폭발실험을 실시한 것으로 탐지됐다. 고성능 폭발실험은 고폭장치를 조립하기 이전에 실시하는 고폭장약의 성능실험이다. 한국의 정보당국은 북한이 과거에 이미 핵실험의 전 단계로 핵물질을 주입하지 않은 상태에서 완제품 고폭장치 작동상태 등을 시험하는 고폭실험을 한 것으로 추정했다.[38] 전(前) 러시아 연방보안국 아시아-태평양 정보담당 부장 알렉산드로 크레스틴스키에 따르면, 1990년 당시 크류티코프 KGB 의장이 공산당 중앙위원회 정치국 등에 제출한 '303K'라는 제목의 보고서에 북한 최초의 원자력 폭발장치 개발이 영변에서 완료됐다는 사실이 담겨있었다고 했다.[39]

더불어 핵물질 획득 측면에서 살펴보면 북한은 주지한 바와 같이 우라늄을 충분히 얻을 수 있는 상태에 있었으며, 과거 5MWe에서 사용후 핵연료를 재처리한 후 플루토늄을 확보하고 있는 상태에 있었다.

이와 함께 북한의 핵무기 운반수단에는 항공기에 의한 방법, 대포, 미사일 등이 있다. 특히 미사일은 사거리가 길고 생존 수단을 강구하면서 안전하게 적을 공격할 수 있는 효과적인 수단으로 선진국에서 주로 사용했다. 예컨대 북한의 경우 1976년 이집트로부터 SCUD-B 미사일을 도입하여 역설계의 방식으로 개발을 추진하여 1984년 SCUD-B의 모방형 개발에 성공했고, 1986년에는 SCUD-B 개량형의 시험발사에 성공했다. SCUD-B 개량형은 구조물 경량화 및 엔진출력 보강으로 사거리를

38 『중앙일보』, 2003. 4. 19.

39 『연합뉴스』, 2003. 9. 20.

320km로 증가시켰다.

한편, 미국 정보기관들은 북한이 1990년대 말에는 핵무기를 가지게 될 것으로 추측하고 있었으며 관련전문가인 조셉 버뮤데즈(Joseph Bermudez)는 북한은 1980년대 초 이집트로부터 SCUD-B 미사일을 얻은 후 자체적으로 이를 개조한 미사일을 개발해 오고 있다고 밝힌 바 있었다.[40] 이런 가운데 북한은 1993년 5월에는 사정거리가 1,300km인 노동 1호를 시험발사에 성공했다.[41] 노동 1호 미사일의 명중오차가 5km가 되므로 1,300km 날아가 정확한 표적에 대해서는 효과가 미비하나, 미사일에 소형화된 핵탄두를 탑재할 경우에는 가공할 만한 살상력이 발휘되기 때문에 큰 효과를 발휘할 수 있다.

결론적으로 제1차 북핵위기 시 북한의 핵기술능력은 핵무기를 개발하는 데 있어 큰 지장을 초래하지 않을 정도라 할 수 있다. 이처럼 북한은 상당한 수준의 핵기술능력을 보유하고 있었기에 미국은 협상을 통해 북한의 핵무기 개발을 초기단계에서 동결을 시키는 데에 합의점을 찾으려 했다.

---

40 『연합뉴스』, 1990. 11. 13.
41 국방부, 『참여정부의 국방정책』(서울: 국방부, 2003), p. 159.

제2절 제1차 북핵위기 핵정책 결정요인

1. 정치적 동기 차원 : '자주권' 수호

1980년 말 탈냉전의 파고가 불어 닥치는 가운데 국제환경은 급격한 변화의 소용돌이 속으로 들어가고 있었다. 특히 북한의 중요한 후원국이라 할 수 있는 소련의 붕괴는 큰 변화를 불러왔다.

무엇보다도 동구 사회주의권 국가들의 체제변화의 모습에 대해 북한은 피포위 위기로 인식하고 있었으며, 더불어 북한의 핵무기 개발과 관련하여 여러 의혹들이 제기되는 가운데 핵안전협정 가입 문제에 대한 국제사회의 요구가 증가되고 있었다. 그러자 북한은 보다 우호적인 국제환경이 조성된다면 핵안전협정을 체결할 수 있다는 입장을 표명했다. 1991년 2월 13일자 『로동신문』에서 입장을 밝혔는데, "핵담보협정체결 문제가 단순히 핵무기전파방지조약에 따라 지닌 법적 의무를 리행하는 데만 국한될 수 없으며 따라서 우선 우리가 국제원자력기구와 핵담보협정을 체결할 수 있는 평화적인 환경이 마련되여야 한다. 그것은 우리 민족의 생존과 국가의 안전을 수호하는 사활적인 문제와 불가분리적으로 련결되여있기 때문이다. 핵무기전파방지조약의 요구라 하여 나라의 자주적 권리와 민족의 생존권, 국가의 안전을 희생시키면서 핵담보협정을 체결할 수 없다는 것은 누구에게나 명백한 일이다"[42]라고 주장했다.

---

42 『로동신문』, 1991. 2. 13.

더불어 북한은 핵안전협정에 가입하고 있지 못한 것을 '자주권' 문제와 결부지으며 미국이 가입할 수 있는 환경을 조성해 주지 못하는 데에 원인이 있다는 주장을 했다.

> "핵담보협정체결에 대하여 말한다면 루차 천명한 바와 같이 우리는 이것을 거부한 일이 없으며 이 협정에 하루빨리 조인하려는 것이 우리의 립장이다. 실제로 우리와 국제원자력기구 사이에는 이에 대한 합의가 기본적으로 이루어져있다. 우리가 아직 이 협정을 체결하지 못하고 있는 것은 미국이 이에 필요한 환경과 조건을 마련하지 않고 있기 때문이다. 국제법이 공공하고 있는 바와 같이 협정체결은 주권국가의 자주적 권리에 속하는 문제이다. … 나라의 자주권과 민족의 생존권마저 위태롭게 하면서까지 핵담보협정을 체결할 수 없다는 것은 자명한 일이다. … 핵무기전파방지조약은 비핵국가들에 온갖 굴욕을 강요하며 그들의 생존권을 롱락할 권리를 미국에 주지 않았다."[43]

이런 가운데 소련에서 쿠데타 실패 후에 1991년 9월 27일, 부시(George H. Bush) 대통령은 전 세계에서 지상 전술핵무기를 일방적으로 철수할 것이라고 발표했으며 소련도 이에 합당한 조치를 취하라고 촉구했다. 그러자 북한은 외교부 대변인 성명을 통해 입장을 밝혔는데, "우리는 미국이 단거리핵무기들을 일방적으로 철수하겠다고 발표한 것을 환영하며 이를 위한 실제적인 조치가 빨리 취해지기를 바란다. … 미국이 실지로 남조선에서 핵무기를 철수하게 되면 우리의 핵담보협정체결의 길

---

43 『로동신문』, 1991. 5. 2.

도 열리게 될 것이다"[44]라고 공표했다.

한편, 탈냉전의 파고로 시작된 국제환경의 변화 물결은 한반도까지 영향을 미쳤다. 먼저는 남북 간에 대화의 동력이 생겨나면서 1991년 12월 13일 남북한 총리는 '남북한 기본합의서'라는 획기적인 합의를 도출했다.[45] 더불어 같은 해 12월 31일에는 한반도 핵문제를 협의하기 위한 세 차례의 남북대표 접촉 끝에 '한반도의 비핵화에 관한 공동선언'이라는 합의를 도출했으며, 1992년 2월 19일 평양에서 개최된 제6차 남북고위급회담에서 합의서 및 공동선언을 발효시켰다.[46] 이로써 한반도 핵문제를 포함한 남북한 간의 관계개선에 큰 변화를 가져올 것이라는 기대감이 표출되고 있었다.

북한의 전인찬(田仁燦) 빈주재 국제기구대표부 대사는 1992년 1월 7일 북한대사관에서 기자회견을 갖고 북한이 동년 1월 말 IAEA의 핵안전협정에 서명할 것이며, '가능한 가장 빠른 시일 내에' 이를 비준·발표시켜 북한 핵시설에 대한 국제핵사찰을 수용하겠다고 밝혔다. 전 대사는 이날 미리 준비된 성명을 통해 비핵국인 북한은 핵무기 개발의 의사 및 능력이 없음을 수차례 밝혀왔으나 주한 핵무기 등과 관련된 한반도 상황으로 NPT 가입국으로서의 핵사찰 수용 등 의무를 이행치 못했다고 전제한 후 지난해 노태우 대통령의 남북 간 비핵화선언 합의 등 상황변화에 따라 협정체결을 결정케 됐다고 말했다.[47]

이와 같은 한반도 내 평화 분위기를 이어나가기 위해 미국은 북한의 고위급 관리들과의 회담을 모색해 보려는 움직임을 보이기 시작했다.

---

44 『로동신문』, 1991. 9. 29.
45 통일원, 『통일백서 1992』(서울: 통일원, 1992), pp. 463~465.
46 위의 책, p. 111.
47 『연합뉴스』, 1992. 1. 7.

1992년 1월 21일 오전 북한의 김용순 국제부장과 미국의 국무부 정무차관 아놀드 캔터(Arnold Kanter)와의 만남이 있었으며, 이 만남 간에는 사전에 부서들 간에 심의를 거쳐 작성된 '발언요지'만을 최대한 우호적이고 유화적으로 내비치는 선에서 둘의 만남은 끝이 났었다.[48]

1992년 초 부시 대통령은 한국을 방문한 자리에서 북한이 안전협정에 조인할 경우 그해의 '팀 스피리트(Team Spirit)' 훈련을 취소할 수 있다고 밝혔다. 이는 미국의 핵감축과 핵비확산 활동의 동력을 유지하기 위한 일련의 흐름을 유지하기 위한 조치였다.

마침내 북한은 1992년 1월 30일 자국 내 핵시설의 전면적 사찰을 위한 IAEA 핵안전협정에 서명했다. 이로써 북한은 지난 1985년 NPT에 가입한 후 7년 만에 조약당사국의 협정체결의무를 일단 수용했다.[49]

1992년 1월 31일 북한의 외교부 대변인은 담화를 통해서 IAEA 핵안전협정에 서명한 것에 대한 입장을 밝혔다.

"이번에 우리가 담보협정에 조인하게 된 것은 핵무기전파방지조약의 사명과 리념에 맞게 우리 공화국의 시종일관하고 꾸준한 투쟁과정에서 이룩된 빛나는 결실이며 또한 미국과 남조선당국이 우리의 원칙적인 요구에 순응한 결과이다. 핵전쟁의 위험을 막고 세계의 평화와 안전을 보장하는 것은 핵무기전파방지조약이 내세우고 있는 기본리념이며 사명이다. 우리 공화국은 조선반도에서 핵전쟁의 위험을 막고 나라와 민족의 자주권을 실현하기 위하여 … 핵무기전파방지조약에 가입하였다."[50]

---

48 Don Oberdorfer, *op. cit.*, pp. 207~208.

49 Joel S. Wit, Daniel B. Poneman, and Robert L. Gallucci, *op. cit.*, pp. 10~11.

50 조선민주주의인민공화국 외교부 대변인 담화, 『로동신문』, 1992. 1. 31.

상기에서 주장한 바와 같이 북한은 1992년 1월 31일 외교부 대변인 담화를 통해서 IAEA와의 핵안전협정에 서명에 이은 사찰과정 속에서 공정한 조건이 적용되어야 한다는 강한 메시지를 보내고 있었다. 북한은 IAEA와의 안전협정 서명 전 북미 간의 최고위급회담을 통해 안전협정을 받아들이고 사찰을 수용함으로써 미국과의 정치적 관계에서 일정한 혜택이 주어지지 않을까 하는 기대를 한 것으로 보인다.

북한은 1992년 1월 31일 핵안전협정 서명 이후에 외교부 대변인 담화를 통해 핵사찰과 관련된 입장을 밝혔다.

> "핵무기보유국인 미국은 1950년대 중엽부터 남조선에 핵무기들을 대대적으로 반입하기 시작하였으며 우리나라가 조약에 가입한 이후에도 수많은 핵무기들을 전진배치하였다. 미국은 조약기탁국으로서 조약의 기본 사명과는 배치되게 1976년부터 해마다 20여 만의 방대한 무력을 동원하여 우리를 반대하는 핵시험전쟁인《팀 스피리트》합동군사연습을 남조선전역에서 벌려놓고 공공연히 우리를 핵무기로 위협공갈하였다. 이로 말미암아 우리나라에서는 임의의 시각에 핵전쟁이 터질 수 있는 긴박한 정세가 항시적으로 조성되었으며 따라서 핵위협을 제거하는 것은 우리 민족의 생존권과 관련사활적인 문제로 제기되었다. … 자주성을 생명보다 귀중히 여기고 있는 우리는 우리나라에서 핵사찰문제가 공정하게 해결되려면 우선 남조선에서 미국의 핵무기가 철거되고 우리에 대한 미국의 핵위협이 제거되어야 한다는 것을 일관하게 주장하였다."[51]

---

51 조선민주주의인민공화국 외교부 대변인 담화, 『로동신문』, 1992. 1. 31.

상기의 주장은 북한 입장에서 IAEA로부터 핵사찰에 대한 공정성 있는 진행을 사전 강조하며, 핵사찰이 기술적인 핵관련 활동을 확인 및 검증할 뿐만 아니라 북한의 '자주권' 문제와 깊이 결부되어 있다는 것을 주지시켜 주기 위한 언급이라 볼 수 있다. 왜냐하면 북한으로서는 국제 환경의 변화로 인한 동구 사회주의권 몰락의 여파로 많은 위기에 봉착하고 있어서 이러한 위기를 타개하기 위해 미국을 위시한 서구 국가들과의 접촉의 면적을 늘려야 하는 상황에 대해서 어느 정도 공감을 하고 있었지만, 그것이 자국의 '자주권'이 지켜지는 수준에서 이루어져야 한다는 생각은 항상 갖고 있었기 때문이다.

이는 북한의 외교부 담화에서 밝힌 바와 같이 IAEA와의 사찰활동을 포함한 한반도 내에서 문제가 되고 있는 자국의 핵무기 개발 문제에 기존에 주장 해오던 핵무기 철거 문제와 핵위협에 우려를 표명하면서, 핵사찰 문제를 단순히 하나의 협약이행의 과정이 아닌 북한의 '자주권'을 수호해 나간다는 측면에서 접근하는 메시지를 보내고 있었다.

> "모든 국제협약은 그 가입성원국들이 다같이 조약상 지닌 의무를 성실히 리행할 때에만 비로소 자기의 사명을 충분히 발휘할 수 있다. 평등성과 공정성을 떠난 그 어떤 일방적인 압력으로써는 협약리행을 위한 아무러한 해결책도 찾을 수 없다. 자주성을 생명보다 귀중히 여기고 있는 우리는 우리나라에서 핵사찰 문제가 공정하게 해결되려면 우선 남조선에서 미국의 핵무기가 철거되고 우리에 대한 미국의 핵위협이 제거되어야 한다는 것을 일관하게 주장하여왔다."[52]

---

52 조선민주주의인민공화국 외교부 대변인 담화, 『로동신문』, 1992. 1. 31.

특히 1992년 3월 27일 북한의 외교부 대변인 대답에서 "자주적인 주권국가를 힘으로 위협하고 그의 자주권을 침해하려는 것은 온당치 못한 행위이며 절대로 허용되어서는 안 될 것이라고 본다", "나라들 사이의 분쟁문제와 의견대립은 어디까지나 협상과 대화를 통하여 평화적으로 해결되어야 한다는 것이 우리의 립장이다"라고 다시 한번 북한은 '자주권' 수호에 대한 중요성을 강조했다.[53]

더불어 북한은 IAEA와의 사찰 전에도 '자주권'을 강조하며 인위적인 위협과 압박으로는 효과적인 사찰과정이 될 수 없음을 사전 경고하는 메시지를 보내고 있었다. 이러한 언급은 피사찰 국가들에 대한 부당한 강압이나 압력에 대한 자신들의 확고한 입장을 표명함으로써 '자주권'에 대한 중요성을 다시 한번 강조하고자 하는 의도가 포함된 것으로 보인다.

북한은 4월 11일 『로동신문』에서 "미중앙정보국을 비롯한 미국의 일부 계층의 사람들은 우리의 이른바 《핵무기개발》에 대한 여론을 류포시키면서 … 지금까지의 우리의 《핵무기개발》설을 떠들면서 국제원자력기구의 사찰을 빨리 받으라고 내정간섭적인 압력을 가하던 사람들이 갑자기 국제원자력기구에 의한 사찰만으로는 미덥지 못하다는 설을 들고나와 《독자적인 사찰의 필요성》까지 운운하고 있는 데 대하여 세상 사람들이 그들의 진의도에 대한 의혹을 가지는 것은 너무도 응당하다"[54]라고 입장을 표명했다.

상기의 입장 표명의 배경에는 과거 걸프전 당시 미국이 이라크의 비밀공장에서 최첨단 고성능 핵무기를 집중적으로 개발해온 사실을 발

---

53 조선민주주의인민공화국 외교부 대변인 기자의 질문에 대답, 『로동신문』, 1992. 3. 27.
54 조선민주주의인민공화국 외교부 대변인 기자의 질문에 대답, 『로동신문』, 1992. 4. 11.

견하면서 IAEA에 대한 사찰의 신뢰성에 대한 의구심이 작용했던 것으로 보인다. 무엇보다도 이라크 사태의 경우는 핵감시 기구로서의 신뢰성이 크게 훼손되는 사례였다. 이러한 전례로 인해 국제사회는 북한이 과거 이라크 사례와 동일한 수순을 밟지 않을까 하는 우려로 인해 사찰 전 북한의 의중을 확인하기 위한 다양한 여론전을 펼치고 있었으며, 이에 대해 북한은 자국의 '자주권'을 침해하는 일환의 행동으로 인식했다.

상기에서와 같이 북한이 '자주권' 문제에 대해 민감한 반응을 보이고 있는 것은 당시 탈냉전 이후에 나타나게 된 사상의 위기에 대한 북한의 대응 차원에서 나온 '우리식 사회주의'론도 일정한 영향을 미쳤음을 아래의 내용을 통해서 확인할 수 있다.

> "지금 우리 사회주의는 가장 공고한 정치, 경제, 군사적인 지반을 가진 불패의 사회주의로 그 위용을 높이 떨치고 있다. 우리의 사회주의 위력은 무엇보다도 그것이 정치적자주의 튼튼한 기초 위에서 건설되고 발전 완성되고 있는 데 있다. 정치에서 자주성을 견지한다는 것은 자기 인민의 민족적 독립과 자주권을 고수하고 자기 인민의 리익을 옹호하며 자기 인민의 힘에 의거하는 정치를 실시한다는 것을 의미한다. 정치적 자주성은 자주적인 사회주의국가의 첫째가는 징표이며 제일생명이다. 어떤 민족이든지 정치적 자주성을 견지하지 못하면 독립과 자유, 인민의 행복과 번영을 보장할 수 있는 위력한 사회주의를 건설할 수 없다."[55]

한편, IAEA는 북한이 기존 신고한 내용과 실제 사찰을 통해 확인한

---

55 『로동신문』, 1992. 11. 3.

내용간의 '불일치'라는 결론을 내렸다. 이에 IAEA는 핵무기 개발 의혹 시설에 대한 조사를 요구했다. 하지만 북한은 이에 대해 강력히 거부하고 있었다.

그리고 북한은 IAEA를 비롯한 국제사회의 계속되는 핵무기 개발 의혹 시설에 대한 사찰을 수용해야 한다는 요구에 대해서 강한 압력과 힘의 행사를 통한 '자주권'에 대한 강력한 도전 행위로 인식하고 있었다. 이에 북한은 보다 강력한 대응으로 나옴으로써 IAEA 사찰과정을 포함한 핵무기 개발 의혹 문제 해결에 있어서 보다 강경한 입장을 피력했다.

이러한 가운데 북한은 1993년 1월 28일 외교부 성명을 통해서 다음과 같이 주장했다.

> "미국이 군사적 《압력》이나 《힘》의 방법으로 우리 인민을 놀래우거나 굴복시킬 수 있다고 타산한다면 그것은 오산이다. 우리 인민은 자주성과 존엄을 생명으로 하는 강인한 인민이며 그 어떤 압력이나 위협에도 끄덕하지 않는 혁명적 인민이다."[56]

그러자 1993년 미국의 직접적인 압력 하에 IAEA 이사회는 의심을 받는 장소에서 '특별사찰'을 행할 수 있는 권리를 요구하는 다소 강력한 결의안을 통과시켰다. 이에 대한 대응 차원에서 북한은 3월 8일 '준전시 상태'를 선포했다. 이어서 3월 12일에 평양 만수대의사당에서 중앙인민위원회 제9기 7차 회의를 열고 IAEA의 '특별사찰' 요구로 야기된 NPT 탈퇴 문제를 의제로 상정하여 성명을 채택했다. 그리고 북한은 정부 성명을 통해 NPT 탈퇴를 선언하게 되었는데, 선언 이유 중에 "북조선을

---

[56] 조선민주주의인민공화국 외교부 성명, 『로동신문』, 1993. 1. 28.

무장 해제시키고 사회주의 체제를 압살하려는 노골적인 우격다짐"이라고 주장했다.[57]

> "오늘 우리나라에는 민족의 자주권과 국가의 안전이 위협을 받는 엄중한 사태가 조성되었다. 미국과 남조선당국은 우리 공화국을 반대하는 핵전쟁 연습인 《팀 스피리트》합동군사연습을 끝끝내 재개하였으며 이와 때를 같이하여 미국에 추종하고 있는 국제원자력기구 서기국 일부 계층과 일부 성원국들은 지난 2월 25일 국제원자력기구 관리리사회 회의에서 핵활동과 아무런 관련이 없는 우리의 군사대상들에 대한 《특별사찰》을 강요하는 《결의》를 채택하였다. 이것은 우리 공화국의 자주권에 대한 침해이고 내정에 대한 간섭이며 우리의 사회주의를 압살하려는 적대행위이다. … 우리 공화국정부가 핵무기전파방지조약에 들어간 것은 우리에 대한 미국의 핵위협을 제거하려는 것이였지 결코 우리의 자주권과 안전을 누구의 롱락물로 내맡기자는 것이 아니였다. … 우리가 미국이 강요한 국제원자력기구 관리리사회 회의의 부당한 《결의》를 반대 배격하는 것은 우리나라의 자주권을 지키는 동시에 발전도상 나라들의 공동의 리익을 수호하기 위한 것이다."[58]

이처럼 북한은 현 상황을 위기로 인식하고 있었으며 보다 강력한 '자위적 조치'를 언급하며 '자주권'을 수호하기 위한 일련의 행동의 불가피성을 합리화하는 입장을 밝히기도 했다.

---

57 Don Oberdorfer, *op. cit.*, p. 218.
58 조선민주주의인민공화국 정부 성명, 『로동신문』, 1993. 3. 13.

"국제원자력기구가 요구하는《특별사찰》을 거부하는 것은 주권국가의 응당한 권리이며 이것이《담보협정 불리행》으로 될 수 없다. … 우리나라가 핵무기전파방지조약에서 탈퇴한 것은 우리의 자주권에 속하는 문제이고 조약에 따라 지닌 권리이다. …《핵문제》를 협상을 통하여 해결하기 위한 우리의 성의 있는 노력에 의하여 우리와 국제원자력기구와의 협상을 하는 데 원칙적 합의가 이룩되고 조ㆍ미고위급협상이 일정에 오른 때에 유엔안전보장리사회가 우리의 자주권을 침해하는《결의》를 채택하는 것은 분쟁문제를 대화와 협상을 통하여 해결할 데 대한 유엔헌장과 국제원자력기구 규약 그리고 국제법의 요구를 무시하고 핵대국의《강권》을 묵인하는 행위이다. … 만일 유엔안전보장리사회가 공정성의 원칙을 무시하고 우리에게 압력을 가하는 부당한《결의》를 채택한다면 우리는 그에 따르는 자위적 조치를 취하지 않을 수 없게 될 것이다."[59]

그 당시 북한의 NPT 탈퇴를 통해서 얻고자 했던 의도가 무엇이었는지 명확하지는 않지만, 대내외적 효과를 고려한 나름의 계산된 행동으로 보인다.

먼저 대외적인 효과 측면에서 살펴보면 탈냉전에 따른 새로운 국제질서 하에서 서방국가들과의 관계개선이 자국의 위기를 타개할 수 있는 방안으로 검토되었던 것으로 보이며, 이런 배경 하에서 북한은 NPT 탈퇴를 통해 IAEA의 의무에서 벗어나 미국과의 직접회담을 강제할 수 있을 것으로 판단했다.

두 번째로 대내적인 효과 측면에서 살펴보면 정치적 계승에 대한

---

59 『로동신문』, 1993. 5. 14.

문제도 중요 요인으로 작용했을 것으로 보인다. 북한이 국제사회를 무시하는 듯한 태도를 취한 것은 김정일에게 군사역량과 인민의 주의를 몰아주기 위한 대담한 조치였던 것으로 볼 수 있다. 예컨대 대외적 위기는 내부의 정치적 계승에 대한 비판의 목소리를 잠재울 수 있었을 것이며, 어려운 경제 상황으로부터 국민들의 이목을 돌려놓을 수 있는 기회를 제공할 수 있었다.[60] 국내정치적 문제나 내부적 위기 상황에서 대외적 위기를 활용한 대내적 문제를 해결하는 방식은 과거 인도가 핵무기 개발을 결정할 시 보여줬던 행태를 통해 그 효과를 짐작해 볼 수 있다.[61]

주지하다시피, 국제레짐의 형태를 띠고 있는 NPT는 해당 국가의 자유의사에 따라 탈퇴가 가능했기에 북한의 탈퇴 선언이 국제법 위반은 아니다. 그러나 그 당시에 1995년 NPT 재협약을 앞둔 미국으로서는 북한의 탈퇴선언으로 인해 NPT 체제에 미칠 국제적 파장에 대해 염려하지 않을 수 없는 상황에 직면해 있었다.[62]

한편, 북한이 주장한 '자위적 조치'는 5월 29일 노동미사일 시험발사라는 행동으로 나타났다. 이러한 북한의 조치는 핵무기 운반수단의 가능성을 가늠할 수 있는 사항으로 미국에게는 현실적인 위협으로 다가왔다. 북한의 노동미사일 발사는 협상 시 보다 유리한 입장을 선점하고 자신의 주장에 힘을 더하기 위한 행동으로 보인다. 이는 북한의 문헌에서도 확인이 가능한데, "미국이 이북이 발사한 로동1호 미싸일 위력 앞에 북미기본합의문에 도장을 찍"[63]었다고 주장했다.

이처럼 한반도 내의 위기가 고조되자 미국에서는 '협상론'과 '강경

---

60 Mazarr J. Michael, 김태규 옮김, 앞의 책, pp. 176~178.

61 정영태, 『파키스탄-인도-북한의 핵정책』(서울: 통일연구원, 2002), p. 42.

62 『연합뉴스』, 1995. 5. 12.

63 김철우, 『김정일 장군의 선군정치』(평양: 평양출판사, 2000), pp. 251~252.

론'으로 나뉘어 격론이 일어났는데, 결국은 '협상론' 쪽으로 기울었다. 이는 협상론이 밝기 때문이 아니라 협상 이외에는 동북아지역 전체에 감돌고 있는 위기를 해결할 수 있는 그럴듯한 대안이 없었기 때문이다.

한반도의 위기와 관련하여 미국 내에서 구체적인 방법에 있어서 마땅한 대안을 찾지 못하고 있던 가운데 북한 쪽에서 먼저 연락이 왔고, 이를 긍정의 신호로 인식한 미국이 호응함으로서 북미 고위급회담으로 이어지게 됐다. 제1·2차 고위급회담은 수월하게 이루어졌지만, 제3차 고위급회담까지 가는 데 많은 어려움에 봉착했을 뿐만 아니라 전쟁위기까지 치닫게 됐다. 이는 제3차 고위급회담의 전제조건과 연관된 것으로 남북대화와 IAEA의 재처리 시설 사찰이라는 문제와 관련되어 많은 난관에 봉착하게 됐고, 1994년 3월 IAEA는 북한의 핵물질이 핵무기로 전용되지 않았음을 검증할 수 없다는 발표와 함께 사찰단 철수 명령을 내렸다. 그리고 남북문제를 협의하기 위한 자리에서 북한 측 대표의 '서울 불바다' 발언으로 인해 위기상황은 더욱 극한으로 가고 있었다.[64]

북한은 이러한 위기상황의 발생 배경에 대해 김일성이 외국 통신사 사장의 질문에 대답형식으로 입장을 밝혔다.

"조미회담에서 쌍방이 합의하여 발표한 공동성명에는 미국이 우리에 대한 핵위협을 하지 않으며 상대방의 자주권을 존중하고 내정에 간섭하지 않으며 조선의 평화적 통일을 지지한다는 것이 명백히 지적되여있으나 미국은 조·미 공동성명이 발표된 이후에도 반공화국책동에 계속 집요하게 매달리고 있습니다."[65]

---

64 *ibid.*, pp. 228~238.

65 김일성, "꾸바 쁘렌싸 라띠나통신사 사장이 제기한 질문에 대한 대답(1994. 4.)", 『김일성저작집 44』(평양: 조선로동당출판사, 1996), pp. 339~340.

이처럼 당시 한반도 내의 위기상황에 대해 북한은 자국의 '자주권'을 존중하지 않고 내정에 간섭하여 발생하게 됐다고 인식하고 있었다. 급기야 북한은 6월 13일 외교부 대변인 성명을 통해 IAEA 탈퇴를 선언했다.

> "지난 10일 국제원자력기구 관리리사회는 핵문제를 걸고 우리의 군사대상들을 개방할 것을 요구하면서 우리나라에 대한 《기구협조를 중단》한다는 천만부당한 《결의》를 채택하였다. … 우리가 기구의 사찰을 받으면 받을수록 우리에 대한 압력과 복잡성은 더욱 증대되고 있으며 우리 공화국의 안전과 자주권은 시시각각으로 위협을 당하고 있다. … 우리 인민은 민족의 자주권과 존엄을 유린당하면서까지 굴욕을 감수하는 그런 인민이 아니다. 이번에 기구서기국이 이른바 《제재》의 위협으로 우리에게 기구의 전면사찰을 강요한 것은 자주성을 생명으로 여기고 있는 우리 인민에 대한 참을 수 없는 모독이다. … 다음과 같이 대응하기로 하였다는 것을 천명한다. 첫째, 국제원자력기구로부터 즉시 탈퇴한다. … 둘째, 우리의 특수지위하에서 받아오던 담보의 련속성 보장을 위한 사찰을 더 이상 지금처럼 할 수 없게 되었다는 것을 선언한다. … 셋째, 유엔 《제재》는 곧 우리에 대한 선전포고로 간주한다는 립장을 강력히 재확인한다."[66]

이후 대화와 대결의 국면이 이어지고 결국은 북미 간 제네바 합의문[67]이 체결되면서 위기가 일단락되었지만, 북한은 중요한 국면마다 자국

---

66 조선민주주의인민공화국 외교부 대변인 성명, 『로동신문』, 1994. 6. 14.

67 제네바 합의문에 대한 영문본, 한글본은 경수로사업지원기획단, 『대북 경수로지원사업

의 '자주권' 문제를 핵정책 결정에 있어 주된 결정요인으로 삼고 있었다.

2. 안보적 동기 차원

1) 외부로부터의 안보위협 인식

북한은 과거 6·25전쟁기간 내 미국의 핵위협에 대해 인식하고 있었으며, 이후 안보적 측면에서 핵위협에 대한 대비와 에너지원으로서의 측면을 고려한 준비를 지난 냉전기간 동안 해오고 있었다.[68] 또한 북한의 안보와 관련된 직접적인 책임당사자로 미국을 지명하며, 한반도 내 평화와 안전의 선제조건으로서 소련과 미국의 군축과정의 필요성에 대해서 강조했다.

> "아세아의 평화와 안전을 보장하려면 이 지역에 많은 군사력을 가지고 있는 쏘련과 미국이 군축과정을 먼저 시작해야 한다. 우리는 이렇게 하는 것이 아세아안보체제수립에서 선결조건으로 된다고 간주하고 있다. … 조선반도의 평화문제에 직접적 책임이 있는 미국은 힘의 립장에 선 위험한 전쟁정책을 포기하고 하루빨리 우리와 평화협정을 체결하며 남조선에서 자기의 군대와 핵무기를 철수하고 우리에 대한 핵위협을 제거하여야 할 것이다."[69]

개관: 추진현황과 과제』(서울: 서라벌인쇄주식회사, 1997), pp. 55~64; 북한본은 조선중앙통신사, 『조선중앙년감 1995』(평양: 조선중앙통신사, 1996), pp. 569~571 참조.

68 냉전기 북한의 핵관련 역사적 기원에 대해서는 Don Oberdorfer, *op. cit.*, pp. 289~316 참조.

69 조선민주주의인민공화국 외교부 대변인담화, 『로동신문』, 1991. 1. 14.

상기와 같은 인식을 갖고 있는 것과 함께 북한은 1980년대 후반과 1990년대 초반은 대외적 측면에서 많은 생각과 고민을 해야 할 사건들이 일어난 시기였다. 특히 동유럽 곳곳에서 사회주의 체제가 붕괴되고, 무엇보다 긴밀한 관계하에 있던 동독의 붕괴는 북한의 최고지도부에게 많은 고민과 불안을 안겨줬다. 그 당시 북한의 최고지도자인 김일성은 에리히 호네커(Erich Honecker) 서기장에게 서독과의 관계를 일정 수준 이상으로 확대해 나간다면 동독이 붕괴될 수 있다고 얘기한 바 있었다. 또한 개인 중심적인 체제를 구축해 북한과 가장 유사한 체제를 유지해 온 루마니아의 니콜라에 차우셰스쿠(Nicolae Ceausescu)가 축출된 후 처형당한 일 역시 북한에게 상당한 충격으로 다가왔다.[70]

이와 함께 냉전의 붕괴로 인한 소련의 분리는 북한에 대한 영향력을 급격히 축소시켰으며, 중국도 북한과의 관계를 우선순위로 두려 하지 않았다. 무엇보다도 소련은 오랫동안 북한이 요구한 대규모 경제 보조금과 군사 지원을 제공했고, 중국 역시 경제, 군사 양쪽 분야에서 상당한 기여를 해 왔었다. 그러나 이제 양국 모두 남북한 간 군비경쟁을 지속하게 하거나 북한과의 긴밀한 관계를 유지하는 일에 많은 관심을 두려 하지 않았다.

이런 흐름 속에서 북한의 대외인식은 대내정책을 수립하고 추진해 나가는 데 있어서도 일정한 영향을 미쳤다고 볼 수 있으며, 특히 냉전 이후의 급격히 변화된 국제환경이 북한에게는 안보위협으로 다가왔다.[71]

한편, 1980년대에서 1990년대 초반을 거치면서 북한은 과거 소련

---

70 Jonathan D. Pollack, *NO EXIT: North Korea, Nuclear Weapons and International Security* (New York: Routledge, 2011), p. 99.

71 김일성, "신년사(1992. 1. 1.)", 『김일성저작집 43』(평양: 조선로동당출판사, 1996), pp. 283~284.

으로부터 핵기술 관련 기술지원을 바탕으로 자체적인 연구와 노력을 통해 5MWe 원자로를 개발할 수 있는 능력을 갖추게 되었으며, 무기급 플루토늄을 생산할 수 있는 일정 수준의 단계에 다다르게 됐다.

이런 와중에 소련의 고르바초프는 미국과 1991년과 1993년에 각각 전략무기 감축협정인 START(Strategic Arms Reduction Talks) - I 과 START(Strategic Arms Reduction Talks) - II 을 체결했다. 이러한 미소관계에서 핵감축과 핵비확산이 중요한 핵심의제로 나타나면서 북한의 핵관련 활동에 대한 관심은 늘어나게 됐다.[72]

사실 북한의 핵무기 개발 의혹에 대한 직접적인 계기는 1980년대 후반 한반도 상공을 날고 있던 미국의 첩보위성이 5MWe급 원자로를 만들기 위한 공사를 발견하면서부터였다. 과거 1960년 '코로나(Corona)' 프로젝트에 따라 첩보위성이 임무를 수행한 이래 평양에서 북쪽으로 100km 정도 떨어진 영변에 주목해왔다. 처음 위성에 나타난 것은 작은 건물 외에는 없었다. 그러나 1965년 이래로 건설 활동이 활발해졌다. 그리고 몇 년 후에 소련으로부터 제공된 소규모의 연구용 원자로가 건설되어 가동됐다. 사실 원자로 자체는 직접적인 위협은 아니지만 소련은 북한에 압력을 가해 이 원자로와 관련시설들을 국제원자력기구(IAEA)의 안전조치하에 평화적으로 사용할 수 있도록 유도하려 했다. 그리고 1970년대에는 영변지역에는 추가적인 활동이 식별되지는 않았다. 그런데 1980년대 후반 위성사진에 대형 원자로와 기초공사 일환의 큰 구멍이 포착됐다. 이렇게 발견된 모습이 결국 미국과 북한의 핵무기 개발 문제와 관련한 제1차 북핵위기를 촉발시켰다.[73]

---

72   Jonathan D. Pollack, *op. cit.*, pp. 105~106.

73   Joel S. Wit, Daniel B. Poneman, and Robert L. Gallucci, *op. cit.*, p. 1; 조엘 위트 · 대니엘 폰

과거 북한이 핵무기 개발에 대한 관심을 나타나기 시작한 것은 1960년대 초반이라 할 수 있다. 그 당시 쿠바 미사일 위기사태에서 미국에 항복하는 소련의 모습을 보면서 북한의 김일성은 자주국방 정책을 선언했다. 그 일환의 하나가 미국의 핵공격에 대비한 지하요새를 구축하는 것이었다. 더불어 북한은 자신만의 핵무기를 원했던 것이었다.

1963년 10월 김일성이 언급한 내용을 통해서도 미국의 핵위협을 인식하고 있다는 것을 확인할 수 있었다. "전국을 요새화하여야 한다. 우리에게는 원자탄이 없다. 그러나 우리는 그 어떤 원자탄을 가진 놈들과도 싸워서 능히 견디어 낼 수 있다. 동무들이 군사학에서 원자탄의 효력과 그 방위에 대해서 배웠겠지만 땅을 파고 들어가면 원자탄은 능히 막아 낼 수 있다"고 말했다.[74]

또한 김일성은 북한의 자주국방 정책의 일환으로서 경제건설과 국방건설과의 관계에 대해서도 언급했는데 국방건설의 중요성을 강조했다.

"우리 당은 이미 1962년에 소집되었던 당중앙위원회 제4기 제5차전원회의에서 경제건설과 국방건설을 병진시킬데 대한 방침을 제기하고 경제건설을 개편하는 한편 국방력을 더욱 강화하기 위한 일련의 중요한 대책을 세웠습니다. 그후의 사태발전은 우리 당이 취한 대책이 전적으로 정당하였다는 것을 증명하고 있습니다. 우리는 당의 결정을 집행하기 위한 투쟁을 통하여 국방력을 훨씬 더 강화함으로써 제국주의자들이 미쳐날뛰는 조건에서도 우리 조국의 안전을 튼튼히 보위할 수 있게 되었습니다. 오늘 미제국주의자들의 침략행위

먼·로버트 갈루치, 김태현 옮김, 앞의 책, p. 1.

74 북한연구소, 『북한총람: 1945~1982년』(서울: 북한연구소, 1983), p. 1586.

는 더욱 강화되고 있으며 그들의 전쟁확대음모를 더욱더 로골화되고 있습니다. 남조선의 박정희도당은 미제의 지시에 따라 새 전쟁을 적극 준비하고 있을 뿐 아니라 이미 월남에서의 미제의 침략전쟁에 직접 가담하고 있습니다. 정세는 한층 더 긴장되였으며 우리나라와 아세아의 전반적 지역에서 전쟁의 위험이 증대되고 있습니다. … 조성된 정세에서 우리는 사회주의경제건설을 계속 추진시키면서 이와 병행하여 국방건설을 더욱 강력히 진행하여야 하겠습니다. 우리의 방위력을 철벽같이 다져야 하며 원쑤들의 임의의 불의의 침공에 대처할 수 있도록 만단의 준비를 하여야 합니다. 물론 이렇게 하자면 많은 인적 및 물적 자원을 국방에 돌려야 할 것이며 이것은 우리나라의 경제발전을 일정하게 지연시키지 않을 수 없을 것입니다. 그러나 우리는 인민경제의 발전속도를 좀 조절하더라도 조국보위의 완벽을 기하기 위하여 응당 국방력을 강화하는 데 더 큰 힘을 돌려야 합니다. 이렇게 하는 것이 현 시기 우리나라의 혁명과 건설의 근본리익에 부합됩니다. 그렇기 때문에 우리는 당이 제시한 방침에 따라 경제건설과 국방건설을 다같이 튼튼히 틀어쥐고 나아가야 하며 그 어느 하나도 소홀히 하여서는 안 될 것입니다."[75]

이러한 주장은 1960년대에는 경제발전보다는 안보적 위협에 대한 대응을 위해서 국방건설을 우선순위에 두겠다는 판단을 하고 있었던 것으로 보인다.

한편, 1970년대에는 전 세계적으로 핵확산의 추세가 강화되기 시작

---

[75] 김일성, "현 정세와 우리 당의 과업(1966. 10. 5.)", 『김일성저작집 20』(평양: 조선로동당 출판사, 1982), pp. 416~418.

했으며 두 가지 중요한 사건이 큰 촉매제 역할을 했다. 첫째는 1973년 오일위기라 할 수 있는데, 이는 변덕스러운 중동정치로 인해 보다 안정적인 대체전력으로서 원자력이 두각을 나타냈다. 두 번째는 1974년 시행된 인도의 '평화적 핵실험'이었다. 인도는 캐나다에서 수입한 실험용 원자로와 미국에서 수입한 중수(heavy water)를 이용하여 플루토늄을 생산하고 핵실험까지 나아가게 됐다. 이는 평화적 이용이라는 명목하에 습득한 핵기술을 군사적으로 사용했다.[76]

상기와 같은 국제적 상황이 북한에게 일정한 영향을 미쳤다고 판단해 볼 수 있으며, 과거 소련 해외정보부 관리가 언급한 바에 따르면 1970년대 후반 김일성은 과학원, 군부, 그리고 사회안전부에 핵무기 개발을 시행하고 영변에 있는 기존 시설을 확대시킬 것을 지시한 바를 고려 시 더욱 설득력이 있었다.[77]

북한은 기존의 실험용 원자로를 5MWe급으로 격상시키고자 소련과 협상에 나섰으나, 뜻대로 되지 않자 결국 축적된 경험과 해외로부터 새로운 기술을 도입하여 원자로를 자체 건설하기로 했다. 영국에서 비밀 해제되어 공개된 설계도에 따라 건설된 흑연감속 원자로는 우라늄 원광을 핵무기급 플루토늄으로 전환하는 데 가능했다. 당시 연료봉 일회분은 대개 30kg정도의 플루토늄을 생산했었는데, 그것은 다섯 개의 핵탄두를 만들기에 충분한 양이었다.[78]

이처럼 북한은 핵무기 개발과 관련된 시작점부터 자주적이고 독자적인 개발을 추진했기 때문에 고도의 기밀 유지에 있어서 큰 어려움이

---

76 Joel S. Wit, Daniel B. Poneman, and Robert L. Gallucci, *op. cit.*, pp. 2~3.

77 Don Oberdorfer, *op. cit.*, p. 197.

78 Joel S. Wit, Daniel B. Poneman, and Robert L. Gallucci, *op. cit.*, p. 3.

없었다. 한편, 1980년대에 북한은 비밀을 유지한 가운데 핵무기 개발을 추진함과 함께 전력난을 해소하기 위한 일환의 활동으로 소련으로부터 민간용 원자력 발전소 도입도 시도했다. 1984년 모스크바를 방문한 김 일성은 소련의 콘스탄틴 체르넨코(Konstantin Chernenko) 서기장에게 이 문제를 언급했고 이후의 후속회담 약속을 받아냈다. 반면에 미국은 날로 의혹이 커져가는 영변의 활동을 예의주시하면서, 소련 정부에게 북한으로 하여금 핵확산금지조약에 서명하도록 설득해 달라고 촉구했다. 이는 조약에 가입하면 북한의 핵관련 시설을 사찰 및 통제할 수 있을 것이라는 기대감에서 나왔다.[79]

이런 이유로 1985년 12월 소련은 북한이 NPT에 조인한다는 조건으로 경수로 4기를 제공하겠다고 제안했다. 북한은 이에 동의하고 12월 12일 조약에 가입했으며 그로부터 2주 후 소련과 북한 양국은 원자력 발전시설 제공에 관한 기본 원칙에 합의를 했다.

NPT에 따르면 북한은 사찰의 주체인 IAEA와 '전면적 핵안전조치 협정' 서명을 위해 18개월의 기한을 허용 받았다. 약속된 18개월이 끝나갈 무렵인 1987년 중반, IAEA는 평양에 송부한 협정문서 양식이 잘못됐다는 사실을 깨달았다. 전면적 사찰 양식이 아닌 개별양식으로 잘못 보내졌다는 사실을 알게 됐다. 전적으로 IAEA 측의 실수였기 때문에 평양은 그로부터 18개월의 협상시한을 추가로 인정을 받을 수 있었다.

그러나 1988년 12월, 두 번째 기한이 흘러갈 때까지도 북한은 IAEA 와의 협상을 위한 어떠한 조치도 취하지 않았다. 그 무렵 북한과 소련과의 관계가 소원해지고 소련 정부의 재정이 어려워지면서 북한이 NPT 가입을 수락한 최초의 이유였던 원자로 도입 가능성은 희박해진 상황이

---

79 Don Oberdorfer, *op. cit.*, p. 197.

었다. 비록 원자로 확보에는 실패했지만 NPT에서 탈퇴함으로써 국제사회에 엄청난 물의를 빚을 생각이 아니라면 북한으로서는 조약에 대한 합의사항을 지키는 수밖에 없었다.[80]

이와 같이 북한의 핵정책은 NPT 가입과 연계하여 소련에게 경수로 지원을 요구한 점을 고려 시에 1980년대 후반기까지도 부족한 에너지난을 해결하기 위한 일환의 활동일 수도 있다고 추측해 볼 수 있다.

〈표 3-1〉 북한의 1985~1990년 발전설비 용량

구 분	1985년		1990년	
	용량(천 kw)	구성비(%)	용량(천 kw)	구성비(%)
합계	5,960	100%	7,142	100%
수력	3,360	56.4	4,292	60.1
화력	2,600	43.6	2,850	39.9
원자력	–	–	–	–

출처: 통계청, http://kosis.kr/statHtml/statHtml.do(검색일: 2015. 8. 8.)

그럼에도 불구하고 실제 북한의 핵무기 개발의 동기는 단지 에너지원을 충족시키기 위한 것만은 아니라는 것을 쉽게 확인이 가능했다. 예컨대 김일성 주석은 미국의 핵무기를 안보적 위협으로 인식하고 있었다는 것을 일본의 언론사와의 질문에 대한 대답에서 확인할 수 있었다. "우리는 그 누구에게 핵위협을 가하는 것이 없을 뿐아니라 핵위협을 받고 있는 나라입니다. 남조선에 현실적으로 1,000여 개의 미국 핵무기가 배치되어 있다는 것은 비밀이 아닙니다"[81]라고 말했다. 이런 이유로 인해

---

80 Don Oberdorfer, *op. cit.*, p. 198.

81 김일성, "일본《이와나미》서점 사장이 제기한 질문에 대한 대답(1991. 9.)", 『김일성저작집 43』(평양: 조선로동당출판사, 1996), p. 226.

북한이 1991년까지 IAEA의 안전협정에 서명을 하지 않고 있었던 것으로 판단해 볼 수 있다. 당시 이것을 중요한 문제로 인식한 미국은 소련을 통해서 서명할 수 있도록 압력을 가하는 것과 동시에 다양한 대안을 마련하고 있었다.

이런 와중에 북한은 IAEA가 주도하는 사찰과정에 적극적인 참여 의사를 표시하는 등 보다 적극적인 자세를 취하는 동시에 한국에 있는 핵무기와 핵기지에 대한 전면사찰을 실시해야 한다는 주장을 하게 됐는데, 이는 북한이 지속해서 느끼고 있는 핵위협에 대한 공포감이 지속해서 작용하고 있음을 엿볼 수 있는 대목이다. 이는 김일성이 당시에 북한 관리들과 한 담화에서도 확인할 수 있었는데, "조선반도의 핵문제도 해결되여야 합니다. 지금 우리로서는 남조선에 아직 핵무기가 있는지 아니면 다 나갔는지 알 수 없습니다. 이러한 상태는 30여 년 동안이나 핵위협을 받아온 우리의 심각한 우려를 오늘도 가셔주지 못하고 있습니다."[82] 라고 밝힌 점을 고려 시 여전히 핵위협을 느끼고 있다는 것을 방증하고 있는 근거라 할 수 있다.

이처럼 북한은 핵위협을 계속해서 떨쳐버리지 못하고 있었는데, 뜻밖의 반가운 소식이 들려왔다. 다름 아니라 미국의 지상 전술핵무기 철수 선언과 1992년 한미 팀 스피리트 중지 소식이었으며, 이러한 안보환경의 변화는 북한으로 하여금 1992년 1월에 IAEA 안전협정에 서명하게끔 유도했다. 그리고 얼마 지나지 않아서 북한은 1992년 5월 4일 보유한 핵물질과 시설에 대한 최초보고서를 IAEA에 제출했다. 북한의 최초보고서 제출은 협정상의 의무기한인 5월 말보다는 25일 앞당겨졌다. 그러자 IAEA는 2~3일간 북한의 최초보고서 내용을 분석 및 검토한 후 그 내용

---

82 *ibid.*, p. 291.

의 개요를 공개하겠다고 밝혔다. 이는 이례적인 상황으로 북한 핵무기 개발 의혹에 대한 세계적인 관심을 반영하는 것이라 할 수 있다.[83]

한편, IAEA는 5월 5일 북한의 최초보고서에 대한 기초분석을 마치고 이를 토대로 북한이 보유 또는 건설 중이라고 신고한 16개의 주요 핵시설 목록을 발표했다. 이에 따르면 북한은 지난 1978년 이후 IAEA의 사찰을 받아온 영변 핵물리학연구소의 연구용 원자로와 함께 임계시설 이외에도 평양 김일성대학에 준임계시설 1기, 핵연료봉 제조 및 저장공장 1기, 발전용 원자로 1기를 보유하고 있었으며 50MWe와 200MWe급의 핵발전소가 영변과 평북지역에 각각 건설 중인 것으로 나타났다. 북한은 또 영변 방사화학연구소에 우라늄과 플루토늄의 분리 및 폐기물 관리와 기술자 교육을 목적으로 '방사화학실험실'을 건설 중이라고 보고했었는데, 일부 전문가들은 이 시설이 북한 핵무기 개발 의혹의 핵심으로 건설 중인 '재처리시설'일 수도 있는 것으로 추정하고 있었다. 이밖에도 보고서에는 북한이 635MWe의 대규모 발전용 원자로 3기를 건설할 계획을 추진 중이며 국내에 우라늄 광산 2개소와 농축 우라늄 생산공장 2기를 보유하고 있는 것으로 나타났다. 이에 따라 북한에 대한 IAEA 사찰[84]은 사찰절차와 방법을 구체적으로 결정하고 나서 실시할 예정이

---

83 『연합뉴스』, 1992. 5. 4.

84 IAEA 사찰은 3가지로 분류된다.
- 임시사찰(ad hoc inspection): IAEA와 핵안전조치협정을 체결한 당사국은 IAEA에 최초보고서를 제출하게 되어있는데, 이 최초보고서의 내용이 실제와 일치하고 정확한지를 확인하기 위한 사찰이 임시사찰이다. 북한은 1992년 5월 최초보고서를 제출한 후 신고된 시설에 대해 6차례의 임시사찰을 받았으나, 1993년 3월 북한의 NPT 탈퇴 선언으로 사찰이 중단됐다.
- 일반사찰(routine inspection): 최초보고서에 의한 임시사찰이 완료된 핵시설 및 핵물질에 대해 변동사항을 검증하는 제도로서, 한국의 원자력발전소가 매년 통상적으로 받는 핵사찰은 일반사찰이다.
- 특별사찰(special inspection): 임시사찰이나 일반사찰(정기사찰)을 통해 미진한 부분

었다.[85]

북한은 IAEA의 핵사찰에 대해서 수용함과 동시에 1992년 5월 11일 외교부 대변인 담화에서 언급한 바와 같이 한국 내에 있는 미국의 핵무기와 핵기지에 대한 전면사찰을 주장하는 것은 북한이 핵무기에 대해 어떻게 인식하고 있는지에 대해 엿볼 수 있는 중요한 근거였다. 즉 북한이 과거 냉전시기로부터 깊이 인식되어온 핵무기에 대한 위협이 쉽게 수그러들지 않고 있음을 보여주는 대목이었다.

> "미국과 남조선당국자들은 비핵화를 지향하는 현시대의 추세에 맞게 남조선에 있는 미국 핵무기와 핵기지에 대한 전면사찰을 받아들임으로써 전체 조선인민과 세계인민들의 의심을 해소하려 한다. 우리는 미국의 핵기지를 포함한 북남동시사찰을 진행함으로써 조선반도를 핵무기가 없고 핵위협을 모르는 비핵평화지대로 만들기 위하여 모든 노력을 다할 것이다."[86]

북한의 핵사찰을 위한 사전 준비활동이 진행되고 있는 가운데, IAEA 사무총장인 블릭스는 북한 지도부와의 친선 및 IAEA 사찰을 준비하기 위해 1992년 5월 11일부터 16일까지 대표단을 이끌고 평양을 방문했고 평양에서 예비회담을 가진 후 영변의 핵시설로 안내됐다. 해당 일정을 소화한 블릭스 사무총장은 16일 중국의 북경호텔에서 기자회견을

이나 의심스러운 부분이 있을 경우 IAEA와 당사국 간 합의에 따라 이를 검증하기 위해 필요한 사찰을 받는 제도이다. 류광철 외, 『군축과 비확산의 세계』(서울: 평민사, 2005), pp. 107~109.

85 『연합뉴스』, 1992. 5. 6.

86 조선민주주의인민공화국 외교부 대변인 담화, 『로동신문』, 1992. 5. 11.

통해 북한은 우라늄 가공처리와 '아직 초기 단계에 불과한' 증식원자로를 이용하거나 앞으로 개발할 혼합산화연료에 사용할 플루토늄을 얻기 위해 핵재처리능력을 개발 시험 중에 있음을 시인했다고 밝혔다. 이와 함께 영변에서 건설 중인 방사능화학연구소는 그 규모의 방대함에 비추어 실험연구시설이라기보다는 플랜트라고 볼 수 있다고 밝혔고 연구시설이 완성되면 우리의 용어로는 핵재처리 시설로 전용될 수 있을 것으로 본다고 말했다.[87]

이미 북한은 1990년 방사화학실험실에서 실험용으로 90g의 플루토늄을 생산했다고 IAEA에 신고했다. 북한의 플루토늄 획득에 대한 의구심을 갖고 방문한 블릭스는 독자적으로 플루토늄을 얻었다는 설명에 놀랐다. 왜냐하면 90g의 플루토늄은 핵무기 1기를 제조하기 위한 4∼7kg에는 턱없이 부족한 양이지만, 만약 플루토늄 생산에 성공했다면 어느 정도 생산됐는지 과학적으로 확인 어렵기 때문에 은닉 가능성이 대두될 수 있었기 때문이다.[88]

마침내 IAEA는 1992년 5월 26일 북한이 제출한 최초보고서를 검증하기 위한 제1차 사찰활동을 시작으로 6차에 걸쳐서 사찰을 실시했다.

북한은 제1차 사찰에 대한 입장을 밝혔는데 IAEA 사찰에 적극적이고 능동적인 자세로 임했으며 맡은바 역할에 충실했고, 자신의 핵관련 활동들은 오직 평화적인 목적하에서만 운용되고 있다고 외교부 대변인 성명을 통해서 평가 및 강조했다.

"국제원자력기구의 사찰을 통하여 핵에너지를 오직 평화적

---

87 『연합뉴스』, 1992. 5. 16.

88 Don Oberdorfer, *op. cit.*, p. 210.

목적에만 리용하고 있는 우리 공화국정부의 핵정책의 결백성과 조선
반도를 비핵화하기 위한 우리의 시종일관한 립장이 다시금 명백히
확증되었다. … 그러나 우리나라가 핵담보협정에 따르는 자기의 국
제적 의무를 리행하고 있는 오늘에 와서도 미국의 핵무기와 핵기지
에 대한 사찰은 실현되지 못하고 있으며 이로 인하여 미국 핵무기의
위협에 대한 우리 인민의 우려는 해소되지 못하고 있다."[89]

이처럼 북한은 외교부 대변인 성명을 통해 자신들의 핵관련 활동이
평화적으로 이루어지고 있다는 점을 강조함과 함께, 미국의 핵무기와 핵
기지에 대한 사찰의 당위성을 강조하며 여전히 핵무기에 대한 위협이 존
재하고 있음을 시인하고 있었다. 1992년 7월 2일 미국의 부시 대통령은
나토가 유럽에 배치된 지상핵무기 철수를 완료했다는 발표가 한반도에
어떠한 영향을 미칠 것인가에 대한 기자의 질문에 한반도에 "긍정적인
영향을 줄 것이며 또 주어야 한다"고 말했으며, "이같은 조치가 북한으
로 하여금 국제적 규범을 지키고 IAEA와 다른 규칙들을 따르도록 해야
한다"고 덧붙였다. 또한 미 국방부 대변인은 주한미군 핵철수 문제에 대
해 언급하며 "노태우 대통령이 지난해 12월 한국에 핵무기가 없다고 말
했으며 미국의 정책은 노대통령의 발표와 일치한다고 말한 바 있다"고
설명했다.[90]
북한은 이러한 미국의 발표와 관련하여 주목 할 만한 조치로 받아
들였지만, 이것만으로는 납득하기에는 부족하다고 언급했다.

---

89 조선민주주의인민공화국 외교부 대변인 성명, 『로동신문』, 1992. 6. 26.
90 『연합뉴스』, 1992. 7. 3.

"우리는 미국이 남조선에서 핵무기를 완전히 철수하였다고 발표한 것만큼 앞으로 조미관계가 개선되어가는 과정에 핵문제가 원만히 해결될 수 있는 전망이 열리게 되리라고 본다. 미국이 이번에 남조선에서 핵무기를 철수하였다고 한 것은 전진적인 조치로 되지만 이러한 선언만으로는 남조선에 핵무기가 없다는 것을 모든 사람들에게 납득시키기 불충분하다. 따라서 미국은 공군전술핵무기를 포함한 모든 종류의 핵무기들이 남조선에서 완전히 철수되었다는 것을 확증하여야 하며 남조선에 핵무기가 없다는 것을 객관이 충분히 납득할 수 있는 실천적 조치를 취하여야 할 것이다."[91]

상기와 같은 북한의 주장은 주한미군의 핵무기 철수가 바로 안보적 위협을 완전히 제거해 주지 못한다는 것을 방증하고 있다고 할 수 있다. 왜냐하면 미국은 필요하다면 핵잠수함, 항공모함 등 다양한 운반수단을 보유하고 있었기 때문이다. 이를 북한은 정확히 인식하고 있었다. 따라서 북한의 입장에서는 미국이 북한에 대해 핵 불사용에 대한 명확한 근거가 필요했다고 볼 수 있다. 이에 따라 북한은 NPT 조약에서 근거하는 소극적 안전보장을 강력히 원했다.

이런 가운데 IAEA는 북한 핵시설에 대한 사찰과정 속에서 기존 북한이 신고한 내용과 실제 사찰을 통해 확인한 내용간의 '극심한 불일치 현상'을 확인했다. 특히 플루토늄 추출량에 대한 불일치에 대해 IAEA에서는 깊은 우려를 표시했으며, 이를 확인하기 위한 일련의 조치들 속에서 북한과 극심한 논쟁 속으로 빠져들게 됐다.

급기야 IAEA 사찰팀은 제2차 사찰을 통해서 앞뒤가 맞지 않는 사실

---

91 『로동신문』, 1992. 7. 6.

을 발견했다. 이어서 9월에 실시된 제3차 사찰에서는 서로 모순되는 사항들이 더 많이 발견됐다. IAEA 사찰팀은 북한의 90g 플루토늄 생산에 대한 진상을 확인하기 위해 플루토늄을 처리할 때 이용됐던 강철 탱크 내벽에 붙어있던 잔류물을 수거했다. 또한 북한 측을 설득해 폐기물 저장 파이프 내부를 조사했고 그 과정에서 플루토늄 제조 공정에서 부산물로 생성되는 고준위방사성폐기물을 소량 채취하는 데 성공했다.

상기의 내용물을 가지고 IAEA 산하 연구실의 분석결과 1989년과 1990년, 1991년 세 번에 걸쳐 별도의 플루토늄 추출작업이 행해졌다는 사실이 드러났다. 1990년 단 한 차례만 플루토늄을 추출했다는 북한 측의 주장과는 전혀 상이한 결론이었다. 더불어 플루토늄 샘플의 동위원소 기호가 동일한 추출작업에서 생성된 것으로 추정된 폐기물의 기호와 짝이 맞지 않다는 사실이 밝혀졌다. 이러한 자료를 토대로 판단해본 결과 IAEA 전문가들은 "북한이 공식적으로 주장한 플루토늄 양보다 더 많이 보유하고 있을 것이 분명하다"는 결론이 내려졌다.[92]

이런 이유로 IAEA는 기존의 원자로 및 재처리 기술 등을 토대로 불일치하는 플루토늄의 양을 찾으려고 혈안이 되어있었던 시점에 CIA가 2개의 핵폐기물저장소에 대해 정보를 은밀히 제공하기 시작했다. 1992년 9월 핵무기 개발과 연관될 것으로 의심되는 2개의 장소에 대해 블릭스 사무총장은 방문을 요청했으며 북한은 승인해 주었다. 해당 시설에 대한 방문을 통해 북한 관리들의 설명으로 제1핵폐기물저장소는 '생활필수품직장', 제2핵폐기물저장소는 '군사대상'이라고 설명을 하면서 북한은 이 건물들은 군사시설이므로 사찰 대상에서 제외돼야 한다며 추가 사찰을 거부했다. 하지만 IAEA는 그러한 북한의 주장을 받아들이지 않

---

92   Don Oberdorfer, *op. cit.*, pp. 208~211.

왔다.

　이러한 가운데 제4차 사찰을 위해 북한에 있는 윌리 타이스(Willi Theis) 단장에게 블릭스 사무총장은 북한 당국이 두 개의 시설에 대한 은폐하려는 명백한 증거가 있다고 강조하며, 그 시설들에 대한 핵시설 신고 및 사찰 허용 의무 등을 북한 측에 통보하라고 지시했다.[93]

　이에 IAEA는 제5차 사찰이 끝난 이후 12월 22일 두 시설에 대한 방문을 다시 요청하면서, 이 지역을 시추해서 시료를 채취할 것을 요구했다. 이에 북한은 "우리는 대상방문이 공개적이건 비공개적이건 구분해 볼 필요가 없다고 본다. 담보협정리행과정에 보여주어야 할 대상이면 의례히 보여주는 것이고 보여줄 의무나 필요성이 없으면 비공개적으로 보여줄 수 없는 것이다. 이것은 우리나라의 자주권에 관한 문제이다. 그러므로 우리는 국제원자력기구 서기국의 요청을 단호히 배격하였다"라는 입장을 밝혔다.[94]

　그러자 북한에 일정한 영향력을 발휘하고 한미 공조를 과시하기 위해 한미 국방장관은 "1993년 팀 스피리트 훈련을 재개할 것"임을 워싱턴에서 합동으로 발표했다.[95] 이로 인해 북한은 IAEA 사찰과정에서 IAEA에가 제기한 미신고 핵의혹 시설에 대한 논쟁으로 민감해져 있는 상황 속에서, 한미 국방장관의 1993년 팀 스피리트 훈련재개 발표는 북한에게 현 위기에 대한 책임을 전가할 수 있는 계기를 마련해주었으며, 이러한 입장을 북한은 외교부 비망록 형태로 밝혔다.

93　*ibid.*, pp. 214~218.

94　조선민주주의인민공화국 외교부 비망록, 『로동신문』, 1993. 3. 16.

95　Don Oberdorfer, *op. cit.*, p. 213.

"핵전쟁 연습과 대화는 량립될 수 없다. 대화는 화해와 평화를 위한 것이며 핵전쟁연습은 불신과 대결을 노린 것이다. 대화 일방을 반대하는 군사연습이 진행되는 조건에서 대화가 성과적으로 진행될 수 없다는 것은 너무나도 자명한 사실이다. … 조선민주주의인민공화국 외교부는 대화 상대방에 대한 핵공격 연습인《팀 스피리트》합동군사연습을 재개하려는 미국과 남조선 당국의 시도가 북남합의서와 비핵화공동선언에 대한 란폭한 위반이며 조선반도 정세를 대결의 원점으로 되돌려세워 의도적으로 북남대화를 파탄시키려는 책동으로 된다고 인정하면서 이 전쟁연습의 범죄적 내막을 까밝히는 비망록을 발표한다. …《팀 스피리트》합동군사연습은 미국의 대아세아정책의 산물,《팀 스피리트》합동군사연습은 핵전쟁연습,《팀 스피리트》합동군사연습은 공화국을 겨냥한 공격연습 … 만일 미국과 남조선 당국은《팀 스피리트 93》합동군사연습을 강행한다면 그것으로 하여 빚어지는 모든 후과에 대하여 전적인 책임을 지게 될 것이다."[96]

결국 북한은 IAEA의 사찰을 수용하였고 그들이 얻으리라 기대했던 보상을 받지 못했을 뿐만 아니라 오히려 영변을 방문한 사찰단을 통해 핵무기 개발과 관련된 일부 기만행위가 밝혀짐으로 인해 압력이 더욱 가중됐다. 더불어 일부 핵의혹 시설에 대한 '특별사찰'을 수용해야 한다는 주장이 제기되면서 북한의 입장에서는 위협을 증폭시키는 계기가 됐다.

"우리는 남조선에 배비된 미국의 핵무기를 철수시키고 우리에 대한 미국의 핵위협을 제거하며 조선반도를 비핵지대화하기 위한 목

---

96   조선민주주의인민공화국 외교부 비망록, 『로동신문』, 1992. 10. 29.

적으로부터 핵무기전파방지조약에 가입하였으며 미국이 핵무기 소
유국으로서 응당 이 조약에 따라 자기가 지닌 법적의무를 리행할 것
을 기대하였다. 우리는 이 조약에 가입한 다음에도 조약상 의무를 리
행하려는 념원으로부터 미국이 남조선에서 핵무기를 철수시키며 우
리에 대한 핵위협을 그만둘 것을 거듭 요구하였으며 담보협정체결의
조건과 환경을 마련하기 위한 주동적이고 현실적인 조치들을 련이어
취하였다. … 《팀 스피리트》합동군사연습이 영원히 중지되고 그 어떤
핵위협이나 압력도 없어야 국제원자력기구의 사찰도 계속 원만히 진
행될 수 있고 또한 북남합의서와 비핵화공동선언도 성과적으로 리행
될 수 있다."[97]

상기와 같이 북한은 IAEA에서 계속되는 '특별사찰' 수용에 대한 요
구와 국제사회의 압력과 그리고 한반도 비핵화 문제와 관련하여 중단됐
던 한미 팀 스피리트 훈련이 다시 실시된다는 발표는 북한에게 큰 위협
으로 다가왔다.[98]

한편, 1993년 2월 22일 비공개로 IAEA 이사회 회의에서는 북한의
핵의혹 시설의 기만행위에 대해 회원국들에게 내용이 공유되었으며, 2
월 25일 폐막회의에서는 '특별사찰' 수용을 촉구했다. 그러나 중국 대표
의 제안을 받아들여 1개월의 유예기간을 허용하지만 불허 시 국제적 차
원에서 다룰 것을 명확히 했다. 이러한 국제사회의 활동과 얼마 지나지
않은 3월 9일 시작된 한미 팀 스피리트 훈련 그리고 IAEA 사찰의 불공정

---

97 조선민주주의인민공화국 외교부 대변인 성명, 『로동신문』, 1992. 11. 3.

98 『중앙일보』, 1993. 1. 26.

성을 구실 삼아 북한은 결국 3월 12일에 NPT 탈퇴를 선언했다.[99]

북한의 NPT 탈퇴 선언 이후 미국의 북한에 대한 정책대안 논의는 '협상론'과 '강경론' 간 격론이 이루어졌지만, 다양한 지정학적 요인으로 인해 결국은 협상론에 힘을 싣게 됐다. 이는 협상 전망이 밝기 때문이 아니라 협상 이외에는 동북아지역 전체에 감돌고 있는 위기를 해결할 수 있는 이상적인 대안이 없었기 때문이었다. 하지만 미국 내에서 북한과의 협상에 대한 명확한 방향성이 없었으며, 일부 논란의 소지가 있는 사항이기에 많은 어려움이 있었다.

이런 가운데 오히려 선수를 친 것은 북한이었다. 주유엔 북한 대표부의 관리가 미 국무부 북한 담당자인 케네스 퀴노네스(C. Kenneth Quinones)에게 전화를 걸어 북한과 대화를 재개할 의사가 있다고 의사를 표명했고, 미국 측은 이것을 긍정적인 신호라는 결론을 내리고 북한과의 회담 추진을 결정했다.[100]

미국 측 협상대표는 국무부의 로버트 갈루치(Robert G. Galluchi) 정치 · 군사 담당 차관보를 지명했으며, 북한 측 협상대표는 강석주 유럽 담당 외교부 부부장으로 결정됐다. 둘은 사전 실무적인 접촉 끝에 6월 2일 수요일, NPT 탈퇴의 발효를 불과 열흘 남겨둔 시점에 만났다. 회담 간 북한 측은 NPT 체제에의 잔류를 완강하게 거부했고 미국 측은 계속해서 이를 강력하게 요구해 회담은 별 진전을 보지 못하고 있었다. 그런 와중에 누군가가 해결 가능한 상황을 제시한 어구가 담긴 노동신문의 사설을 기억해냈다. 그리고 퀴노네스를 포함한 외교 관리들과 함께 '핵무

---

99 북한의 NPT 탈퇴 의도에 대한 자세한 분석은 Michael J. Mazarr, *op. cit.*, pp. 105~107 참조; 『중앙일보』, 1993. 3. 12.

100 북미 양측 간 실무적인 협상내용에 대해서는 케네스 퀴노네스, 노순옥 옮김, 『2평 빵집에서 결정된 한반도 운명』(서울: 중앙 M&B, 2000) 참조.

기를 포함한 무력의 위협과 사용 금지' 및 '상호 내정 불간섭' 내용이 담긴 안보 보장책을 입안했다. 이는 유엔 헌장에 규정된 내용과 미국 정부가 공식 발표했던 선언문을 그대로 인용해 초안을 작성했다.

이에 따라 최종 시한인 6월 12일을 코앞에 둔 10~11일 갈루치와 강석주는 다시 한번 장시간의 협의를 가진 뒤 마침내 6개항으로 구성된 공동성명에 합의를 이루었다. 미국의 북한에 대한 안보 보장 다짐, 향후 공식 대화를 지속한다는 합의, 이에 대한 대가로 '필요하다고 판단되는 동안' NPT 탈퇴는 '유보'한다는 북한 측의 결정이 제1차 북미고위급회담의 공동성명 내용이었다.[101]

이후 7월 중순에 예정된 제2차 북미 고위급회담에서 강석주는 북한이 현재의 핵시설을 새로운 경수로 원자로로 대체할 준비가 되어있다는 선언을 했다. 또한 경수로 기술에 대한 북한의 관심이 오래된 것임을 과거를 짚어가며 설명했다. 그리고 흑연감속 원자로의 경우 원료로 쓰이는 농축 우라늄의 공급을 위해 외국에 의존할 필요가 없기 때문에 북한으로서는 다른 선택의 여지가 없었음을 강조했다. 그리고 북한이 원하는 것은 새로운 원자로가 제공될 것이라는 미국의 확실한 약속이라고 언급했다.[102]

또한 북한은 "핵무기를 제조할 의사가 전혀 없는데 다른 나라들이 우리의 핵시설을 두고 핵무기 개발의 엄청난 잠재력을 지닌 것으로 생각한다"고 덧붙였다. 이런 흐름 속에서 미국은 제3차 북미 고위급회담의 전제조건으로 IAEA와 한국과의 대화를 재개한다는 내용을 북한 측에 제시했고, 북한은 이를 받아들이는 모습을 보였다. 그러나 실제로 IAEA

---

101 Don Oberdorfer, *op. cit.*, pp. 221~223.

102 Joel S. Wit, Daniel B. Poneman, and Robert L. Gallucci, *op. cit.*, pp. 71~73.

와 한국의 대화는 실제 정상적인 모습을 보이지 못했다. 이는 북한 측의 소극적인 자세와 비협조적인 태도에 기인한다고 볼 수 있다.

당시 IAEA의 주장에 따르면 북한은 정식으로 NPT를 탈퇴하지 않은 '유보' 상태이기에 핵사찰 요구를 수용할지 여부는 자신들이 선택할 문제라고 주장했다. 이러한 논쟁이 계속되는 가운데 미 관리들은 '핵 안전조치의 지속성'이라는 잠정적인 개념을 고안했다. 이는 북한이 핵시설 감시와 연관된 일련의 행동을 허용해야 한다는 의미로 여겨졌다.

그러자 북한 측은 8월에 IAEA 사찰단의 영변 방문을 허락했다. 그러나 사찰단이 할 수 있는 일은 감시 장치의 필름과 배터리를 교체하는 것이 고작이었다. 이처럼 북한의 핵무기 개발 의혹에 대한 사찰을 통한 해결책을 모색하려는 IAEA를 위시한 국제사회는 지속적인 사찰 수용을 촉구했다. 이어서 1993년 10월 1일에는 IAEA에서 결의안을 통과시켰으며, 11월 1일에는 유엔 총회에서 결의안을 통과시키며 북한의 핵사찰 수용의 당위성을 지속 강화해 나가고 있었다.[103]

한편, 미국은 무력사용 제기 및 외교적 노력 부진 등 여러 가지로 난처한 상황에 있는 가운데, 북한의 강석주 부부장이 11월 11일 평양에서 "일괄타결방식이 합의되는 데 따라 미국이 우리에 대한 핵위협과 적대시정책을 포기하는 실천적 행동을 취하고 우리가 조약에 그대로 남아 담보협정을 전면적으로 리행하게 되면 핵문제는 원만히 해결될 것이다"[104]라고 공표했다.

그리고 협상이 시작된 지 두 달이 넘은 12월 29일 마침내 일차적인 합의가 이루어졌다. 양측은 아직 정해지지는 않았지만 같은 날 네 가지

---

103 『중앙일보』, 1993. 10. 2.; 『중앙일보』, 1993. 11. 2.
104 『로동신문』, 1993. 11. 12.

조치를 동시에 상호적으로 취하기로 합의를 도출해 낼 수 있었다.[105]

이와는 별도로 제3차 북미 고위급회담의 전제조건인 한국과의 대화재개와 IAEA의 사찰문제는 북한의 비협조적인 자세로 인해 협상이 지속될 수 없는 상태에 이르게 됐다. 1994년 3월 19일 열린 남북회담은 '슈퍼 화요일 합의'[106]를 담은 관에 최후의 못을 박는 사태를 초래했다. 그어느 누구도 예상하지 못한 상황이 발생했다. 당시 북측 대표 박영수의 "서울은 여기에서 멀지 않다. 전쟁이 나면 서울은 불바다가 될 것이다"라는 발언으로 인해 회담은 시작 55분 만에 결렬됐다.

또한 IAEA 사찰팀은 영변을 방문해서 플루토늄 재처리 시설의 핵심구역 정밀 사찰에 대한 북한의 불허로 인해 3월 15일 북한의 핵물질이 핵무기로 전용되지 않았음을 검증할 수 없다는 발표와 함께 사찰단 철수를 명령했다.[107] 그러자 IAEA는 3월 21일 개막된 특별이사회에서 북한 핵문제를 안보리에 회부했다. 이번 특별이사회의 결의는 북한 핵문제가 IAEA의 '기술적인' 차원을 떠나 유엔 안보리의 '정치적' 차원으로 확대됨을 의미하는 것이었다. 이렇게 회부된 북한 핵문제는 3월 31일 중국의 적극적인 반대의사로 의장 결의안 대신 성명으로 채택됐다.[108]

이런 가운데 IAEA 사찰 불허와 '불바다' 발언과 함께 한미 간 협의된 패트리어트 미사일 배치를 승인했고, 팀 스피리트 훈련 재개를 위해 한미 간 협의에 들어갔다. 이러한 일련의 변화되는 상황 속에서 북한은 5월 8일 '사용 후 핵연료봉' 제거라는 초강수 카드를 꺼내 들었다. 북한

---

105 네 가지 동시조치에 대한 내용은 Joel S. Wit, Daniel B. Poneman, and Robert L. Gallucci, *op. cit.*, p. 116 참조.

106 '슈퍼 화요일 합의' 내용은 *ibid.*, p. 137 참조.

107 Don Oberdorfer, *op. cit.*, pp. 236～238.

108 『중앙일보』, 1994. 3. 21.; 『중앙일보』, 1994. 3. 31.

은 국제기구의 감시나 승인 없이 제거하기 시작했으며, 제거작업 속도가 예상보다 빠르게 진행됐다. 이는 '과거핵'에 대한 이력을 확인할 수 있는 충분한 증거물이 훼손된다는 것을 의미하고 있었다. 이에 IAEA는 5월 27일 '사용 후 연료봉' 인출과 관련된 협상이 파기되었음을 보고했고, 안보리는 의장성명을 통해 IAEA와 북한은 계측가능성 보장을 위한 기술적 조치를 협의할 것을 촉구했다.[109] 이어서 6월 3일 IAEA 블릭스 총장은 북한이 이전에 핵물질을 핵무기 제조에 전용했는지 여부를 가릴 수 있는 영변 5MWe 원자로의 핵연료봉에 대한 식별 및 추후 계측이 불가능해졌다는 결론을 내렸다고 말했다.

그러자 북한은 제재는 선전포고로 간주한다는 입장을 밝혔으나,[110] 이에 맞서 IAEA는 북한에 대한 제재조치를 결의했다. 즉 IAEA는 기술원조 중단을 포함한 제재 결의안을 채택했다.[111] 이에 북한은 외교부 대변인 성명을 통해 6월 13일 IAEA 탈퇴를 선언하고 핵사찰도 불허하고, 제재는 선전포고로 간주한다는 입장을 밝혔다.[112]

이러한 한반도의 위기 상황 속에서 전쟁위기로까지 치닫던 북한의 핵문제는 카터와 김일성의 만남을 계기로 많은 변화를 가져왔으며, 특히 미국에서 군사적 방안을 철회시키고 제3차 북미고위급회담의 문을 여는데 결정적인 역할을 했다.

김일성의 사망으로 일시 중단된 제3차 북미 고위급회담은 두 차례에 나뉘어서 진행됐다. 1단계 회담은 8월 5일부터 12일까지, 2단계 회담은 9월 23일부터 10월 21까지 제네바에서 재개되었고, 제네바 합의를

---

109 『중앙일보』, 1994. 3. 31.
110 『로동신문』, 1994. 6. 4.
111 『중앙일보』, 1994. 3. 31.
112 『중앙일보』, 1994. 6. 14.

도출했다.[113]

제3차 북미 고위급회담에서 타결된 북미 간의 합의는 기본합의문 (Agreed Framework), 비공개 양해각서[114], 클린턴 대통령의 보장각서 등 3가지로 구성됐다. 이상의 3가지 형태로 이루어진 북미 간의 제네바 합의는 제1차 북핵위기를 일차적으로 해결할 수 있었다.

2) 적국으로부터의 억지력 구비

적대관계에 있는 국가로부터 오는 안보위협을 억지[115]하기 위한 주

---

113 김재목, 『北核협상 드라마』(서울: 경당, 1995), pp. 312~315; Joel S. Wit, Daniel B. Poneman, and Robert L. Gallucci, *op. cit.*, pp. 307~310.

114 북미 비공개 양해각서 주요 내용

구분	주요 내용
비공개 양해각서	① 2호원자로의 준공은 1호 준공 후 약 1~2년 안에 추진 ② 북미는 별도로 평화적 핵협의 쌍무협정 체결 ③ 5개 동결 핵시설: 5MWe, 50MWe, 200MWe 원자로, 방사화학실험실, 핵연료 제조공장 ④ 흑연감속로형 원자로 및 관련설비 건설 안함 ⑤ 중유지원: 5만 톤(3개월) → 10만 톤(1년) → 매년 50만 톤(경수로 1호기 완성) ⑥ 경수로사업의 상당 부분 완성 후, IAEA와 핵 안전조치 협정 전면 이행 ⑦ 경수로사업의 상당 부분은 터빈과 발전기를 포함한 원자로용 제반 건물과 시설물 ⑧ 1호원자로 완공 시 핵시설 해체 착수하고, 2호원자로 준공 시 해체 완료 ⑨ 사용 후 연료봉은 1호원자로의 핵심부품의 인도가 시작되면 국외반출을 개시하여 1호원자로가 준공될 때 완료 ⑩ 주요 핵심부품은 핵공급그룹의 수출통제품목에 의하여 통제되는 부품

출처: 『동아일보』, 2002. 10. 25.

115 억지(Deterrence)란 일방이 어떠한 행동 결과에 대한 두려움으로 인하여 그 행동을 행하지 못하게 하는 것을 말한다. 즉 억지가 작동하고 있다는 것은 일방의 행동이 실행되지 않았다는 것으로 확인할 수 있다. Thomas Shelling, *Arms and Influence* (New Haven: Yale University Press, 1966), pp. 70~72; 억지에 대한 기본 논리 및 개념 그리고 강제와의 차이점에 대해서는 Robert J. Art and Robert Jervis, *International Politics: Enduring Concepts and Contemporary Issues*, 3rd ed. (New York: Harper Collins Publishers, 1992) 참조.

요한 수단으로서 핵무기가 가지는 매력은 상당하다고 할 수 있다. 즉 자국의 안보에 위협이 되는 국가와 군비경쟁에서 격차가 발생한다면 비핵보유국은 군사적 대응방안으로서 핵무기 개발에 대한 강한 동기를 느낄 수 있을 것이며[116], 북한 또한 이에서 자유로울 수가 없었을 것이다.

특히 동구 사회주의권의 붕괴와 소련의 해체 등 세계적 수준에서의 냉전의 붕괴는 북한의 국제적 고립을 가져왔다. 무엇보다도 소련의 해체는 북한이 초강대국인 미국에 맞서기 위해 필요로 하는 현대 무기의 주요 공급원의 상실 및 후견국의 약화를 의미하는 바였다.

〈표 3-2〉 북한의 무기도입 추이 1990~1993년

(단위: 백만 달러)

구분	1990년	1991년	1992년	1993년
총액	200	5	150	120

출처: U. S. Department of State Bureau of Verification and Compliance, *World Military Expenditures and Arms* (Washington, D.C: US Gov. Printing Office, 2000), p. 142.

〈표 3-3〉 북한의 1990~1993년 경제성장률 추이(괄호안은 한국)

(단위: %)

구분	1990년	1991년	1992년	1993년
경제성장률	-4.3(9.8)	-4.4(10.4)	-7.1(6.2)	-4.5(6.8)

출처: 통계청, http://kosis.kr/statisticsList/statisticsList_03List.jsp?vwcd=MT_BUKHAN&parmTabId=M_03_02#SubCont(검색일: 2015. 8. 8.)

〈표 3-2〉에서 보는 바와 같이 무엇보다도 북한의 군사적 혁신을 추동했던 소련의 무기지원이 삭감됨으로써 북한 자체적으로 무력을 강화하는 데에는 많은 어려움이 나타났다. 이와 같은 국제적 상황은 북한에

---

116 Lewis A. Dunn & Herman Kahn, *Trends in Nuclear Proliferation: 1975-1995* (New York: Hudson Institute, 1976), pp. 2~3.

게는 안보위협으로 다가오고 있었고, 이러한 위기를 극복하기 위한 일환의 수단으로서 핵무기 개발이 다루어지게 됐다. 무엇보다도 〈표 3-3〉에서 보는 바와 같이 북한은 1992년에 경제성장률이 -7%임에도 불구하고 무기도입에는 1991년 대비 1억 4천5백만 달러를 무기도입에 지출했다는 사실은 억지력 구비에 대한 절박성을 확인할 수 있는 증표라 할 수 있다.

이와 함께 북한은 핵무기 개발 의혹에 대한 입장을 밝히며 자신들의 핵무기 개발은 호도된 것이라고 주장했다. 그리고 주한미군의 핵무기 철수와 미국의 핵무기 불사용이 보장된다면 핵안전협정을 체결할 수 있다는 입장을 밝혔다.

> "지금 남조선에서는 모처럼 마련된 조선의 북과 남 사이의 고위급회담의 분위기를 흐리게 하고 긴장과 대결을 격화시키는 심상치 않은 움직임들이 련이어 나타나고 있다. 보도들에 의하면 미국과 남조선당국자들은 《북남 사이의 화해와 불가침 및 협력, 교류에 관한 합의서》가 채택되고 발효단계에 들어간 오늘에 와서도 남조선전역의 지상과 해상, 공중에서 각종 명목의 군종, 병종별 군사연습을 벌려놓고 있다."[117]

상기의 주장은 북한이 IAEA의 안전협정에 서명하고 나름의 핵비확산 체제 내에서 일정한 영향력 아래에 들어갔음에도 불구하고, 한국 내 진행되고 있는 여러 군사연습에 대해 지속적인 위협을 느끼고 있다는 것을 방증하고 있었다. 이에 북한은 안보위협에 대한 확실한 억지 수단으로서 핵무기를 생각하고 있었던 것으로 판단해 볼 수 있다. 비록 IAEA

---

117 조선민주주의인민공화국 외교부 대변인 기자의 질문에 대답, 『로동신문』, 1992. 3. 14.

안전협정을 체결하고 NPT 규정을 따라야 할 회원국이었지만 여전히 외부로부터 야기되는 안보위협을 심각하게 인식하고 있었기 때문이다.

특히 사회주의권 후견국의 약화로 인한 무기 수입의 하락과 한국과의 군비경쟁에 있어서도 경제력에서 격차를 극복할 수 없는 현실을 감안하면 핵무기 수단은 북한에게 있어서 상당히 매력적인 수단이 아닐 수 없었다.

"지금 미국과 남조선당국자들은 남조선에서 도발적인《을지 포커스 렌즈》합동군사연습을 벌리고 있다. 이번 군사연습에는 미국본토병력 4,000여 명을 포함하여 남조선주둔 미군 등 1만 4,000여 명이 참가하게 되며 만전쟁에서 사용되었던《패트리오트》미사일과《에프-117》스텔스전투폭격기, 공중조기경보기 등 최신예공격무기들이 새로 많이 투입되었다고 한다.《을지 포커스 렌즈》합동군사연습은 지난 시기 남조선에서 해마다 진행하던《팀 스피리트》합동군사연습과 마찬가지로 우리 공화국을 반대하기 위한 로골적인 군사행동으로서 조선의 평화와 통일을 바라는 전체 조선인민에 대한 엄중한 도전으로 된다."[118]

상기에서 밝힌 북한의 외교부 대변인 성명은 1992년 8월 있었던 한미 군사연습이 북한에게 또 다른 위협으로 인식되고 있음을 보여주고 있다. 무엇보다도 미국의 첨단 무기들의 한반도 전개는 "긴장격화책동"[119]이라고 주장하며 긴장완화에 부합되는 행동을 해야 한다고 입장을

---

118 조선민주주의인민공화국 외교부 대변인 성명,『로동신문』, 1992. 8. 20.
119 조선민주주의인민공화국 외교부 대변인 성명,『로동신문』, 1992. 8. 20.

공표했다.

북한의 입장에서는 IAEA와의 사찰 과정 중에 한미 간 군사연습이라는 명목하에 첨단 무기들이 한반도 지역 내에 전개하는 것에 대해 민감한 반응을 계속해서 보내고 있었다. 특히 IAEA 사찰 간 야기된 '불일치' 문제와 '핵의혹 시설' 문제로 많은 갈등 국면하에 있었기에 북한이 비난할 수 있는 빌미가 됐다.

결국 북한은 IAEA 사찰과정에서의 불공정성과 한미 군사연습의 시작을 구실로 삼아 NPT 탈퇴를 선언했다. 이에 따라 'NPT 탈퇴'라는 초강수 수단을 통해 외부로부터의 위협을 억지하려는 정책수단으로 핵무기 개발 문제를 본격적으로 다루기 시작했다.

북한은 NPT 탈퇴 선언 다음날인 1993년 3월 13일 외교부 대변인 대답 형식을 통해 현 상황에 대한 입장을 밝혔다.

> "지난해 말경에 국제원자력기구는 미국의 조종하에 우리의 2개
> 의 군사대상물을 볼 데 대하여 제기하였다. 이 군사대상물들은 핵활
> 동과는 아무런 관련이 없는 대상물들이다. 더욱이 엄중한 것은 그 군
> 사대상물의 바닥까지 파보겠다고 무리하게 제기한 것이다. 이것은
> 법적으로도 맞지 않고 비현실적인 것이다. … 미국은 처음에 군사대
> 상물을 한두 개 보자고 하다가 점차적으로는 다 보자고 할 것이다.
> 결국 미국은 우리의 군사대상물을 다 개방하고 나아가서는 우리식
> 사회주의제도를 담보하는 우리의 무력을 무장해제 시키려 하고 있
> 다. 이것이 미국이 추구하는 기본 목적이다."[120]

---

120 조선민주주의인민공화국 외교부 대변인 기자의 질문에 대답, 『조선중앙통신』, 1993. 3. 13.

더불어 북한은 억지력 구비 차원에서 핵무기를 운반할 수 있는 수단인 노동미사일의 시험발사를 강행했다. 북한은 1993년 5월 29일 노동미사일을 시험 발사했다. 노동미사일은 1,000kg이상의 탄두를 싣고, 1,300km를 비행할 수 있는 제1세대 핵탄두를 탑재할 수 있도록 설계됐다.[121] 북한이 NPT 탈퇴를 선언한 상태에서 왜 5월에 노동미사일에 대한 시험 발사를 강행했는지에 대한 정확한 이유는 알 수 없겠지만, 억지력을 증강시키기 위한 일환의 행동인 것만은 틀림없었다.

그 당시 북한이 노동미사일 개발을 추진함에 있어서 3가지의 일차적인 설계 목표가 있었던 것으로 판단된다. 첫째는 오키나와에 있는 미군 기지를 포함한 일본 전체에 있는 목표물들을 공격하기에 충분한 사정거리인 1,000km이상에 1,000kg 정도의 탄두를 운반할 수 있는 탄도미사일을 설계하는 것이었다. 둘째는 향후 장거리 탄도미사일 개발에 사용될 수 있는 기본 시스템과 관련 기술을 개발하는 것이었다. 셋째는 제1세대 핵무기를 운반할 수 있는 능력을 지닌 탄도미사일을 설계하는 것이었다.[122] 이러한 목표를 갖고 있었던 것은 핵무기의 능력을 배가시키고 이를 통해 억지력을 배가시키기 위한 조치의 일환으로 판단해 볼 수 있다.

이처럼 최고조의 위기 속으로 치닫던 'NPT 탈퇴' 사태에서 최종 시한인 6월 12일을 코앞에 둔 10~11일 갈루치와 강석주는 다시 한번 장시간의 협의를 가진 뒤 마침내 6개항으로 구성된 공동성명에 합의했으며, 그중에서 핵무기를 포함한 일체의 무력을 통해 상대방을 위협하지

---

121 『한겨레』, 1993. 6. 30.; Joseph S. Bermudez, *The Armed Forces of North Korea* (London & New York: I. B. Tauris & Co Ltd, 2001), p. 264.

122 *ibid.*, p. 263.

않는다는 내용이 포함됐다. 이는 미국이 북한이 느끼는 안보위협에 대해
어느 정도 공감했다는 것을 엿볼 수 있었으며, 미국의 위협에 대해 북한
이 억지력을 발휘했다는 것을 나타낸 것이었다.

이러한 북한의 핵무기 개발이라는 카드를 통해 나타난 억지력은 제
2차·3차 북미 고위급회담을 통해서 체결되어 북미 제네바 합의에 명시
된 바와 같이 미국에 대한 핵무기 불위협 및 불사용에 대한 공식보장을
이끌어 내는 데도 일정한 영향을 미쳤음을 확인할 수 있다.

3. 경제적 동기 차원 : 경제적 실리

1990년대 초반 북한은 국제환경의 변화로 초래된 대내외적 위기로
인해 역사상 가장 심각한 경제위기에 봉착했다. 아래 〈표 3-4〉에서 보는
바와 같이 1990년대 초반 북한의 경제성장률은 마이너스 성장률을 보이
고 있었다.

〈표 3-4〉 북한의 1990~1994년 경제성장률 추이(괄호 안은 한국)

구분	1990년	1991년	1992년	1993	1994
경제성장률(%)	-4.3(9.8)	-4.4(10.4)	-7.1(6.2)	-4.5(6.8)	-2.1(9.2)

출처: 통계청, http://kosis.kr/statisticsList/statisticsList_03List.jsp?vwcd=MT_BUKHAN&parmTabId=M_0
3_02#SubCont(검색일: 2015. 8. 8.)

이러한 북한의 경제위기는 쉽게 예견됐다. 북한은 에너지원, 연료
및 천연자원의 만성적 부족 현상, 외국과의 무역량과 경제협력 수준의
급감, 지나치게 높은 국방비 그리고 재정적·물질적 자원의 비효율적 사
용이 심각한 경제적 위기를 초래케 했다.

한편, 북한의 산업생산은 국내총생산의 50%를 차지하고 있었고, 인구의 40%가 이 부문에 종사하고 있었다. 1990년대 초반 실제적으로 모든 주요 산업부문에서 생산성과 효율성이 줄어들고 있었는데, 기본 산업과 수출 지향 산업 모두를 포함하며, 철강 생산과 철재상품, 직물, 식품, 소비재까지 해당됐다.

특히 북한의 에너지 집약산업은 국내 에너지원에 상당히 의존하고 있었고, 전력부족으로 인해 극히 취약했다. 예컨대 북한 강들의 유속이 안정적인 수력원을 이루고 있었지만, 석탄이 국내 주요 에너지원으로 쓰이고 있는 실정이었다. 대부분의 발전소가 석탄으로 가동되고 있었으며, 제조공장들 또한 석탄을 연료로 사용하고 있었다.[123]

〈표 3-5〉 북한의 1990~1992년 1차 에너지 공급원

구분	1990년		1991년		1992년	
	공급 (천 TOE[124])	구성비 (%)	공급 (천 TOE)	구성비 (%)	공급 (천 TOE)	구성비 (%)
합계	23,963	100%	21,920	100%	20,450	100%
석탄	16,575	69.2	15,500	70.7	14,600	71.4
석유	2,520	10.5	1,890	8.6	1,520	7.4
수력	3,748	15.6	3,750	17.1	3,550	17.4
원자력	–	–	–	–	–	–
기타	1,120	4.7	780	3.6	780	3.8

출처: 통계청, http://kosis.kr/statisticsList/statisticsList_03List.jsp?vwcd=MT_BUKHAN&parmTabId=M_0 3_02#SubCont(검색일: 2015. 8. 8.)

---

123 James Clay Moltz and Alexandre Y. Mansourov, *the North Korea Propram: Security, Strategy, and New Perspectives from Russia* (New York: Routledge, 2000), pp. 41~43.

124 1TOE는 1,000만 kcal에 해당하는데, 석유의 단위는 배럴, 무연탄의 단위는 t(톤), 가스의 단위는 갤런 등으로 각 에너지원의 단위가 다르므로 이를 합계할 때는 통일된 단위

상기의 〈표 3-5〉에서 보는 바와 같이 북한의 에너지 부족은 1980년대 말 이후 국내 석탄생산의 감소와 석유수입의 급격한 감소가 직접적인 원인이었다. 북한은 1988년 원유수입 시 316만 톤이었다. 반면에 1993년의 원유수입은 구소련으로부터의 보조금 상실로 인해 130만 톤으로 줄었다. 또한 북한은 1980년대 말 약 120만 톤의 원유를 중국으로부터 받았으나 이러한 공급은 점차로 줄어 1994년에 20만 톤이었다.

요컨대 북한 경제는 항상 국내 석탄생산과 원유수입에 의존해 왔었다. 그러나 북한은 사회주의권 붕괴로 인한 석유수입 감소로 석탄에 훨씬 더 의존하게 됐다. 이에 더해 설상가상으로 석탄 생산량이 감소하게 됐다. 결론적으로 북한 경제는 총체적 난국에 직면하고 있었다.

이와 함께 아래의 〈표 3-7〉에서 보는 바와 같이 1990년 이후 급격히 수출·입액이 급락함으로써 경제적 어려움은 더욱 가중됐다. 이처럼 북한 경제의 구조적 제한은 자본투자를 가로막아 낡은 시설이나 기계를 보수하거나 바꾸는 것, 국내 에너지 손실과 석탄·석유를 수입할 수 있는 충분한 자본이 없다는 것이었다.

〈표 3-6〉 북한의 수출·입액 현황 추이

(단위: 백만 달러)

구분	1990년		1991년		1992년		1993년	
	수출	수입	수출	수입	수출	수입	수출	수입
합계	4,170		2,590		2,550		2,656	
현황	1,730	2,440	950	1,640	930	1,620	990	1,666

출처: 통계청, http://kosis.kr/statisticsList/statisticsList_03List.jsp?vwcd=MT_BUKHAN&parmTabId=M_03_02#SubCont(검색일: 2015. 8. 8.)

가 필요하며 이를 위해 TOE의 개념이 사용된다.

이런 경제적 상황 속에서 북한의 핵무기 개발 문제가 국제이슈화됐고, 1990년대 초에 한국과의 경제경쟁에서의 명백한 패배를 회복하기 위한 수단으로 핵무기 개발 문제를 활용하려 했다. 즉 핵무기 개발 문제를 미국, 일본 그리고 한국으로부터 중요한 경제적 보상을 얻음으로써 가능한 높은 가격으로 교환하려는 의도가 숨겨져 있었다.

당시의 상황을 감안해보면 북한의 최고지도부는 핵무기 개발에 대한 노력이 더 진전될수록 북한이 핵무기 개발을 포기하도록 하기 위해 미국, 일본 그리고 한국이 북한에 더 많은 돈을 지불할 것이라고 가정했을 것이다.[125]

즉 북한은 핵무기 개발 문제를 통해서 미국을 포함한 서구국가들과의 경제적 접촉을 확대시키고 에너지난과 식량난을 극복할 지원을 획득할 수 있을 것이라고 생각한 것으로 판단된다. 이러한 가정 하에 북한은 미국과의 핵무기 개발 문제에 대해 접근을 시도했고, 1992년 1월 IAEA와의 안전협정 서명을 시작으로 사찰 수용 등 일련의 과정 속에서 경제적 실리를 획득하기 위한 사전 작업들에도 공을 기울였다.

한편, 북한은 1992년 6월 26일 외교부 대변인 성명을 통해서 핵 관련 활동에 있어서 경제적 측면을 부각시켰으며, 이는 협상에 들어가게 되면 더 많은 경제적 실리를 취득하기 위한 사전 정지작업이라 할 수 있다.

"국제원자력기구 6월 관리리사회 회의에서 모든 나라들은 우리 나라가 핵무기전파방지조약에 따르는 의무를 성실히 리행하고 있는 데 대하여 환영하였으며 이를 통하여 우리의 평화적 핵동력계획에 대한 국제적 신뢰는 더욱 높아지게 되었다. 우리 공화국정부는 국제

---

125 James Clay Moltz and Alexandre Y. Mansourov, *op. cit.*, pp. 49~50.

사회계 앞에 공약한대로 핵담보협정에 따르는 사찰을 받기 위하여
주동적이며 전진적인 조치를 취함으로써 자기가 해야 할 바를 다하
였다. … 그 어떤 공개되지 않은 핵시설이 있는 것처럼 그 누가 의심
을 가진다면 언제든지 기구를 통하여 우리의 평화적 핵정책에 대한
진실성을 보여줄 것이다.'"[126]

상기에서 언급한 바와 같이 북한은 핵무기 개발 문제에 대해 자신
들은 평화적인 핵에너지[127] 이용 측면에서 접근하고 있다는 점을 강조했
으며, 그렇기 때문에 IAEA의 사찰도 수용하고 있다는 입장을 피력함으
로써 앞으로 전개될 협상의 과정 속에서 핵심쟁점이 될 경수로 지원 문
제까지 고려한 경제적 실리를 확보하기 위한 일련의 계산된 행동들을
하고 있음을 여러 성명, 담화, 답변을 통해서 확인할 수 있었다.

"우리나라에서 핵담보협정에 따르는 여러 차례에 걸친 비정기
사찰이 순조롭게 진행되고 있고 이 과정을 통하여 핵에네르기를 오
직 평화적 목적에만 리용하고 있는 우리 공화국정부의 핵정책의 결
백성이 더욱 확증되었다.'"[128]

---

126 조선민주주의인민공화국 외교부 대변인 성명, 『로동신문』, 1992. 6. 26.

127 과거 평화적 핵에너지 측면의 중요성에 대해 언급한 바 있는데, 여기서 김일성은 "새로
운 동력자원을 개발 리용하기 위한 투쟁을 적극 벌려야 합니다. 원자력발전소를 비롯
하여 여러 가지 새로운 동력자원에 의거하는 발전소들을 많이 건설하여 전력생산을 획
기적으로 늘여야 하겠습니다"라고 말했다. 김일성, "조선로동당 제6차대회에서 한 중
앙위원회사업총화보고(1980. 10.)", 『김일성저작집 35』(평양: 조선로동당출판사,
1987), p. 331.

128 조선민주주의인민공화국 외교부 대변인 성명, 『로동신문』, 1992. 11. 3.

이러한 흐름 속에서 북한은 IAEA와 6차에 걸친 사찰과정을 통해 영변 핵시설에 대한 평화적 이용에 대해 주장했다. 그러나 일부 미신고 시설에서 나온 핵무기 개발 의혹과 IAEA의 불공정한 '특별사찰' 요구에 대한 불만, 그리고 1993년 3월 시작된 팀 스피리트 훈련 등을 구실 삼아 NPT 탈퇴를 선언했는데, 여기에는 경제적 동기도 일부 작용했다. 즉 실제적인 경제적 실리를 찾기 위한 위기조성과 북미 직접회담을 통한 자신의 요구조건을 관철시키기 위한 일환의 행동으로 판단된다.

이같은 판단이 가능한 이유는 제2차 북미 고위급회담에서 먼저 제시된 경수로 지원 문제는 북한의 만성적인 에너지난의 심각성을 극복할 수 있는 중요한 수단으로 인식되고 있었기 때문이다. 이처럼 북한이 전력난을 해결할 수 있는 기회로 삼으려 했던 것을 뒷받침해주는 사례를 확인할 수 있다.

구체적인 사례로 1993년 3월 김일성 주석은 브라질 대표단과 나눈 담화 내용에서도 전력난에 따른 어려움이 발생할 수 있을 것이라고 언급했다.

"적들이 경제제재조치를 취하면 우리에게 어느 정도 난관이 있을 수 있습니다. 다른것은 모르겠지만 전력이 좀 긴장해질 수 있습니다. 우리는 원자력발전소를 건설하여 전력생산을 늘이려고 몇 해 전에 쏘련에서 원자력발전소설비를 들여오기로 하였습니다. 그래서 쏘련기술자들이 우리나라에 와서 원자력발전소를 건설하기 위한 준비사업을 진행하고 있었는데 쏘련이 망하다 보니 흐지부지되고 말았습니다. 앞으로 적들이 우리나라에 대한 경제제재조치를 취하면 우리가 다른 나라에서 원자력발전소설비를 들여오는 데 지장을 받을 수 있습니다."[129]

이처럼 전력난을 해소해야 한다는 인식이 제2차 고위급회담 간 강석주가 핵무기 개발에 보다 용이한 흑연감속로를 경수로로 바꿔달라고 한 배경 중의 하나라고 할 수 있다. 이에 더해 북한이 원하는 것은 새로운 원자로가 제공될 것이라는 미국의 확실한 약속이었다. 그렇게 되면 북한은 핵프로그램을 동결할 것이며, IAEA의 감시하에 있을 것이고 완공 시에는 NPT의 규정을 준수하겠다는 논리구조를 갖고 있었던 것으로 보인다.

그러나 미국의 협상파트너인 갈루치는 다른 생각을 갖고 있었는데 장기적으로 경수로 지원을 제공할 수 있지만 우선은 핵무기 개발관련 우려를 불식시켜주는 것이 먼저라고 응했다. 이에 북한은 이해한다고 했으며, 지금은 미국의 경수로 기술 지원에 대한 '원칙적인' 합의라고 했다.[130]

이처럼 북한은 핵프로그램의 동결에 따른 보상방안을 먼저 제시함으로써 앞으로 계속될 협상 과정 속에서 보다 유리한 위치를 차지할 수 있었다. 이와 함께 "경수로는 우리의 흑연로체계를 동결하는 대신 제공하게 되는 것이지 결코 그 누가 누구에게 주는 선사품이 아니다. 때문에 경수로 제공을 위한 확고한 담보와 그 철저한 리행은 핵문제 해결의 필수적이고 관건적인 요구로 된다"[131]라고 주장하는 모습을 보이며 협상에 임했고 결국에는 1,000MWe 경수로 2기 지원을 포함한 에너지 지원을 관철시키는 결과를 낳았다.

제2차 북미 고위급회담과 제3차 북미 고위급회담 중간에 많은 갈등과 전쟁위기까지 다다르게 될 뻔했지만, 카터 미국 전(前) 대통령의 등장

---

129 김일성, "브라질 10월 8일 혁명운동 대표단과 한 담화(1993. 4.)", 『김일성 저작집 44』 (평양: 조선로동당출판사, 1996), p. 147.

130 Joel S. Wit, Daniel B. Poneman, and Robert L. Gallucci, *op. cit.*, pp. 69~73.

131 조선민주주의인민공화국 외교부 대변인 기자의 질문에 대답, 『로동신문』, 1994. 9. 24.

을 통한 대화 국면이 모색되어 결국에는 제3차 회담이 1994년 8월 5일 부터 12일까지 1단계가 진행됐다. 그리고 9월 23일부터 10월 21일까지 2단계로 나눠서 진행된 결과 북미 제네바 합의가 체결됐다.

　　우여곡절 끝에 체결된 북미 제네바 합의의 주요내용은 북한이 잔존하는 핵프로그램을 동결시키고 궁극적으로 영변의 5MWe 원자로와 관련된 핵시설을 폐기한다는 내용을 담고 있었다. 단, 미국이 국제차관단 형식의 컨소시엄을 통해 1,000MWe 경수로 2기 건설에 재원을 조달하고 지원한다는 조건이었고, 흑연감속로 동결로 인한 에너지 생산 차질에 대해 중유를 공급하는 것과 북미 간 경제적 관계정상화 노력[132] 등이 포함되는 내용을 통해 보면 북한이 핵정책을 결정함에 있어서 경제적 동기가 일정한 영향을 미쳤음을 쉽게 확인이 가능하다.

132　David Fischer, *History of the International Atomic Energy Agency: the first forty years* (Vienna: A Fortieth Anniversary Publication, 1997), pp. 290~292.

제3절 소결론

제1차 북핵위기는 탈냉전의 역사적 흐름이 한반도 내에 동일하게 나타나지 못하고 미국 주도의 비확산체제 규범의 실효성을 시험하는 계기가 됐다.[133] 결국 북한과 미국을 중심으로 한 핵무기 개발활동과 핵무기 동결활동 간의 정책적 대립으로 귀결되어 북미 간 제네바 합의를 통해 일단락됐다.

북한의 핵정책은 탈냉전에 따른 후견국가의 상실을 시작으로 피포위 위기가 결합된 체제위기와 1990년대 초반 마이너스(-) 경제성장률을 보이며 나타난 경제적 위기의 난국을 타개하기 위한 핵심 정책수단으로 활용했다.

특히 북한은 사회주의권 몰락으로 인한 체제위협의 위기와 IAEA와의 사찰 과정 속에서 제기된 의심시설 문제 그리고 '특별사찰' 문제를 국가의 '자주권' 문제와 결부지으며 절대 양보할 수 없다는 자세로 미국을 압박했다.

또한 1990년대 초반 경제적 위기 속에도 불구하고 무기수입을 확대하면서까지 억지력을 구비해야겠다는 강한 의지를 보여줬다. 더불어 이러한 상황하에서 북한은 재래식 군사력 못지않게 핵정책을 추구함에

---

133 NPT의 영구 연장을 논의하게 될 1995년 제5차 NPT 검토회의를 앞두고, 미국은 북한을 NPT라는 국제레짐의 가입국으로 유지토록 할 필요가 있었다.

있어서도 유용한 정책수단으로 인식하며 미국과의 협상에 참여하여 일정한 성과를 거두었던 점을 고려 시 안보적 동기가 작용하여 '과거핵'의 불투명성을 창조함과 함께 핵억지력을 폐기하는 수준이 아니라 동결하는 수준에서 안보적 효과를 극대화 했다.

이와 함께 북한은 열악한 경제난을 극복하기 위해서도 핵정책을 유용한 정책수단으로 활용했다. 즉 핵이 갖는 이중성에 의해 최초 시작은 핵의 평화적 이용을 부각시키며 최초 기술 및 인력을 발전시켰으나, 차후 핵의 군사적 이용을 함께 다루면서 자신의 목표와 이익에 맞게끔 핵정책의 용도를 다양화했다. 무엇보다도 북한은 핵의 모호성과 투명성을 이용하여 미국과 관련국가들로부터 경제적 이익을 획득함으로써 이를 치적으로 홍보하며 경제난 극복의 하나의 정책수단으로서 활용하는 모습을 볼 수 있었다.

〈표 3-7〉 제1차 북핵위기 내용

구분	제1차 북핵위기
발생배경	냉전 붕괴에 따른 피포위 위기
정책목표	자주권 수호 〉 억지력 구비 〉 경제적 실리
협상방식	북미 양자회담
결정요인	정치적 동기(강) 〉 안보적 동기(중) 〉 경제적 동기(약)
협상결과	제네바 기본합의문

이처럼 북한은 제1차 북핵위기 시 핵정책을 다룸에 있어서 정치적·안보적·경제적 동기요인을 백분 활용하여 대내외의 안정성을 추구하는 데 있어서 핵심 정책수단으로 활용했다. 사실 북한이 핵정책을 결정할 시 가장 중요한 요인으로 정치적 동기가 작용하였음을 쉽게 확인할 수 있는 것은 북한의 공식문헌에서 언급한 바와 같이 '자주권'에 대한

언급의 횟수와 내용을 통해서 확인할 수 있다.

　이런 점을 뒷받침해 줄 수 있는 추가적인 증거로 제1차 북핵위기가 대두된 가장 큰 요인인 '특별사찰' 문제였는데, 결국 북한에 대해 '특별사찰'이 받아들여지지 않은 사실이 이를 방증하고 있다. 이와 함께 북한이 북미 제네바 합의를 통해 1,000MWe 경수로 2기를 경제적 실리를 추구한 점을 고려 시 후견국가의 상실과 사회주의권 국가의 붕괴로 인한 총체적인 경제적 난국을 타개하는 계기로 삼았음을 보상내용을 통해 확인할 수 있었다.

　결론적으로 제1차 북핵위기 시 북한이 핵정책을 결정함에 있어 '자주권 수호'라는 정치적 동기가 주된 결정요인으로서 그리고 안보적 · 경제적 동기요인이 부차적 결정요인으로 작용했다. 이러한 결과는 이 책이 최초에 가설로 내세웠던 '탈냉전 이후 북한의 핵정책은 정치적 동기요인이 주된 결정요인이고 안보적 · 경제적 동기요인이 부차적 결정요인이며, 이러한 핵정책은 북한의 대내외적 안정성을 추구하는 핵심 정책수단이다'를 방증하고 있다.

　한편, 1994년 미국은 제네바 합의를 통해 북한의 핵무기 개발 문제를 일시적으로 통제범위에 있다고 판단하고, 북한의 미사일 개발 및 수출을 통제하기 위해 미사일 협상을 진행했다. 이는 중동평화와 동북아 안보의 위협요소로 등장한 북한의 미사일 생산 및 수출문제에 대한 통제문제를 논의하기 위한 목적으로 마련됐다.

　과거 북한이 미사일에 대한 본격적인 연구를 시작한 것은 1970년대부터였다. 이러한 연구 활동을 시작하게 된 것은 ① 한반도에서의 군사적 우위 유지 ② 핵 · 화학무기 운반수단 확보 ③ 수출을 통한 외화 확보를 목표로 개발했기 때문이다.[134]

　특히 1998년 8월 31일 대포동 1호 시험 발사는 미국을 포함한 주변

국가들에게 큰 충격을 가져다 주었으며, 이에 따라 북한의 미사일 능력에 대해 미국의 존 햄리(John J. Hamre) 국방부 부장관은 상원 군사위원회에 출석하여 "지난 8월 31일 북한이 발사한 대포동 1호 미사일의 기술 수준이나 사거리는 미 국방부와 정보당국을 놀라게 만들었다"면서 이 같이 말했다. "이번 3단계 미사일 발사와 북한과 이란 간의 긴밀한 협력관계에 비추어 볼 때 북한과 이란이 앞으로 매우 단시일 내에 초기단계의 대륙간탄도미사일(ICBM: Inter-Continental Ballistic Missile)을 보유할 가능성을 배제할 수 없다"고 지적했다.[135]

상기와 같은 행동은 북한이 미사일 시험 발사를 통한 위기조성으로 북미 미사일 협상에서 유리한 입장을 차지하기 위한 행동으로 보여지며, 결국 1999년 9월 12일 베를린에서 합의를 통해 미사일 발사 유예와 미국의 대북한 경제제재 해제를 맞바꾸는 결과를 만들었다.[136]

이러한 결과는 북한이 미사일 문제에 있어서도 미국과 협상을 통해 정치적 · 안보적 · 경제적 동기를 충족시키기 위한 학습을 했기 때문에 나타나지 않았을까 추측된다. 북한은 제1차 북핵위기 시 북미협상과 제2차 북핵위기가 발생하기 전 이뤄졌던 북미 미사일 협상을 통해 자신의 정치적 · 안보적 · 경제적 동기를 충족시키는 방법을 학습하는 계기로 삼아서 이를 극대화해 나가는 데 활용코자 했다.

134 『연합뉴스』, 1997. 8. 27.

135 『연합뉴스』, 1998. 10. 3.

136 『연합뉴스』, 1999. 9. 16.

제4장

제2차 북핵위기
핵정책 전개과정과 결정요인

제1절 제2차 북핵위기의 전개과정과 핵기술능력

1. 부시 행정부의 등장과 '자주권' 강화 : '악의 축' vs '자주권' 강화

　　제1차 북핵위기의 산물인 제네바 합의는 극적인 위기의 상황에서 위기가 통제 불가능한 상황으로까지 치닫는 것을 회피하기 위한 북미 양국 최고지도자들의 정치적 결단의 산물이라 할 수 있다. 다시 말해 제네바 합의는 법적 구속력보다는 그 당시의 위기를 무마하는 데 보다 많은 초점을 둔 정치적인 계산이 가미된 합의였을 뿐만 아니라 핵심 내용들이 정확하게 표현되지 않은 상태에서 합의됐다.

　　1994년 10월 21일 북한의 강석주 외교부 부부장과 미국의 로버트 갈루치 국무부 차관보는 제네바 합의문을 채택한 이후부터 미국과 북한 내에서는 중요한 정치적 변화가 발생했다. 미국에서 먼저 정치적 변화의 모습이 나타났다. 1994년 11월 8일 미국에서 치러진 의회 중간선거에서 민주당의 완패로 인한 '상·하 양원 공화당 우위'와 김일성 사후 대내외적 위기상황하에서 군(軍) 위상을 강화한 '선군정치'[1]의 등장이라 할 수

---

[1]　"선군정치방식은 군사선행의 원칙에서 혁명과 건설에서 나서는 모든 문제를 해결하고 군대를 혁명의 기둥으로 내세워 사회주의위업 전반을 밀고 나가는 정치방식이다. 그것은 본질에 있어서 혁명군대를 강화하고 군대의 역할을 높여서 민중의 자주적 지위를 보장하고 민중의 창조적 역할을 최대한으로 높이는 민중적 정치방식이다." 김화·고봉, 『21세기 태양 김정일장군』(평양: 평양출판사, 2000), pp. 225~226.

있다. 이러한 정치적 변화는 북미 양국 내부에서 제네바 합의에 불만을 품은 보수주의 세력의 입지를 강화시키는 계기가 됐으며, 이와 더불어 제네바 합의를 이행함에 있어 심각하게 제약하는 결과를 초래했다.

상기와 같은 변화의 환경과 함께 2000년 11월 7일에 실시된 미국 대통령 선거에서 공화당 부시(George W. Bush)의 승리는 제네바 합의의 이행을 포함한 북미관계와 한반도를 넘어 동북아 국제관계에 많은 변화를 가져왔다.

2000년 미 대선에서 북한은 관심의 대상이 아니었지만, 새로운 부시 행정부의 외교정책의 변화를 감지할 수 있는 징후들을 찾아볼 수 있었다. 이들은 클린턴의 대북정책을 실패(failure)라고 선언했고, 이는 대북정책들과 연관된 기본 원칙들과 일정한 거리를 둘 것이라는 점을 시사했다. 이러한 접근의 사례는 2000년 대선에서 주지사 부시의 외교정책 조언자였던 콘돌리자 라이스(Condoleezza Rice)의 논문에서 찾아볼 수 있다.[2]

한편, 부시 행정부 대외정책의 핵심 인사들은 북한에 대해 매우 부정적이었다. 특히 국가안전보장회의(NSC: National Security Council)의 비확산 담당 선임국장이었던 로버트 조지프(Robert Joseph)는 제네바 합의가 유화정책에 다름 아니라고 인식하고 있었으며, 이는 세계 최악의 정권이 권력을 유지하는 생명선인 반면 평양의 핵프로그램을 제거해주지는 못할 것이라고 인식하고 있음을 나타냈다.[3] 이러한 인식은 부시 행정부의 대외정책을 담당하는 소위 '네오콘'이라 불리우는 대부분의 인사들이 공유하고 있었다.

---

2   Charles L. Pritchard, *op. cit.*, p. 2; 콘돌리자 라이스의 북한에 대한 인식에 대해서는 Condoleezza Rice, "Campaign 2000: Promoting the National Interest," *Foreign Affairs,* Vol. 79, No. 1 (January/February 2000), pp. 60~61.

3   Mike Chinoy, *MELTDOWN* (New York: St. Martin's Press, 2009), p. 44.

이런 가운데 부시 대통령이 취임하고 그해 2001년 9월 11일 일어난 테러로 인하여 미국은 국가안보전략의 최고 우선순위를 반테러·반확산으로 설정했고,[4] 이후 2002년 1월 핵무기 사용에 대한 기조를 담고 있는 『핵태세 검토보고서(NPR: Nuclear Posture Review Report)』를 발표했다. 여기에는 미국이 핵무기를 사용할 수 있는 대상국으로 핵보유국인 러시아와 중국 이외에 비핵국가인 북한, 이라크, 이란, 리비아, 시리아 등을 포함한 7개 국가를 언급했다.[5]

급기야 2002년 미국은 연두교서에서 북한을 '악의 축'(axis of evil)으로 규정하며 선제공격 대상으로 언급하면서 부시 행정부의 대북정책 기조에 큰 변화가 발생하게 됐다. 기존에 추구했던 봉쇄정책(containment policy)에 방점을 두면서 관여(engagement)[6]를 적절히 배합한다는 '매파적 관여정

---

4 The White House, *The National Security Strategy of the United States of America* (September, 2002), pp. 1~2.

5 U. S. Department of Defense, *Nuclear Posture Review Report* (January, 2001).

6 관여란 외교, 군사, 경제, 문화 등 다양한 영역에서 대상국가와의 교류를 광범위하게 증진시킴으로써 대상국가의 정치적 행위에 영향을 미치려는 정책으로서, 관여의 대상국과 주체국간 상호의존을 증진시켜 다양한 영역에서 협력을 강화하고, 관계정상화까지 추구하는 정책이라 정리해 볼 수 있다. 관여의 대상국가는 주체국가와 교류를 강화함으로써 외교적, 물질적 이득을 얻는 한편, 주체국가는 대상국가의 국내적, 외교적 행위를 변화시키는 이득을 얻는 것을 목적으로 하는 것이다. 보다 구체적으로 관여가 전개되는 양상을 보면, 외교적 승인의 확장, 국교정상화, 국제기구의 대상국가 수용, 각 단위의 회담 개최와 같은 외교적 교류, 고위 군인사 교환, 무기거래, 군사원조 및 협조, 훈련프로그램 교환, 신뢰 및 안보구축절차, 정보공유 등과 같은 군사적 교류, 무역협정 및 무역증진, 원조 및 차관 형식의 경제교류 및 인도주의 원조와 같은 경제적 교류, 문화협정 및 여행, 관광, 스포츠, 예술, 학술교류와 같은 문화적 교류를 통해 관여가 이루어진다고 볼 수 있다. 이러한 각 분야에서의 활동은 대상국가의 행동을 직접적으로 제한하거나, 대상국가 내의 국내정치적 균형, 정세에 영향을 미침으로써 행동의 변화를 유도하거나, 대상국가의 일반 국민들에 영향을 미쳐 정권의 변화를 유도하는 등의 방법을 사용하여 보다 구체적으로 작동하게 된다. 전재성, "관여(engagement)정책의 국제정치이론적 기반과 한국의 대북 정책", 『국제정치논총』, 제43집 제1호 (2003), pp. 234~235.

책(hawkish engagement)'을 채택했다.[7] 북한은 이러한 미국의 대북정책에 대해 강력한 대응조치를 취했으며, 북미 간 상호작용으로 제2차 북핵위기로 이어지는 결과를 낳았다. 2002년 10월 16일, 미 국무부는 북한이 HEU를 이용한 핵무기 개발 계획을 시인했다고 공식적으로 발표했다.[8]

이에 대한 북한의 반응으로 2002년 10월 25일 외무성 담화를 통해 HEU 프로그램에 대해서는 NCND(Neither Confirm Nor Deny, 부인도 부정도 않는)의 입장을 보이면서도, "우리는 미국 대통령 특사에게 미국의 가중되는 핵압살위협에 대처하여 우리가 자주권과 생존권을 지키기 위해 핵무기는 물론 그보다 더한 것도 가지게 되어 있다는 것을 명백히 말해 주었다"면서 제네바 합의의 일부인 '비공개 양해각서'를 공개하면서 미국의 제네바 합의 위반 사실을 조목조목 지적했다.[9]

한편, 미국의 2002년 연두교서에서 '악의 축' 발언과 이어진 북한에 대한 압력 및 실제적인 제네바 합의의 파기를 가져온 중유제공 중단의

---

7 Victor D. Cha, "Hawk Engagement and Preventive Defense on the Korean Peninsula," *International Security*, Vol. 27, No. 1 (Summer 2002), pp. 40~78; 빅터 차는 관여정책을 해야 하는 이유를 예방적 방어라는 관점에서 제시하고 있다. 미국의 매파도 북한에 대해 관여정책을 펴야 한다고 생각한다. 그 이유는 관여정책만이 북한이 설령 승리가 불가능하더라도 적대 행위가 '이성적인' 행동방식이라고 계산할 수 있는 상황이 고착화되는 것을 피할 수 있게 하기 때문이다. 다시 말해 북한이 위협과 관련해서 진정한 위험은 객관적인 군사력 대비가 그 체제에게 불리할지라도 북한은 계속해서 전쟁 도발이나 다른 방식의 적대 행위를 합리적인 정책으로 선택할 수 있다는 것이다. 즉 북한은 언제든지 호전적으로 돌아설 수 있는 충분한 근거를 갖고 있다. 이런 의미에서 관여는 예방적 방어의 한 형태이다. 관여는 미국과 그 동맹국들이 잠재적으로 위험하거나 분쟁이 발생할 수 있는 상황의 도래를 예방하기 위해 취하는 행동이라는 것이다. Victor D. Cha and David C. Kang, *Nuclear North Korea: A Debate on Engagement Strategies* (New York: Columbia University Press, 2003), pp. 16~17.

8 U. S. Department Of State, *Daily Press Briefing* (October 17, 2002); David E. Sanger, "North Korea Says It Has A Program On Nuclear Arms," *New York Times* (October 17, 2002); 『연합뉴스』, 2002. 10. 17.

9 『조선중앙통신』, 2002. 10. 25.

일련의 사태는 북미 간 기나긴 위기의 터널로 이끌게 했다. 특히 2002년 11월 14일 한반도에너지개발기구(KEDO: Korea Peninsula Energy Development Organization)[10] 집행이사회는 11월 중유는 예정대로 공급하되, 12월 중유분부터는 중단키로 결정했다. 그러자 2002년 12월 12일 북한은 외무성 대변인 담화를 통해 핵시설을 동결하겠다는 자신의 행동을 정당화하는 논리로 미국의 북미 제네바 합의의 기본정신을 훼손하는 행동과 북한을 핵선제공격 대상으로 정하고 이에 따른 일련의 조치들을 사례로 제시하며 입장을 밝혔다.

> "조성된 상황에 대처하여 조선민주주의인민공화국 정부는 부득불 조미기본합의문에 따라 년간 50만t의 중유제공을 전제로 하여 취하였던 핵동결을 해제하고 전력생산에 필요한 핵시설들의 가동과 건설을 즉시 재개하기로 하였다. 우리가 핵시설들을 다시 동결하는 문제는 전적으로 미국에 달려 있다."[11]

---

[10] KEDO는 1994년의 제네바 합의에 의거하여 북한에 경수로를 지원하기 위한 목적으로 1995년 3월 창설된 국제기구 형태의 조직으로서, 뉴욕에 사무국을 두고 한미일 3국 정부로 구성된 이사회의 결정에 따라 경수로 건설과 관련된 사항들을 집행했다. 그 밖에 EU, 캐나다, 호주, 영국, 프랑스, 인도네시아, 폴란드, 체코, 아르헨티나, 칠레 등 10여 개국이 회원국으로 참여하여 수십만 내지 수백만 달러의 재정적 기여를 제공했다. KEDO는 1997년 함경남도 신포에서 2,000MW 용량의 경수로 공사를 시작했으나, 2002년 말 제네바 합의가 붕괴되자 이사회의 결정으로 공사가 잠정 중단되었고, 2006년에는 경수로사업이 완전 종결되었다. 공사가 종결될 때까지 34%의 공정이 완료되었고 총 15억 달러의 공사비(이 중 한국 정부 부담분은 10.5억 달러)가 투입되었다. 이용준, 『게임의 종말』(파주: 한울아카데미, 2010), p. 18; 경수로협상에 대한 자세한 내용은 Scott Snyder, *Negotiation on the Edge: North Korean Negotiation Behavior* (Washington D. C.: United States Institute of Peace, 1999).

[11] 조선민주주의인민공화국 외무성 대변인 담화, 『로동신문』, 2002. 12. 13.

이처럼 제2차 북핵위기 초반부터 북한은 미국의 말과 행동에 기민하게 반응하며 자신의 핵무기 개발 활동과 깊숙이 결부지으며 행동하기 시작했다.

2003년 초 위기가 고조되어 가자 중국은 북한과 미국을 설득하며 중재를 시작했고, 많은 시간 협의와 설득 그리고 외교적 기교를 통해서 북미중 3자회담을 이끌어 냈으며 이어서 6자회담을 통한 대화의 장을 마련했다.

그러나 북한과 미국 간 심각한 의견 차이가 나타났으며, 의견이 절충되지 않고 서로 평행선을 달리고 있었다. 미국은 선핵폐기를 주장하였으며 북한은 일괄타결 및 동시이행 방안을 주장했다. 이러한 북한과 미국의 주장은 제1·2차 6자회담까지 이어졌고, 2004년 6월에 개최된 제3차 6자회담에서 미국이 처음으로 북핵문제 해결을 위한 로드맵을 제시했다. 그러나 북한은 미국의 제안을 '리비아식 선 핵포기' 방식이라며 거부했다.

이런 가운데 11월에 미국에서 대선이 치러졌고 부시가 다시 한번 당선됐다. 대선에서 승리한 부시 행정부는 새로운 대외정책 방침을 밝혔는데, '자유의 확산(expansion of freedom)'을 공표했다.[12] 이에 더해 미국 관리의 '폭정의 전초기지(outpost of tyranny)' 발언으로 인해 북미관계는 다시 긴장국면으로 접어들게 됐다. 하지만 미국의 입장에서는 이라크전 상황이 장기전 양상을 보이고 있었으며, 설상가상으로 부정적인 여론이 형성되고 있었기에 미국의 북한에 대한 군사적 옵션의 실행 가능성은 시간이 지날수록 점점 희박해졌다.

12　이러한 대외정책을 결정하게 된 배경에 대해서는 조지 W. 부시, 안진환·구계원 공역, 『결정의 순간』(서울: YBM Si-sa, 2011), pp. 495~545 참조.

미국이 대북 강경정책을 실행할 수 있는 상황이 여의치 않음을 간파한 북한은 급기야 2005년 2월 외무성 성명을 통해 '핵무기 보유'를 공식적으로 선언했다. 북한이 핵무기 제조를 처음으로 공식 선언했다.[13]

한편, 부시 행정부는 대북정책에 대해 첨예하게 의견이 나눠졌지만 6자회담의 교착으로 인한 고조되는 위기감을 해소하는 것이 시급하다는 점을 자각했다. 이에 따른 6자회담 수석대표들의 회동을 통해 북한의 6자회담 복귀를 유도했다.

2005년 7월 우여곡절 끝에 제4차 6자회담이 개막됐다. 협상 결과는 2005년 9월 19일 중국이 주요 초안을 마련한 공동 성명의 발표로 결실을 맺게 됨에 따라 구체적인 이행계획에 대한 논의가 이루어지는 것이 당연한 귀결이었는데, 미국이 마카오 은행에 예치된 북한의 자금을 동결시키는 'BDA 금융제재'를 가했다. 여기서 북한은 금융제재 조치가 해제되지 않는 한 6자회담에 응하지 않겠다는 입장만을 고수하고 있었다.

이런 가운데 미국은 2002년에 이어 2006년 3월『국가안보전략(National Security Strategy)』보고서를 발표했다. 해당 보고서 안보전략의 9가지 의제 중에 가장 첫 번째가 인간 존엄성의 재고였다.[14] 이를 구현하기 위한 구체적 목표는 폭정의 종식(ending tyranny)과 민주주의의 증진(promoting effective democracies)이었다. 무엇보다도 미국은 해당 목표를 추구할 대상으로 북한을 지목했다. 또한 해당 보고서에서는 대량살상무기의 공격으로부터 미국과 동맹국들을 방어한다는 차원에서 선제공격을 할 수 있다고 나타내고 있었으며, 대량살상무기를 개발하는 위험한 국가로 북한을 지

---

13 Jonathan D. Pollack, *NO EXIT: North Korea, Nuclear Weapons and International Security* (New York: Routledge, 2011), pp. 144~145.

14 The White House, *The National Security Strategy of the United States of America* (March, 2006), pp. 3~7.

적하고 있었다.[15] 이러한 미국의 대외정책은 북한의 입장에서는 '자주권'을 강화해야 할 수단과 동기를 강화시키는 계기가 됐다.

한편, 북한은 'BDA 금융제재' 문제가 진전이 없다고 판단한 후 보다 강경한 조치를 취하겠다고 입장을 밝혔다.

> "우리는 미국이 빼앗아 간 돈은 꼭 계산할 것이다. 지난 50여 년의 역사가 증명하듯이 제재는 헛수고에 불과하며 우리의 강경대응 명분만 더해줄 뿐이므로 결코 우리에게 나쁘지는 않다. 미국이 우리를 계속 적대시하면서 압박 도수를 더욱더 높인다면 우리는 자기의 생존권과 자주권을 지키기 위하여 부득불 초강경 조치를 취할 수밖에 없게 될 것이다."[16]

상기와 같이 북한은 2006년 6월 외무성 대변인 담화를 통해 입장을 공표한 후에 '초강경 조치' 일환의 행동으로서 7월에는 미사일 발사를 실시했다. 이는 북한이 'BDA 금융제재' 문제를 '자주권' 문제와 결부지으며 핵정책에 결정에 영향을 미치고 있음을 엿볼 수 있는 대목이다.

여기에서 주목할 점은 중국과 러시아에 통보하지 않고 북한이 가장 광범위한 탄도미사일 시험 발사를 강행했다는 것이다. 이런 행동은 북한이 'BDA 금융제재'를 '자주권'이 침해당하고 있다고 인식하며 자주적인 핵정책을 추구하겠다는 메시지를 보내는 행동으로 보인다. 이러한 북한의 행동에 대한 대응 차원에서 미국이 주도하고 중국과 러시아가 초안

---

15   *ibid.,* pp. 18~19.

16   조선민주주의인민공화국 외무성 대변인 담화, 『로동신문』, 2006. 6. 2.

작성에 깊이 관여한 유엔 안보리 결의문 1695호[17]를 채택했다. 그러자 북한은 즉각적이고 격렬한 문장을 포함하고 있는 외무성 성명을 통해 입장을 밝혔다. "우리 민족의 자주권과 국가의 안전이 엄중히 침해당하는 극히 위험천만한 사태가 조성되었다. … 모든 수단과 방법을 다하여 자위적 전쟁억제력을 백방으로 강화해 나갈 것이다"[18]라고 주장했다. 상기와 같은 북한의 주장에도 불구하고 미국의 금융제재는 지속됐다. 북한에 대한 금융제재를 주도했던 스튜어트 레비(Stuart Levey) 미 재무차관은 "금융기관들이 자발적으로 연합하다시피 북한과의 사업을 중단함에 따라 북한이 재정적으로 고립됐다"며 "이들 은행은 북한 정부처럼 범죄에 연루된 고객의 은행이 되고 싶어하지 않는다"고 지적했다. 또한 레비 차관은 베트남, 싱가포르, 중국, 홍콩, 몽골 등의 국가들이 '폭넓고 매우 중요한' 협조적 태도를 보이고 있다고 말했다.[19]

이후 북한은 10월 3일 추가적인 실험이 임박했음을 나타내는 외무성 성명을 발표했다. "자기의 믿음직한 전쟁억제력이 없으면 인민이 억울하게 희생당하고 나라의 자주권이 여지 없이 농락당하게 된다는 것은 오늘 세계 도처에서 벌어지고 있는 약육강식의 유혈참극들이 보여주는 피의 교훈이다", "미국의 극단적인 핵전쟁 위협과 제재압력 책동은 우리로 하여금 상응한 방어적 대응조치로써 핵억제력 확보에 필수적인 공정상 요구인 핵시험을 진행하지 않을 수 없게 만들었다"[20]라고 선언했다.

17 United Nations, "Resolution 1695 (2006)," *Adopted by the Security Council at its 5490th meeting*, on 15 July 2006.

18 조선민주주의인민공화국 외무성 성명, 『로동신문』, 2006. 7. 17.

19 『뉴시스』, 2006. 8. 29.

20 조선민주주의인민공화국 외무성 성명, 『로동신문』, 2006. 10. 4.

이후 제1차 핵실험을 강행했다.[21]

그러자 미국을 중심으로 한 국제사회는 2006년 10월 15일 유엔 안보리 결의안 1718호를 채택했다. 북한의 핵실험 이후 위기가 고조되어 갈수록 관련국가들은 대화와 협상에 대한 필요성이 증가하게 되었고, 이에 대한 공감대가 형성되고 관련국가들의 전략적 대응과 북미 간의 회담을 통해서 6자회담이 재개됐다.

이런 노력은 2007년 2월에 제5차 6자회담 2단계 회의가 개최되는데 기여했으며, 협상 결과 '9 · 19 공동성명 이행을 위한 초기조치(2 · 13 합의)'를 도출할 수 있었다. 그리고 오랜만에 찾아온 협상의 모멘텀을 지속하기 위해서 2 · 13 합의를 실행하기 위한 제6차 6자회담 1단계 회의를 마련했다. 이와 더불어 북미 간의 극단의 대결국면으로 이끌었던 'BDA 금융제재' 문제도 순조롭게 해결됐다.

이어서 9월 제6자 6자회담 2단계 회의가 개최되었으며 이곳에서 논의된 협상 결과 '9 · 19 공동성명 이행을 위한 제2단계 조치(10 · 3 합의)'가 채택됐고, 이에 따라 북한은 5MWe 경수로, 재처리 시설, 연료봉 제조 시설 등을 포함한 영변에 존재하는 모든 핵시설을 미국의 직접 개입하에 불능화하기로 했다.

그러나 북한의 신고서 제출과 관련하여 논란이 계속되어 2008년 여름과 가을 동안 열린 회담은 계속해서 난관에 부딪혔다. 협의하며 타협점을 찾으려고 북미 간에 계속적인 만남은 있었지만, 2008년 12월의 6자회담은 북한이 검증 절차에 대한 구속력을 갖는 문서화 제의를 단호히 거부함으로써 합의에 도달하지 못했다.[22]

---

21 Jonathan D. Pollack, *op. cit.*, pp. 148~149.

22 *ibid.*, pp. 154~155.

2. 제2차 북핵위기 시 북한의 핵기술능력

북한의 HEU 문제로 촉발된 제2차 북핵위기는 새로운 위기국면을 조성해나가고 있었다. 특히 북한은 계속된 국제사회의 핵포기 유도 노력을 무색케 하며 핵능력을 증강했다. 예컨대 북한은 2003년 1월 10일에는 NPT 탈퇴를 선언했고 2월 5MWe 원자로에 새 연료를 장전하고 재가동에 들어갔고, 국제사회는 이러한 위기국면을 해소하기 위해 2003년 8월 6자회담이라는 다자틀을 마련하여 협상을 통한 평화적 문제 해결이라는 기조 속에서 구체적인 해결방안을 모색해 나갔다.

그러나 평화적인 해결을 위한 여러 노력에도 불구하고 북한의 핵능력에 대한 궁금증이 증폭되어가고 있었다. 이런 가운데 많은 각국의 정부기관을 비롯해 연구기관, 연구자에 이르기까지 기술적 기준을 적용하여 제2차 북핵위기를 해결하기 위한 대화의 장인 6자회담의 마지막이었던 제6차 회담까지인 2008년 말을 기준으로 북한의 핵능력에 대한 평가를 시도하고 있었다.

이러한 시도는 북한의 핵기술능력에 대한 객관적 자료를 제공하며, 평화적인 해결방안을 모색하는 데 단초의 역할을 할 것으로 기대해 볼 수 있다. 특히 플루토늄 및 핵무기 보유량에 대한 평가와 핵무기 제조기술 그리고 핵실험 등 날로 확대되어 가는 북한의 핵능력에 대한 면밀한 분석은 반드시 필요한 작업이라 할 수 있다.

북한의 플루토늄 보유량에 관한 국외 전문가 평가 중 주목할 만한 가치가 있는 평가는 올브라이트 박사와 헤커 박사의 평가를 꼽을 수가 있다. 두 사람은 각각 수차례에 걸쳐 북한을 직접 방문하여 시설을 관찰하고 관련자를 인터뷰하면서 많은 자료를 수집했고, 이에 기초하여 상당히 정확하고 체계적인 분석을 내놓았다.

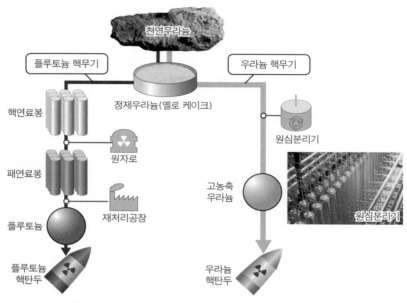

구분	우라늄	플루토늄
대규모 핵시설	필요 없음	원자로(재처리 시설 필수)
방사능 물질	검출 어려움	검출 용이
숨기기	광산 땅굴 등에 은폐 가능	어려움
국외 밀반출	쉬움	어려움
고폭실험	필요 없음	반드시 필요
핵무기 제조	쉬움	어려움
핵무기 1개 필요량	18~20kg	6~8kg
대표적 사례	히로시마 원폭	나가사키 원폭

〈그림 4-1〉 핵무기 제조 과정

출처: 『조선일보』, 2010. 11. 22.

2007년 2월 20일에 발간된 보고서에서 올브라이트 박사는 핵실험을 마친 북한이 핵무기 5~12개를 제조할 수 있는 분량인 총 28~50kg의 플루토늄을 보유하고 있을 것으로 추정했다. 반면에 2006년 핵실험 직후 방북을 했던 헤커 박사는 핵무기 약 6~8개를 제조할 수 있는 총 40~50kg의 분리된 플루토늄을 보유하고 있을 것으로 예측했다.

상기와 같은 플루토늄 보유량에 관한 두 학자의 판단에서 최대치는 일치하였고 최소치에 관해서는 약 12kg의 차이를 보였는데, 이것은 소위 '과거핵'이라 불리는 1990년 이전에 분리된 플루토늄에 관한 견해 차이에 기인한다. 한편, 헤커 박사는 1990년 이전 북한이 5MWe 원자로와 IRT-2000 원자로에서 약 8.4kg의 플루토늄을 분리하였을 것이라 평가했지만, 올브라이트 박사는 0~10kg이라는 다소 넓은 범위의 평가치를 통해 '과거핵'에 관한 불확실성을 반영했다.

전술한 바 있는 헤커 박사의 '과거핵' 부분에 대한 평가는 1994년 당시 미 정보기관들의 연구기구인 JAEIC(the Jonit Atomic Energy Intelligence Committee)의 평가결과를 재인용한 것으로 판단된다. 그럼에도 불구하고 두 사람은 모두 2003년과 2005년 북한이 두 번 재처리했다는 사실을 인정하였으며 재처리한 플루토늄량에 관해서도 각각 ~25kg(2003)과 ~15kg(2005) 정도의 상당히 유사한 평가를 내렸다.[23]

이와 함께 미국의 의회조사국(CRS: Congressional Research Service)의 닉시(Larry A. Niksch)연구원은 2007년 1월 3일 보고서에서 '과거핵'에 대한 평가에 있어 중앙정보국(CIA: Central Intelligence Agency)와 국방정보국(DIA: Defense Intelligence Agency)의 평가(16~24kg), 한국의 정보기관 평가(7~22kg)를 인용하면서 마지막으로 라포트(Leon LaPorte) 전(前) 주한미군 사령관의 "북한은 미북 제네바 합의 이전 이미 3~6개의 핵무기를 보유했다"라는 2006년 4월

---

23 David Albright and Paul Brannan, "The North Plutonium Stock," *Institute for Science and International Security (ISIS)*, (February 20, 2007), p. 7; Siegfried S. Hecker, "Dangerous Dealings: North Korea's Nuclear Capabilities and the Threat of Export to Iran," *Arms Control Today*, Vol. 37, No. 2 (2007), pp. 6~12.

인터뷰 내용을 소개했다. 이러한 내용은 '과거핵'에 대한 평가에 있어서 우리가 예상하는 이상으로 북한이 더 많은 양을 가지고 있을 수 있다는 가능성에 대한 우려의 표시가 아닐까 생각된다.[24]

또한 2006년 제1차 핵실험 이후 한국의 국회 정보위에서 김승규 국정원장은 "북한이 IAEA 사찰 이전 확보한 플루토늄 10~12kg을 포함한 총 30~40kg의 플루토늄을 확보한 것으로 추정하고 있다"고 보고했다고 복수의 정보위원들이 전했다.[25]

그리고 국방부도 2006년 발간된 『국방백서』를 통해 1994년 북미 제네바 합의 이전에 10~14kg으로 핵무기 1~2개를 제조했으며 2003년과 2005년에 폐연료봉 재처리를 완료했다면 30여kg의 추가적인 플루토늄을 확보할 수 있을 것으로 추정했다.[26]

이처럼 북한의 핵기술능력에 대한 다양한 평가가 이루어지고 있는 가운데, 북한의 핵무기 제조기술에 대해서 헤커 박사는 기존에 보여준 기술적 능력을 토대로 2004년 방북 이후 북한이 적어도 두서너 개의 간단한 초기형 핵폭발장치를 생산했을 것으로 추정한다고 밝혔다. 아울러 그러한 핵폭발장치가 미사일에 탑재 가능할지에 대해서는 정보 부재를 이유로 판단을 유보했다. 한편, 올브라이트 박사는 "우리는 북한이 핵탄두를 노동미사일에 장착할 수 있다고 평가하고 있다", "북한이 시도해온 것은 노동미사일에 탑재할 수 있도록 폭탄의 직경을 줄이는 것", "그들은 조잡한 핵무기를 갖고 그것을 할 수 있을 것"이라고 말했다.[27]

---

24 Larry A. Niksch, "North Korea's Nuclear Weapons Development and Diplomacy," *CRS Report* (January 3, 2007), pp. 19~20.

25 『한국일보』, 2006. 10. 9.

26 국방부, 『2006년 국방백서』(서울: 국방부, 2006), p. 24.

27 『연합뉴스』, 2006. 11. 3.

팻 맨

나가사키 핵폭발 　　　　　　　　　리틀 보이

투하 지역	히로시마(1945. 8. 6.)	나가사키(1945. 8. 9.)
무게	약 4t	약 4.6t
길이/지름	3.1m/0.7m	약 3.2m/1.5m
위력	약 20kt	약 21kt
사용 원료	농축우라늄235	플루토늄239

1kt(킬로톤) = TNT 1000t 폭발력

〈그림 4-2〉 과거 일본투하 핵폭탄

출처: 국방부, 『대량살상무기에 대한 이해』(서울: 국방부, 2007), p. 68; 『연합뉴스』, 2013. 2. 12.

이와 함께 닉시 연구원은 북한이 1～2개의 나가사키형 핵폭탄을 가지고 있을 것이며 2003년 획득한 플루토늄은 미사일에 탑재할 핵탄두를 제조하기 위해 그대로 보관하고 있을 것이라는 전문가 예측을 통해 북한의 핵무기 제조수준이 아직 미사일에 탑재 가능한 핵탄두의 제조에는 이르지 않은 것으로 추정한다고 언급했다.

더불어 2006년 11월 미 정보당국도 북한이 핵무기를 탑재한 노동미사일 발사준비를 하고 있다는 것은 물론 노동미사일에 장착할 수 있도록 맞춘 핵탄두를 갖고 있다는 어떤 물증도 없다고 밝혔다.[28] 이와 관

28　『연합뉴스』, 2006. 11. 3.

련하여 한국의 윤광웅 국방장관은 2006년 10월 국회 국방위 국정감사에서 "아직은 유도탄에 실을 정도가 아니라는 게 대체적인 판단"[29]이라고 말했다.

이처럼 북한의 핵무기 제조수준에 대해서는 국내외 전문기관들은 각각 상이한 평가들을 내놓고 있었으며, 이는 북한의 핵무기 제조기술에 대한 정확한 정보가 부족하다는 것을 방증하고 있다.

이와 함께 북한이 자체적으로 핵실험장을 건설하고 핵실험을 준비 및 수행하는 능력에 대해서는 국내외 전문기관 간 평가는 대체로 일치하는 편이라고 할 수 있다. 북한의 제1차 핵실험 시 리히터 규모 4.0 정도의 인공지진파 형성과 미 정보당국과 국제기구에 의해 비활성 기체의 탐지 등으로 주변국들은 모두 북한의 지하 핵실험 사실에 대해 인정하고 있었다. 물론, 핵실험의 성공여부는 보는 시각에 따라 판단에 차이가 발생할 수 있다.

이런 가운데 북한의 제1차 핵실험 이후 미 핵정보국은 성명을 내고 "2006년 10월 11일 채집한 대기 표본 분석 결과 북한이 2006년 10월 9일 풍계리 부근에서 지하 핵폭발을 실시한 것을 보여주는 방사능 물질이 검출됐다. 폭발 출력은 1킬로톤 이하이다"라고 밝혔다. 그리고 세계 여러 기관에서 조사한 지진파 보고서들은 리히터 규모 3.5~4.2의 분포를 보였다고 발표했으며, 이러한 측정치는 실험장소의 정확한 지질학적 특성을 모르기 때문에 폭발 강도의 근거로 삼기에는 불확실하다고 덧붙였다. 대략적인 출력 강도 추정치는 0.2~1.0 킬로톤의 분포를 보이고 있다고 할 수 있으며, 이에 더해 언론들은 이 실험이 플루토늄 폭탄으로 이

---

29 『연합뉴스』, 2006. 10. 13.

뤄진 증거가 있는 것으로 보도했다.[30]

한편, 제2차 북핵위기의 시발점이 되었던 고농축 우라늄은 플루토늄과 함께 핵무기의 주요한 원료물질로서 미국을 위시한 대부분의 관련 국가들은 북한이 플루토늄 프로그램과 함께 우라늄 농축 프로그램이 존재한다고 인식하고 있었다.

북한이 추구하는 우라늄 농축은 기체 원심분리법을 통한 농축방법을 이용하고 있다고 추측해 볼 수 있다. 해당 방법은 고속으로 회전하는 원심분리기의 원심력을 이용하여 원료물질인 기체 UF6 안에 함유된 U-235 함량을 90% 이상으로 증가시키는 방법이다. 이렇게 획득한 고농축 우라늄은 추가적인 변환공정을 거쳐 핵무기에 사용 가능한 형태로 제작된다. 농축공정을 거친 고농축 우라늄은 플루토늄보다 가공 및 취급이 수월하여 핵무기 제조가 보다 용이하며 신뢰성이 우수하여 핵실험 없이도 핵무기로 사용할 수 있다는 장점이 있다. 따라서 고농축 우라늄 프로그램의 가동이 가능해진다면 위협 강도는 더욱 확대될 것이다. 미국을 포함한 많은 나라에서 북한의 HEU와 관련하여 의혹의 눈길을 보내고 있지만 북한은 이에 대해 부인하고 있었다. 2007년 3월 5일 북미 뉴욕회동과 힐 차관보의 방북 기간에 'HEU 의혹'에 대한 협조의사를 밝혔으나 여전히 프로그램에 대해 부인하고 있었다.

이처럼 북한의 HEU와 관련된 다양한 의견들이 쏟아지고 있는 가운데 숀 매코맥(Sean Mccormack) 국무부 차관보도 힐 차관보 방북 성과에 대한 기자회견에서 "미국 CIA는 북한에서 HEU 프로그램이 진행 중이라는 중간 정도의 확신을 하고 있으나 얼마나 진전됐는지는 모른다. 그러나 그들이 원심분리기와 그 기술을 칸 네트워크로부터 구입했다는 것

---

30 『프레시안』, 2006. 11. 21.

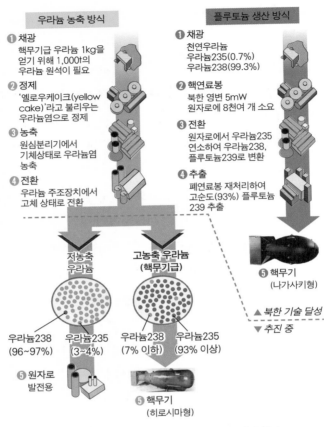

우라늄 농축 방식

❶ 채광
핵무기급 우라늄 1kg을
얻기 위해 1,000t의
우라늄 원석이 필요

❷ 정제
'옐로우케이크(yellow
cake)'라고 불리우는
우라늄염으로 정제

❸ 농축
원심분리기에서
기체상태로 우라늄염
농축

❹ 전환
우라늄 주조장치에서
고체 상태로 전환

플루토늄 생산 방식

❶ 채광
천연우라늄
우라늄235(0.7%)
우라늄238(99.3%)

❷ 핵연료봉
북한 영변 5mW
원자로에 8천여 개 소요

❸ 전환
원자로에서 우라늄235
연소하여 우라늄238,
플루토늄239로 변환

❹ 추출
폐연료봉 재처리하여
고순도(93%) 플루토늄
239 추출

저농축
우라늄

고농축 우라늄
(핵무기급)

우라늄238
(96~97%)

우라늄235
(3~4%)

우라늄238
(7% 이하)

우라늄235
(93% 이상)

❺ 원자로
발전용

❺ 핵무기
(히로시마형)

❺ 핵무기
(나가사키형)

▲ 북한 기술 달성
▼ 추진 중

〈그림 4-3〉 우라늄과 플루토늄 핵무기 제작 과정 차이
출처: 『연합뉴스』, 2013. 2. 12.

은 확신한다"[31]고 말했다. 그리고 김만복 전(前) 국정원장은 2007년 국회
정보위에서 "북한에 고농축 우라늄 프로그램이 있는 것으로 안다"고 답
변했다.[32] 이처럼 북한의 우라늄 프로그램에 대한 존재 여부를 포함한 기

31 『연합뉴스』, 2007. 6. 26.

32 『매일신문』, 2007. 2. 21.

술적 진행 정도에 대한 평가는 다양했다. 하지만 공통적으로 북한이 상당한 양의 농축장비와 물질들에 대해 과거부터 지속적으로 관여하고 있었다는 것은 사실이었다. 이는 최소치로 가정할 때 농축기술에 대한 충분한 연구능력을 갖추고 있다고 판단해 볼 수 있다.

마지막으로 북한의 핵무기 운반수단으로서 미사일 개발 수준은 매우 위협적이며, 이미 미사일과 관련해서 다른 국가들과 깊게 연관되어 있었다. 특히 북한은 미사일 개발 통제와 관련된 국제레짐인 미사일기술통제체제(MTCR: Missile Technology Control Regime)의 회원국이 아니었으며, 장거리 로켓 발사는 인공위성을 발사하기 위해 사용된다는 주장만을 고수하고 있었지만, 이런 주장만을 할 수 없게 됐다. 왜냐하면 제1차 핵실험 이후 채택된 안보리 결의안 1718호에 따라 북한의 미사일과 관련된 어떤 종류의 행위도 결의안을 위반하는 행위이기 때문이다.

한편, 2006년 주한미군사령관 벨은 미국 본토에 도달할 수 있는 대포동 장거리 미사일 개발을 위한 기술력을 보유한 것으로 추정되며, 개발 단계인 대포동 2호 미사일은 알래스카까지 도달할 수 있고 대포동 3호 미사일은 미국 본토 전역에 도달할 수 있다고 밝혔다.[33]

이런 가운데 북한은 북미 미사일 발사유보를 합의한 지 6년 9개월 만인 2006년 7월 무수단리 미사일 시험장에서 대포동 2호 발사체의 첫 시험 발사를 실시했다. 그러나 발사 43초 만에 추진체가 공중폭발하면서 8조각으로 분리돼 동해상에 추락함으로써 시험 발사는 실패로 끝났다. 대포동 2호 탄도미사일은 제1단의 추진체 엔진을 여러 개로 묶어서 집속형(cluster) 형태로 사용하는 특성을 지니고 있다. 이와 함께 북한은 지속적인 기술향상을 위해 여러 차례의 시험발사를 진행하면서 발사체 추

---

33 『업코리아』, 2006. 3. 10.

력의 증강 등, 개량을 거듭하여 대포동 2호의 버전으로 대륙간탄도미사일 수준으로 개발하려고 시도하고 있었다.[34]

더불어 2007년 들어서는 5월과 6월에 걸쳐 모두 세 차례 미사일을 시험 발사했다. 특히 6월 27일 발사의 경우 북한이 새로 개발한 KN-02 미사일을 시험해 성공을 거둔 것으로 분석됐다. 이에 대해 버웰 벨 주한 미군사령관은 "한국군과 한국민을 공격하기 위해 개발된 것", "북한 미사일은 고체 미사일로, 신속한 이동과 발사가 가능한 현대화된 무기"라고 밝혔다.[35] 해당 미사일은 사거리 120km에 탑재중량이 500kg 내외여서 고폭탄 및 화학탄의 탑재가 가능하다고 분석됐다. 무엇보다도 다른 미사일과 달리, 고체 연료를 사용하는 KN-02는 연료 주입에 오랜 시간이 걸리지 않고 이동발사가 가능했다. 이러한 기술적인 특징 때문에 KN-02는 한미 양국군의 정찰·감시 전력으로도 사전에 발사 징후를 파악하기가 쉽지 않다는 문제가 있었다.[36] 결론적으로 제2차 북핵위기 시 북한의 핵기술능력은 최소 1개에서 최대 12개의 핵무기를 보유하고 있다는 것이 중론이라 할 수 있다. 이처럼 북한은 상당한 수준의 핵기술능력을 바탕으로 핵무기 개발 활동을 지속하고 있었다.

---

34 장준익, 『북한 핵위협 대비책』 (고양: 서문당, 2015), pp. 265~268.
35 『문화일보』, 2007. 7. 3.
36 『연합뉴스』, 2007. 10. 17.

제2절 제2차 북핵위기 핵정책 결정요인

1. 정치적 동기 차원 : '자주권' 강화

1994년 7월 김일성 사후 100일이 되는 그 시점, 김정일은 정상적인 국가체제로 돌아가기보다는 오히려 체제유지를 위해 군사를 앞세우는 비상체제를 유지하기로 결심했다고 『김정일 장군의 선군정치』[37]에서 설명하고 있다. 이 당시 북한의 우려를 심화시킨 것은 아마도 미국 중간 선거에서 소위 공화당 혁명이 일어나고 하원이 공화당 다수 의회로 전환되는 모습이었다. 미국의 깅리치(Newton Leroy Gingrich)를 필두로 하는 공화당 주자들은 하나같이 대북 강경론자들이었고, 북한은 의회 통제력을 상실한 미 클린턴 행정부에 대해 우려를 하고 있었다.

이 때문에 김정일은 김일성의 사망으로 공석이 된 주석 자리에 선출되는 요란한 정치행사보다는 기존 체제하의 국방위원장이라는 지위로 비상 시스템을 이끌어가는 방식을 택했던 것으로 보였다. 북한은 제네바 합의가 타결되었음에도 불구하고, 향후 닥쳐올 것으로 예상되는 정치적 봉쇄정책에 대해 가장 효율적으로 대응하기 위해서는 선군정치를 앞세우고 나가는 것이 유리하다고 판단했을 것이다.

이처럼 선군정치는 이러한 배경하에서 피포위 위기를 극복하기 위

---

37 김철우, 『김정일 장군의 선군정치』(평양: 평양출판사, 2000), pp. 92~93.

한 수단으로 등장하게 됐다. 한편, 북한이 제네바 합의를 이행하지 않을 것이라는 국제사회의 불신만큼이나 북한 역시 미국이 제네바 합의를 이행하기는커녕 자신들을 상대로 한 봉쇄를 강화할 것이라고 예측했으며, 바로 그만큼 북한은 자신들의 체제유지를 위한 수단으로서의 선군정치를 기반으로 한 핵정책에 있어 후퇴할 의사가 없었던 것으로 보였다.[38]

미국에서는 부시 행정부가 등장함과 함께 근본적으로 과거 민주당의 대북관과는 상반된 입장을 이미 여러 차례 공표하였는바 보다 강경한 대북정책을 예고하고 있었다. 특히 2001년 9월 11일 자행된 테러는 미국으로 하여금 대량살상무기의 위험을 깊이 인식하는 계기가 됐다.

이런 가운데 2002년 1월 29일 부시 대통령은 북한을 포함한 이라크, 이란과 함께 '악의 축'으로 규정하는 연두교서 발표를 기점으로 북미 간에는 극한의 대립 속으로 첫발을 내딛기 시작했다.

미국의 연두교서에 대한 반응으로 북한은 외무성 대변인 성명을 통해 입장을 표명했는데, "지난 1월 30일 미국대통령 부쉬는 국회에서 한 《년두교서》라는 데서 저들의 마음에 들지 않는 나라들을 테로와 억지로 련관시켜 힘으로 압살하려는 위험천만한 기도를 로골적으로 드러내놓았다. 부쉬는 우리나라가 대량살륙무기를 개발, 보유하고 있다고 함부로 걸고 들면서 우리나라를 포함한 일부 나라들에 대해《미국과 세계의 평화를 위협하는 나라》,《악의 축을 이루고 있는 나라》등 갖은 악담을 다 쏟아 놓았다. … 더욱이 엄중한 것은 부쉬가 이번에 우리를 군사적으로 덮쳐 보려는 무모한 기도를 드러내놓은 것이다. 근래의 조미관계력사에 미국대통령이 직접정책연설을 통하여 자주적인 주권국가인 우리나라에

---

38   이정철, "북한의 핵 억지와 강제", 『민주사회와 정책연구』, 제13호 (2008), pp. 129~130.

이처럼 로골적인 침략위협을 가한 적은 없다"[39]라고 주장했다.

이런 상황인식은 북한 스스로 자주권을 강화함은 물론 대내외에 체제의 건재함을 증명해야 하는 부담감을 갖게 하는 결정적인 계기가 됐다. 특히 북한은 HEU 문제로 야기된 제2차 북핵위기로 인해 다시 한번 많은 어려움과 시련을 부과받게 됐다. 왜냐하면 세계 최대강대국인 미국을 상대로 자주권을 강화하고 증명해야 하는 상황에 직면했기 때문이다.

이런 이유로 인해 북한은 미국의 일련의 말과 행동에 있어 민첩하게 대응하며 스스로의 자주권을 강화할 수 있는 정책수단으로 핵정책을 사용했다. 주지하다시피, 2002년 중유공급 중단으로 이어진 핵시설 동결해제 그리고 2003년 NPT 탈퇴로 북한의 핵무기 개발 문제는 한반도에서 핵심 문제로 다루어지게 되었으며, 북한은 주변국들의 평화적인 해결의 공감대를 이해하고 6자회담이라는 대화의 장을 통해 문제를 해결해야겠다는 입장을 취하는 모습을 보였다.

특히 2003년 제1차 6자회담이 이후 줄곧 미국의 선 핵포기 주장에 맞서 스스로의 자주권을 주장하며, 이에 따른 자신의 핵정책에 대한 입장을 언급하고 미국과의 힘겨루기에 대응하며 협상의 우위를 차지하기 위한 일련의 활동을 했다.

북한은 10월 18일 외무성 대변인 담화 형식을 통해 미국이 북한에 대한 자주권을 존중하고 있지 않음을 지적했다.

"부쉬 행정부는 우리와 상대해 보기도 전부터 우리에 대한 체질적인 거부감을 노골적으로 드러내 보이면서 우리를 악의 축, 핵선제 공격대상으로 규정함으로써 긍정적인 발전 추이를 보이던 조 · 미 관

---

39 조선민주주의인민공화국 외무성 대변인 성명, 『로동신문』, 2002. 2. 1.

계를 파국 상태에 몰아넣었고 나중에는 조·미 기본합의문의 주요
사항들을 완전히 파기해 버렸다. 《악의 축》, 핵선제공격대상 지명과
공공연한 《정권교체》론은 자주적인 주권국가에 대한 모독이고 난폭
한 내정간섭으로 될 뿐 아니라 상대방의 자주권을 존중하고 호상 신
뢰를 쌓으며 관계를 개선해 나가기로 한 조·미 기본합의문을 전면
위반하고 완전히 무용화시킨 일방적인 적대행위로 된다."[40]

이처럼 북한은 '자주권'을 존중하고 상호 신뢰 관계를 쌓아가는 것
이 6자회담을 통해 문제를 해결하는데 중요한 문제로 강하게 인식하고
있었으며, 무엇보다도 '자주권'을 훼손하는 말과 행동에 대해서는 즉각
적으로 대응하며 위기를 조성하고 극한의 대결국면으로 나아가는 모습
을 자주 나타냈다.

한편, 제2차 북핵위기 초반 북미 간 극한 대립으로 나아가자 중국의
역할에 대해 큰 관심을 갖게 됐다. 그 당시 부시 행정부는 북미 양자회담
에 대해서는 일체 허용할 수 없다는 입장을 취하고 있었다. 미국은 다자
회담을 통해 북한 핵문제에 접근하려고 했으며, 그 중재자로서 중국이
고려되고 있었다. 사실 미국 관리들은 중국이 외교적 조치를 취하도록
하기 위해 두려움을 부추기고 있었으며, 이를 위한 행동으로서 부시 행
정부는 북한에게 "모든 옵션을 테이블 위에 올려놓았다"라고 메시지를
전달했다.[41] 또한 부시 행정부 내 강경파들은 군사적 행동을 포함한 긴장
을 조성하고 있었다. 이런 전개양상은 중국에도 경보를 울리게 했다. 마
침내, 중국은 문득 부시의 선제공격 원칙이 현실이 되고 있음을 깨닫게

---

40   조선민주주의인민공화국 외무성 대변인 담화, 『조선중앙통신』, 2003. 10. 18.

41   Mike Chinoy, *op. cit.*, pp. 163~166.

됐다.

결국 중국은 중재자로서 북미 양측에 자제를 촉구하는 입장을 취하며 제2차 북핵위기에 중요한 행위자로 등장하였으며, 이후 3자회담과 6자회담에서 핵심적인 역할을 담당했다. 물론, 중국이 북한의 핵문제 해결에 있어 중요한 영향력을 가지고 있을 뿐만 아니라 사용하고 있었다. 하지만 북한의 제1차 핵실험 이후 제기된 중국의 북한에 대한 영향력의 한계점은 분명히 존재하고 있었다. 그럼에도 불구하고 현실적으로 중국의 협조 없이는 북핵문제의 근본적 해결이 불가능하다고 할 수 있다.

종합해보면, 중국은 북핵문제의 해결을 위한 강제적 방식보다는 북한의 체제가 유지된 가운데 점진적인 개선을 통한 장기적인 해결방안을 구상하고 있었다.[42] 특히 제2차 북핵위기 초반 미국 편에 서서 적극적인 중재자 역할을 수행하며, 북핵문제를 해결하려는 강한 의지를 보여줬다. 그러나 중국의 경제성장과 미국과의 관계설정 과정 속에서 북핵문제를 전략적으로 접근하며 점차 북한의 입장을 더욱 고려하는 방향으로 북핵문제를 다루고 있음을 보여주는 사례가 발생했다.[43]

북한은 이러한 중국의 구상을 백분 활용하고 있었는데, 자국의 자주권을 강화하는데 있어 중국을 적극 활용했다. 즉 북한은 핵억지력을 강화하는 일환의 미사일 발사나 핵실험을 통해 위기를 조성하며, 자국

---

[42] 중국은 북한의 제2차 핵실험 이후 대북정책 관련 내부회의를 통해 포용정책의 기조를 유지하자는 주장에 힘을 실어준 것으로 전해지고 있다. 즉 북한의 행동이 중국에게 '전략적 부담'으로 작용하고 있는 것이 사실이지만 여전히 '전략적 자산'의 가치가 더욱 크며 이를 인정하고 받아들이는 현실적 기반 위에서 북핵문제 해결에 접근해 가기로 결정한 것이다. 보다 세부적인 내용은 박병광, "후진타오시기 중국의 대북정책 기조와 북핵인식: 1·2차 핵실험 이전과 이후의 변화를 중심으로", 『통일정책연구』, 제19권 제1호, (2010), pp. 71~74 참조.

[43] 전병곤, "중국의 북핵 해결 전략과 대북 영향력 평가", 『국방연구』, 제54권 제1호 (2011), pp. 40~45.

의 '자주권'을 강화하는 수단의 활용가치를 극대화시키고 있었다.

한편, 미국은 북핵문제를 풀어감에 있어 북한이 주장하는 '자주권' 존중에 대해서 깊이 있게 생각하지 않는 모습을 자주 보였다. 그것은 협상을 통한 평화적인 해결이라는 목표하에 북한의 핵문제를 다루어야 함에도 불구하고, 미국은 제1차 회담 이후 줄곧 북한에 대해 선 핵포기를 주장했다. 그러자 북한은 반발하며 회담에 참여할 수 없다는 말을 하는 등 미국이 주장하고 강조하는 평화적인 문제 해결에 도움이 되지 않는 넌센스한 결과를 유도하고 있었다.

이와 함께 2004년 10월 8일 북한은 외무성 대변인 담화 형식으로 다시 한번 '자주권'을 존중하는 것이 중요하다는 바를 미국의 과거 행적을 빗대어 언급하며 강한 어조로 주장하는 내용을 발표했다.

> "1993년 6월 뉴욕 조·미 공동성명, 1994년 10월 제네바 조·미 기본합의문, 그리고 2000년 10월 워싱턴 조·미 공동코뮤니케 등 조·미 사이에 이룩된 합의들에 관통되어 있는 기본 정신은 쌍방이 자주권을 호상 존중 … 그러나 부쉬 행정부는 집권한 첫날부터 선행 정권시기의 조·미 합의를 전면 부정하고 오늘에 이르는 기간 4년간 우리나라를 악의 축, 핵선제 공격대상으로 규정하였으며 우리의 자주권 존중이 아니라 체제전복으로 적대적 의도의 포기가 아니라 정치, 경제, 군사적 제재와 봉쇄의 가일층의 강화로, 경수로 제공이 아니라 의도적인 건설 지연과 궁극적인 합의문 파기로 조·미 관계를 파국상태에 몰아 넣었다."[44]

---

44 조선민주주의인민공화국 외무성 대변인 담화, 『조선중앙통신』, 2004. 10. 8.

이와 같이 북한은 미국의 지속적인 선 핵포기 주장에 대해 그것은 적대정책이기에 먼저 법적 구속력이 갖춰진 불가침조약 체결을 주장함과 함께 '자주권'에 대해서는 상호존중의 자세를 유지하는 것을 요구하고 있었다.

미국은 2001년 부시 행정부가 출범 이후 북한을 지칭했던 '악의 축', '폭정의 전초기지' 등이 북한으로 하여금 '자주권'과 관련된 것으로 인식하게 함으로써 불필요한 대결국면을 조성케 했을 뿐만 아니라, 회담이 지체되는 현상을 발생케 했다. 특히 2005년 국무장관으로 지명된 라이스의 '폭정의 전초기지' 발언은 6자회담을 지속 유지하는 데 필요한 모멘텀을 상실케 했다. 물론, 이러한 북미 간의 대립은 어느 일방에 의한 것은 아니었다. 분명 이런 결과를 초래한 데 북한에게도 많은 책임이 있다는 것은 재론의 여지가 없다고 할 수 있다.

이런 와중에 급기야 북한이 2005년 2월 10일 외무성 대변인 성명을 통해 핵무기 보유를 선언했으며, "우리 인민이 선택한 존엄 높은 우리 제도에 대해 모독하고 무서운 내정간섭 행위를 감행하였다. 미국이 핵문제 해결의 근본 장애인 적대시 정책을 철회하라는 우리의 요구를 외면하고 우리를 적대시하다 못해 폭압정권이라고 하면서 전면 부정해 나선 조건에서 미국과 회담할 명분조차 사라졌으므로 우리는 더는 6자회담에 참가할 수 없게 되었다"[45]고 밝혔다.

이에 따라 다시 6자회담은 표류하게 되었고, 세 차례에 걸쳐 이룩했던 관계국 간에 여러 합의들을 무색케 만들었다. 위기가 조성되면서 중국을 중심으로 한 관계국간의 회담의 필요성이 제기되면서, 북미 간의 뉴욕채널을 통해 상호 주권국가임을 인정하는 선에서 해결됐다. 뿐만

---

45 조선민주주의인민공화국 외무성 성명,『조선중앙통신』, 2005. 2. 10.

제4장 제2차 북핵위기: 핵정책 전개과정과 결정요인   **183**

아니라 제4차 6자회담이 시작할 수 있게 되었고 9·19 공동성명을 도출하는 데 성공했다. 하지만 이어서 터져나온 'BDA 금융제재' 문제로 인해 어떤 결과를 불러올지 예상하지 못한 가운데 또 다른 위기 속으로 다가가고 있었다.

북한은 2006년 1월 9일 외무성 대변인 대답 형식을 통해 해당 문제를 어떻게 인식하고 있는지에 대해 여실히 보여주고 있었다.

"6자회담에 대하여 말한다면 조선반도의 비핵화 실현을 목적으로 한 것으로서 여기서 기본은 조선반도 비핵화를 위해 우리와 미국이 공약리행을 위해 움직이는 것이다. 조선반도 핵문제는 우리가 선택한 사상과 제도를 부정하고 저들의 것을 내려먹이려는 미국의 대조선적대시정책 때문에 발생한 문제로서 그 해결의 관건은 미국이 우리에 대한 적대시 정책을 그만두고 공존하는데로 나오는 것이다. 바로 그렇기 때문에 6자회담과 공동성명에도 조선반도의 비핵화를 목표로 하여 조미가 서로 존중하고 평화공존할 데 대한 원칙이 명백히 밝혀져있다. 그러나 미국이 실시하고 있는 반공화국금융제재는 피줄을 막아 우리를 질식시키려는 제도말살행위로서 공동성명에 밝혀진 호상존중과 평화공존원칙을 완전히 부정하는 것이다. 더욱이 문제로 되는 것은 6자회담을 한창 하는 도중에 금융제재가 발동되었다는 것이다. … 금융제재가 협상의 대상이 아니라 위법행위를 한 당사자가 스스로 그만두면 되는 일이라는 것도 완전한 강도적 주장이다. … 미국이 진정으로 조선반도의 비핵화에 관심이 있고 6자회담의 진전을 바란다면 그를 가로막는 금융제재를 풀고 6자회담에 나와야 할 것이다."[46]

이처럼 미국의 금융제재 문제는 북한의 강력한 반발과 함께 국가 간의 상호존중 개념에 입각한 '자주권' 문제로 인식하며 강력한 대응을 불사하겠다는 입장 표명을 유도케 했다. 또한 북한은 3월 23일 외무성 대변인 담화를 통해 아래와 같이 주장했다.

"미국이 금융제재로 6자회담 재개에 빗장을 지르고 대규모전쟁 연습까지 벌려놓는 것은 말로는 핵문제의《평화적 해결》과《6자회담 재개》에 대해 운운하지만 실지로는 호상존중과 평화적 공존을 공약한 6자회담 공동성명을 완전히 뒤집어엎으려는 속심을 추구하고 있다는 것을 그대로 드러내고 있다. … 미국은 우리에 대한 제재를 강화하고 긴장상태를 지속시키면서 시간을 끌면 모종의 립장변화를 유도할 수 있을 것이라고 오산하고 있지만 시간은 결코 부쉬 호전집단에만 유리한 것이 아니다. 우리는 미국의 대조선압살기도가 명백한 조건에서 그에 보다 강력한 자위적 행동조치로 대응하게 될 것이다."[47]

이런 일련의 전개과정과 2006년 3월에 발표된 미국의 『국가안보전략(National Security Strategy)』보고서에서 북한 관련으로 언급한 내용은 북미 간을 다시 대립 속으로 이끌었다.

특히 미국이 발표한 국가안보전략 보고서에서 북한과 관련된 언급한 내용에 대해 북한은 3월 21일 외무성 대변인 대답 형식으로 입장을 표명했다.

---

[46] 조선민주주의인민공화국 외무성 대변인 대답, 『조선중앙통신』, 2006. 1. 9.
[47] 조선민주주의인민공화국 외무성 대변인 담화, 『조선중앙통신』, 2006. 3. 23.

"지난 16일 백악관은 2기 부쉬 행정부의 대외정책 핵심요소를 개괄하는 《국가안전략보고서》라는 것을 발표하였다. 여기에서 부쉬행정부는 우리나라를 포함하여 자주적 립장을 견지하며 저들의 주장을 고분고분 따르지 않는 나라들을 《폭정》국가로 매도하면서 《선제공격》으로 《제도전복》 야망을 실현하려는 기도를 로골적으로 드러내놓았다. … 부쉬 행정부가 우리를 《악의 축》, 《폭정》으로 몰아붙이면서 악담을 련발하고 반공화국 금융제재와 합동군사연습과 같은 물리적 압박공세를 강화하고 있는 때에 또다시 《선제공격》까지 운운해 나선 것을 보면 그들의 속심은 우리에 대해 끝까지 그리고 변함없이 적대시정책을 추구하겠다는 것이다."[48]

한편, 북한은 'BDA 금융제재' 문제로 6자회담이 난관 봉착한 가운데 개선의 여지가 보이지 않는다고 판단했다. 그러자 북한은 6월 1일자 외무성 대변인 성명을 통해 미국 측 대표를 평양으로 초청한다는 입장을 밝히며, 미국이 계속해서 압박을 강행한다면 '초강경 조치'를 취할 수밖에 없다고 주장했다.

"미국은 공동성명에서 한 공약과는 정반대로 우리에 대한 제재압박도수를 계단식으로 높이면서 우리로 하여금 회담에 나갈 수 없게 만들고 있다. 우리는 이미 제재모자를 쓰고는 절대로 핵포기를 론의하는 6자회담에 나갈 수 없다는 데 대해 루차 명백히 밝히였다. … 핵문제와 같은 중대한 문제들을 론의해결하지고 하면서도 당사자와 마주않는 것조차 꺼려한다면 언제가도 문제해결의 방도를 차지 못할

---

48 조선민주주의인민공화국 외무성 대변인 대답, 『조선중앙통신』, 2006. 3. 21.

것이다. 우리는 미국이 진실로 공동성명을 리행할 정치적 결단을 내렸다면 그에 대하여 6자회담 미국 측 단장이 평양을 방문하여 우리에게 직접 설명하도록 다시금 초청하는 바이다. … 우리의 사회주의체제는 미국의《금융제재》같은 것에 흔들리지 않게 되어있다. "[49]

이후 북한은 7월 5일 미국의 독립기념일 날 '대포동 2호' 1기를 포함한 여러 발의 미사일을 발사했다. 이에 따라 국제사회는 안보리 결의 1695호를 채택하게 됐고, 북한은 이러한 조치를 '자주권'을 훼손하는 조치로 인식하게 됐다.

더불어 북한은 대응 차원에서 7월 16일 외무성 성명을 통해 해당 조치에 대해 미국을 비난함과 함께 자신의 입장을 나타냈다.

"우리 민족의 자주권과 국가의 안전이 엄중히 침해당하는 극히 위험천만한 사태가 조성되었다. … 미국의 주도하에 만들어진 이번 《결의》는 우리의 자위적 권리에 속하는 미싸일발사를 《국제평화와 안전에 대한 위협》으로 매도하면서 우리를 무장해제시키고 질식시키기 위한 국제적 압력공세를 호소하였다. … 지나온 력사와 오늘의 현실은 오직 자기의 강력한 힘이 있어야 민족의 존엄과 나라의 자주독립을 지킬 수 있다는 것을 보여주고 있다. "[50]

상기와 같은 북한의 외무성 성명을 통해 확인할 수 있듯이, 국제사회의 제재를 자신의 '자주권' 침해와 결부지으며 해석하고 있는 모습을

---

49 조선민주주의인민공화국 외무성 대변인 담화, 『조선중앙통신』, 2006. 6. 1.
50 조선민주주의인민공화국 외무성 성명, 『조선중앙통신』, 2006. 7. 16.

나타냈다. 또한 북한의 입장에서는 핵정책을 통해 '자주권'을 강화하는 계기로 삼으며 전략적으로 접근하고 있는 것으로 보여진다.

이와 함께 북한은 8월 26일 외무성 대변인 담화를 통해 안보리 결의로 인해 6자회담에 나갈 수 없다는 논리를 주장함은 물론 '자주권'이 훼손되고 있음을 강조했다.

> "우리는 제재모자를 쓰고는 절대로 6자회담에 나갈 수 없다는 입장을 누차 밝혀왔다. … 부쉬 행정부가 저들의 정치적 생명이나 유지해 보려고 금융제재 확대를 통한 압력도수를 더욱 높이고 있는 조건에서 우리는 자기의 사상과 제도, 자주권과 존엄을 지키기 위해 필요한 모든 대응 조치들을 다 강구해 나갈 것이다."[51]

이처럼 북한은 6자회담의 틀 속에서 미국과 대화를 통해 핵무기 개발 문제를 논의하려는 노력을 견지한 가운데 미국의 말과 행동에 대해 기민하게 반응하며 자신의 '자주권'과 관련된 말과 행동에 대해서는 면밀히 분석 후에 그에 맞는 대응을 하는 모습을 보였다. 급기야 북한은 '자주권'을 강화해야 한다는 논리를 앞세워 10월 3일 외무성 성명을 통해서 제1차 핵실험을 예고하기에 이르렀다.

> "우리는 이미 부쉬 행정부의 악랄한 적대행위에 대처하여 나라의 자주권과 민족의 존엄을 수호하기 위해 필요한 모든 대응조치를 다 강구해 나갈 것이라고 선포한 바 있다. … 조선민주주의인민공화국 과학연구부문에서는 앞으로 안전성이 철저히 담보된 핵시험을 하

---

51 조선민주주의인민공화국 외무성 대변인 담화, 『조선중앙통신』, 2006. 8. 26.

게 된다."[52]

상기와 같은 예고 후 제1차 핵실험을 강행한 북한은 자신들의 핵실험에 대해 "우리는 미국에 의해 날로 증대되는 전쟁위험을 막고 나라의 자주권과 생존권을 지키기 위해 부득불 핵무기 보유를 실물로 증명해 보이지 않을 수 없게 되었다"[53]라고 설명했다. 이는 북한이 핵정책을 다루는 우선순위를 '자주권'을 강화하는데 방점을 두고 있음을 엿볼 수 있는 대목이라고 할 수 있다.

결국 부시 행정부의 등장으로 새롭게 수립된 미국의 국가안보전략은 북한에게는 체제의 위협으로 인식하게 되었고, 이에 북한은 핵정책을 자국의 대내외적 안정성의 지표라 할 수 있는 '자주권'을 강화하는 핵심 정책수단으로 활용했다.

2. 안보적 동기 차원

1) 외부로부터의 안보위협 인식

2002년 10월 3일에서 5일까지 북한을 방문한 켈리는 북한이 고농축 우라늄에 관여하고 있다는 증거가 있었으며, 이를 중단하기 전까지는 대화가 불가능하다는 입장을 밝혔다. 그러자 북한의 강석주는 미국의 주장에 대해 인정하는 것으로 간주되는 발언을 했다. 그리고 이어진 10월 16일 미 국무부 발표와 10월 17일 국방장관 기자회견을 통해 북한

---

52 조선민주주의인민공화국 외무성 성명, 『조선중앙통신』, 2006. 10. 3.
53 조선민주주의인민공화국 외무성 대변인 담화, 『조선중앙통신』, 2006. 10. 11.

의 핵무기 개발 시인을 기정사실화 했다.[54]

미국은 북한의 '선(先) 고농축 우라늄 프로그램 폐기'를 요구하면서 핵 폐기를 위한 협상이나 유인책은 없다는 입장을 고수하고 있었다. 이런 가운데 2002년 11월 14일 한반도에너지개발기구(KEDO: Korea Peninsula Energy Development Organization)[55] 집행이사회는 11월 중유는 예정대로 공급하되, 12월 중유분부터는 중단키로 결정을 내렸다.

이에 12월 12일 북한의 외무성 대변인 담화를 통해 핵시설을 재가동하겠다는 자신의 행동을 정당화하는 입장을 밝혔다. 이런 반응은 북미 제네바 합의의 기본정신을 훼손하는 행동과 북한을 핵선제공격대상으로 정하고 이에 따른 일련의 조치들에 대한 북한의 현 상황에 대한 인식을 보여줬다.

> "미국은 지난 11월 14일 조미기본합의문에 따라 우리나라에 해 오던 중유제공을 중단한다는 결정을 발표한 데 이어 12월부터는 실제적으로 중유납입을 중단하였다. … 미국은 중유제공의무를 포기한 것이 마치 우리가 《핵개발계획을 시인》함으로써 먼저 합의문을 위반

---

54 『동아일보』, 2002. 10. 17.

55 KEDO는 1994년의 제네바 합의에 의거하여 북한에 경수로를 지원하기 위한 목적으로 1995년 3월 창설된 국제기구 형태의 조직으로서, 뉴욕에 사무국을 두고 한미일 3국 정부로 구성된 이사회의 결정에 따라 경수로 건설과 관련된 사항들을 집행했다. 그 밖에 EU, 캐나다, 호주, 영국, 프랑스, 인도네시아, 폴란드, 체코, 아르헨티나, 칠레 등 10여 개국이 회원국으로 참여하여 수십만 내지 수백만 달러의 재정적 기여를 제공했다. KEDO는 1997년 함경남도 신포에서 2,000MW 용량의 경수로 공사를 시작했으나, 2002년 말 제네바 합의가 붕괴되자 이사회의 결정으로 공사가 잠정 중단되었고, 2006년에는 경수로사업이 완전 종결되었다. 공사가 종결될 때까지 34%의 공정이 완료되었고 총 15억 달러의 공사비(이 중 한국 정부 부담분은 10.5억 달러)가 투입되었다. 이용준, 앞의 책, p. 18; 경수로협상에 대한 자세한 내용은 Scott Snyder, *Negotiation on the Edge: North Korean Negotiation Behavior* (Washington D. C.: United States Institute of Peace, 1999).

했기 때문이라는 식으로 여론을 오도하고 있으나 그것은 헛된 시동이다. 미국은 우리를 《악의 축》으로, 핵선제공격대상으로 정함으로써 기본합의문의 정신과 조항을 다같이 철저히 짓밟은 책임에 절대로 벗어날 수 없다. "[56]

이후 북한은 12월 21일부터 영변 핵시설에 대한 동결을 해제하는 조치를 취했다. 즉 5MWe 원자로, 사용 후 연료봉, 핵연료 제조공장, 방사화학실험실(재처리 공장)의 봉인 제거와 카메라 작동정지 조치를 시작했다. 동시에 5MWe 원자로에 장전할 미사용 연료봉을 옮기는 작업도 진행했다.[57]

이런 상황이 전개되자 2003년 1월 6일 IAEA 특별이사회는 북한의 HEU 해명 및 핵동결 원상회복을 촉구하는 결의안을 만장일치로 채택했다.[58] 그러자 북한은 1월 10일 정부성명을 내고 NPT 탈퇴 및 IAEA 핵안전협정의 무효화를 선언했다.

한반도 내 긴장국면이 지속되자, 결국 중국은 북핵문제의 평화적인 해결을 위해 2003년 3월 첸지첸(錢其琛) 부총리를 방북시켜 김정일과 3자회담 개최 여부를 협의했다.[59] 북한은 4월 12일 외무성 대변인 기자회견을 통해 "미국이 대북정책을 전환할 용의가 있다면 대화형식에 구애받지 않겠다"고 언급하며 3자회담의 개최 가능성을 시사했다.[60] 미국의 다자회담의 제안과 중국의 외교적 기술이 결합하여 드디어 2003년 4월

---

56 조선민주주의인민공화국 외무성 대변인 담화, 『로동신문』, 2002. 12. 13.

57 이수혁, 『전환적 사건』(서울: 중앙books, 2008), pp. 59~60.

58 『연합뉴스』, 2003. 1. 6.

59 Mike Chinoy, *op. cit.*, p. 166.

60 『조선중앙통신』, 2003. 4. 12.; 『조선중앙통신』, 2003. 4. 18.

23~25일 3일간 베이징에서 3자회담이 개최됐다.[61] 당시 북한의 수석대
표인 리근 외무성 부국장은 스스로 '대담한 접근법'이라 부르게 되는 내
용을 설명했다. 북한이 바라는 것은 미국의 진지한 협상 파트너가 되는
것으로서 개방된 입장을 취할 용의가 있다는 제안이었다. 북한이 핵무기
관련 프로그램을 폐기하고, 국제사찰단의 핵시설 진입을 허용하며, 미
사일 판매를 중단할 준비가 되어 있다고 말했다. 이에 대한 교환으로 미
국 측으로부터 주요 양보, 즉 관계정상화, 경제원조, 안전보장, 그리고
불가침조약 등을 요구했다. 그리고 그는 미국이 먼저 조치를 취할 것을
원했다.[62]

이와 함께 리근 부국장은 직설적인 경고의 메시지를 전달했다. 그
는 북한은 핵무기를 보유하고 있으며 그것을 가지고 무엇을 할지는, 즉
단지 핵무기를 보여주기만 할지, 아니면 가장 나쁘게는 핵무기를 다른
이해관계자에게 이전 할지는 미국이 결정하게 될 것이라고 말했다. 리근
은 켈리에게 "그것은 바로 당신네에 달린 것"이라는 말로 자신의 발언을
끝냈다.[63]

한편, 2003년 4월 예비 성격의 3자회담이 실패한 직후 중국 측은 3
자틀을 반복하면서 회담을 살려내려 했다. 무엇보다도 다자가 참여하는
대화의 장을 마련하기 위한 중국의 노력으로 북한은 5월 25일 외무성 대
변인을 통해 "우리는 이미 미국이 진심으로 대조선 정책을 대담하게 전
환할 용의가 있다면 회담의 형식에 크게 구애되지 않을 것"[64]이라고 입
장을 밝혔다. 그리고 이어서 8월 4일 북한의 외무성 대변인 담화에서

61 Charles L. Pritchard, *op. cit.*, pp. 62~63.

62 Mike Chinoy, *op. cit.*, pp. 170~171.

63 *ibid.*, p. 172.

64 『조선중앙통신』, 2003. 5. 25.

"우리의 주동적이고 평화애호적인 노력에 의하여 조·미 사이의 핵문제 해결을 위한 6자회담이 베이징에서 곧 열리게 된다"[65]라고 언급했다. 이로써 북한의 핵무기 개발 문제를 논의할 수 있는 외교의 장(場)이 마련됐다.

북한은 8월 13일 외무성 담화를 통해 6자회담에 임하는 취지를 설명했으며, 주요 내용은 미국의 적대정책 전환과 불가침조약 체결이었다. 이는 북한이 핵무기 개발 문제로 촉발된 위기를 안보위협으로 인식하고 있다는 것을 보여주는 것이며, 이러한 안보위협을 타개하기 위해 마련된 6자회담에서 자신의 목표인 적대정책 전환과 불가침조약 체결을 실현하기 위한 일련의 활동으로 나아갈 것이라고 예상할 수 있는 대목이다.

> "6자회담에 임하는 우리의 취지는 명백하다. 첫째로 미국의 정책 전환 의지를 명백히 확인하자는 것이다. 조·미 사이의 핵문제 해결의 기본 열쇠는 미국이 대조선 적대시 정책을 근본적으로 전환하는 데 있다. … 둘째로 우리는 미국 측에 그 어떤 선사품으로서의 안전 담보나 체제 담보를 요구하는 것이 아니라 철두철미 서로 공격하지 말 데 대해 법적으로 담보하는 불가침조약을 체결하자는 것이다. … 셋째로 미국이 대조선 적대시 정책을 포기하기 전에는 조기사찰이란 있을 수 없으며 상상도 할 수 없다는 것이다. 우리 핵시설에 대한 조기사찰 주장은 우리에 대한 난폭한 내정간섭이고 자주권 침해이다. … 미국이 대조선 적대시 정책을 포기하고 우리에 대한 핵위협을 걷어 치웠다는 것이 확인된 이후에 가서야 사찰을 통한 검증문제를 논의할 수 있을 것이다."[66]

---

65 『조선중앙통신』, 2003. 8. 4.

2003년 8월에 열린 제1차 6자회담은 중국 북경에서 개막됐다. 북한은 6자회담의 수석대표가 차관급인 것을 고려하여 리근 부국장을 김영일 외무성 부상으로 교체했다. 김영일은 기조연설을 통해서 핵문제 해결의 선결조건으로 미국의 적대정책의 포기를 언급하면서, 첫째, 북한의 입장을 담은 '일괄타결방식·동시행동순서'를 제시했다. 둘째, 법적 구속력이 있는 북미 불가침조약을 체결할 것을 주장했다. 셋째, 북미 간 서로의 우려를 해소한다는 차원에서 미국이 적대정책 포기선언을 먼저 하면, 선언 이후에 북한도 핵계획 포기선언을 하겠다는 것이었다. 넷째, 고농축 우라늄(HEU) 핵개발 계획을 전면 부인했다. 이것은 지난 3자회담 때의 북한의 NCND의 입장과는 다른 모습이었다.

한편, 미국은 기조발언을 통해서 북한의 핵폐기 이행 시 이에 상응하는 조치를 취하고, 북미 관계정상화를 목표로 북한의 미사일과 재래식 군사력 등 관심 의제들을 해결해나가자는 개략적인 방안을 제시했다. 그리고 북미는 별도로 양자협상을 가졌다. 이때에 켈리는 북한에게 미국의 우려사항을 전달했고, 김영일은 켈리에게 "북한은 핵보유국임을 선언하고 핵능력을 과시하겠다"는 위협적인 발언을 했다. 또한 김영일은 켈리에게 핵억지력 증강, 핵무기 보유선언, 핵억지력의 물리적 입증(핵실험), 핵운반수단 공개 등을 언급하며 위협했다.[67]

이후 4월에 있었던 3자회담에서도 마찬가지였지만, 북미 양측의 날선 공방은 주최 측 중국으로 하여금 아무런 성과도 만들어내지 못하고 북미 양자를 화해 불가능한 상태로 몰아넣은 회담에서 그나마 긍정적인

66 조선민주주의인민공화국 외무성 대변인 담화, 『조선중앙통신』, 2003. 8. 13.
67 후나바시 요이치, 오영환 옮김, 『김정일 최후의 도박』(서울: 중앙일보시사미디어, 2007), pp. 342~343.

측면을 부각시키기 위해 필사적으로 매달리게 했다. 이와 함께 중국의 외교부 부부장 왕이(王毅)는 무미건조한 것일지라도 공동성명을 내도록 강력히 밀어붙였다. 결국, 유일한 공식 성명은 외교부 부부장 왕이로부터 나왔다.[68] 그는 6자 모두가 회담을 다시 갖기로 합의했다고 발표했으며, 미국과 북한에 "상황을 더 격화시킬 수 있는 발언과 행동을 자제해줄 것"을 촉구했다.[69]

제1차 6자회담은 의장성명 6개항을 발표하면서 폐막했다. ① 북핵 문제의 평화적 해결, ② 북한의 안보 우려 해소, ③ 단계적이고 동시·병행적 방안 추진, ④ 사태 악화 자제, ⑤ 대화 유지, ⑥ 차기회담 조속 확정 등을 발표했다.[70] 이번 제1차 회담은 북미 간 이견에도 불구하고 회담이 결렬되지 않았고, 북미 간 대립과 긴장수위를 낮췄고, 그리고 모든 참여국들이 북핵의 평화적·외교적 해결에 공감대를 형성했다는 점에서 성과였다.

〈표 4-1〉 제1차 6자회담 북미 입장

구분	북한의 입장	미국의 입장
핵문제 해결구상	• 일괄타결, 동시이행 방안	• 선 CVID 핵폐기
핵폐기 구상	• 선 핵폐기 수용 불가 • HEU 부인	• 선 CVID 핵폐기
안전보장 제공방안	• 불가침조약 체결	• 불가침조약 체결 불가

출처: 외교통상부, 『2005년 외교백서』(서울: 외교통상부, 2005), pp. 28~29.

---

68   Mike Chinoy, *op. cit.*, p. 187.

69   John Pomfret, "N. Korea Nuclear Talks End with Agreement to Meet Again," 『Washington Post』, (August 30, 2003).

70   Charles L. Pritchard, *op. cit.*, pp. 102~103.

제2차 회담에서도 북한은 미국과의 양자협상을 활용하여 6자회담 틀 내에서 미국의 적대정책 전환과 양국의 불가침조약 체결을 시도하려고 했다. 이때에 김계관은 켈리에게 미국의 대북 적대정책을 지적하면서, 핵문제를 협상으로 해결하든지, 미국이 핵을 보유한 북한과 공존하든지, 아니면 전쟁으로 가는 길밖에 없다고 하면서 미국이 핵문제를 적극적으로 해결하지 않는다면 자신들의 핵억지력이 질적으로나 양적으로 증가하게 될 것이라는 위협적인 발언을 했다.

여전히 북미 간 입장 차이를 극복하지는 못했지만, 제2차 6자회담은 관련국 간 최초 서면합의를 도출했으며, 차기회담 일정과 워킹그룹 개최를 의장성명에 포함시키는 등 핵문제 해결을 위한 모멘텀을 유지했다는 점에서 의미가 있었다. 그럼에도 불구하고 핵폐기 및 동결의 범위, HEU 존재 여부 등에 대해서는 북미 간 첨예한 의견 차이를 좁히지 못했다. 그리고 북한이 핵을 군사적 핵과 평화적 핵으로 분리 접근함에 따라서 북핵 해결의 전망을 더욱더 어둡게 만들었다.[71]

〈표 4-2〉 제2차 6자회담 북미 입장

구분	북한의 입장	미국의 입장
핵문제 해결구상	• 핵동결 대 보상 방안	• 선 CVID 핵폐기
핵폐기 구상	• 핵무기 계획 포기 • HEU 부인	• 모든 핵개발 계획
안전보장 제공방안	• 대북 불가침 서면 확약	• 서면 안전보장 가능

출처: 외교통상부, 『2005년 외교백서』(서울: 외교통상부, 2005). pp. 28~30.

이와 같은 일련의 전개과정에서 6자회담 관련국가들은 모멘텀을

---

71 이수혁, 앞의 책, pp. 154~156.

유지하면서 일정 이상의 공감대를 형성해 가려고 노력하고 있었다. 이런 가운데 2004년 6월 23일 열린 제3차 6자회담에서 미국은 제2차 북핵위기가 발생한 이후 처음으로 핵문제 해결을 위한 로드맵을 제시했다. 미국은 첫날 기조발언을 통해서 '포괄적 비핵화 방안'[72]을 내놓았다. 북한의 궁극적인 '핵폐기'에 초점을 맞추면서 준비단계에서 해야 할 조치들과 북한이 받을 수 있는 각종 혜택들을 단계별로 구분하고 있는 것이 특징이었다.

제3차 6자회담 이후 북한의 외무성 대변인은 2004년 7월 24일 미국의 제안을 리비아식 선 핵포기 방식이라며 거부 의사를 밝혔고, 2004년 9월로 예정된 제4차 6자회담에 불응했다. 더불어 2004년 9월 28일 미 상원의 북한인권법안 통과는 북한을 더욱 자극시켰다.

그러나 사실 북한의 6자회담 불응 배경에는 2004년 11월에 예정된 미국의 대선이 크게 작용했던 것으로 보여진다. 북한은 임기 마지막인 부시 행정부와 섣부른 약속을 하기보다는 대선 결과를 지켜보고 차기 정부의 외교안보팀 인선 및 대북정책 동향을 지켜본 후 입장을 정하겠

---

[72] 미국은 3차 회담 도중 CVID(Complete, Verifiable, Irreversible Dismantlement: 완전하고 검증가능하며 돌이킬 수 없는 폐기)라는 말을 단 한 차례만 사용했다. 이는 한국과 중국의 권유를 받아들인 결과였다. 앞서 5월 12~14일 열린 제1차 실무그룹회의에서 미국 측 수석대표인 조지프 디트라니(Joseph R. DeTrani) 한반도 담당 대사가 'CVID'와 관련, "다른 표현을 써도 좋은데 그 원칙적인 내용은 포함돼야 한다"며 신축적인 입장을 보인 바 있다. 이와 관련, 한국 측은 미국 측의 'CVID' 원칙에는 지지하지만 그 대신 'CVID' 용어에는 집착할 필요가 없다고 보고, 1차 실무그룹회의에서 가급적 '모든 핵 프로그램을 포함하여 검증은 투명하게, 재발하지 않는 핵 폐기'라는 표현을 사용했다. 일본도 북한이 원한다면 'CVID' 용어는 쓰지 않을 수 있다는 입장을 보였다. 중국과 러시아는 'CVID' 표현에 직접적인 이의를 제기하지는 않는 대신 (북한이 주장하는) 평화적 핵 이용 문제에는 미국 측과 다소 다른 입장을 보였다. 정부 관계자는 "'포괄적 비핵화'라는 표현 속에 'CVID' 내용이 거의 모두 포함돼 있다고 보면 된다"고 말했다. 이우탁, 『오바마와 김정일의 생존게임: 북핵 6자회담 현장의 기록』(서울: 창해, 2009), p. 295.

다는 자세를 보이고 있었다.[73]

한편, 제1·2·3차 제6자회담을 통해 관련국가들 간에 서로의 목표와 입장을 확인할 수 있었으나, 특별한 성과가 나타나지는 않았다. 하지만 평화적인 북핵문제의 해결을 위한 회담의 연속성을 유지했다는 점에서 의미가 있었다. 그러나 회담 간 여전히 핵심쟁점들에 대해 견해차를 좁히지 못하고 있었다.

이런 가운데 미국을 중심으로 대량살상무기(WMD: Weapons of Mass Destruction)[74]에 대한 확산을 방지하기 위해 과거 출범된 확산방지구상(PSI:

---

73 외교통상부,『2005년 외교백서』, p. 27.

74 대량살상무기란 재래식무기에 대비되는 무기체계로 일반적으로 핵무기, 화학무기, 생물무기와 함께 이들의 운반수단인 탄도미사일이 포함된다. 이들을 재래식무기와 굳이 구분하는 이유는 대량살상무기가 지니는 다음 3가지의 특성에 기인한다. 첫째, WMD는 치명적 살상력(lethality)을 지닌다. 핵무기의 경우 폭발 시 수반되는 섬광, 충격파, 초고열(extreme heat) 등으로 동일 중량의 재래식 폭약과 비교하여 100만 배 이상의 폭발력을 지닌다. 더욱이 핵폭발 이후 방사능에 의한 피해까지를 고려하면 그 살상력은 더욱 증대된다. '빈자(貧者)의 핵무기'(poor man's atomic bomb)라고 불리는 화학·생물무기 또한 엄청난 살상력을 지니고 있다. 화학무기의 핵심요소는 독성화학물질(toxic chemicals)은 인체에 작용하면 질식, 신경마비, 수포발진 등을 유발하여 사망, 영구적 상해 혹은 일시적 기능장애 등의 치명적 독성 효과를 지닌다. 생물무기는 박테리아, 바이러스, 리켓차(rickettsia) 등의 미생물 병원균이나 박테리아 혹은 세균으로부터 추출된 독소들로 구성되며 그 독성 및 전염성으로 인하여 인체에는 훨씬 치명적인 무기가 된다. 둘째, 대량의 파괴력을 갖는다. 건물이나 시설에 대한 대량파괴력에 관한 한 핵무기는 단연 독보적인 기능을 발휘한다. 핵분열(원자폭탄) 혹은 핵융합(수소폭탄) 에너지의 순간적인 방출은 엄청난 파괴력을 동반한다. 핵무기 1kt(kilo-tone)은 TNT 1,000톤의 엄청난 파괴력을 지닌다. 마지막으로 군사전략적 유용성을 지닌다. 일반적으로 재래식 무기는 전쟁지역 내에서 적의 목표를 파괴하거나 아군의 근접지원에 사용할 수 있는 무기체계임에 반하여 대부분의 WMD는—물론 화학무기의 경우 수류탄, 곡사포탄, 대구경 방사포탄 등 전술적으로 사용될 수도 있지만—탄도미사일을 사용하여 비교적 장거리의 대규모 표적(대도시 인구밀집 지역) 또는 전략적 타격목표(비행장, 전쟁지도부, 지하의 견고한 표적 등)에 사용할 수 있다는 특징이 있다. 이상과 같은 무기체계적 특성에 기인하여 흔히 대량살상무기는 '절대무기'(absolute weapons) 혹은 '억제무기'(deterrence weapons)로 불린다. 황진환, "북한의 대량살상무기 개발과 한국의 대응",『국제정치논총』, 제39집 제2호 (1999), pp. 252~253.

Proliferation Security Initiative) 관련 훈련 활동이 활발했는데, 이에 북한은 PSI관련 훈련활동에 대해서 위협으로 인식하고 있었다.

2004년 10월 북한은 외무성 대변인 담화를 통해서 미국을 중심으로 이루어지고 있는 PSI 관련 활동에 대해서 "부쉬 행정부는 핵위협을 포함한 군사적 위협을 포기한 것이 아니라 우리에 대한 핵선제 공격 위협을 가중시키고 있으며 오늘은 일본 앞바다에서 전파안보발기(PSI)에 따르는 해상합동훈련까지 벌여놓으면서 동맹국들과 야합하여 우리를 엄중히 위협해 나서고 있다"[75]라고 입장을 밝혔다. 이처럼 북한은 6자회담을 포함한 한반도 일대에서 이루어지고 있는 안보관련 조치들에 대해 핵정책과 결부지으며 기민하게 대응하고 있었다.

이런 가운데 2004년 11월 부시 행정부는 재선에 성공했으며, 북미간에는 상호 동향을 살피는 선에서 관망하는 모습을 보이고 있었다. 그러나 국무장관으로 지명된 콘돌리자 라이스가 2005년 1월 18일 인준청문회에서 북한을 쿠바, 버마, 이란, 벨라루스, 그리고 짐바브웨 등과 더불어 '폭정의 전초기지'라는 발언과 이은 부시 대통령의 취임연설 내용은 북한이 안보위협으로 인식하게 됐고, 이에 북한은 외무성 성명으로 미국의 고위관료들의 발언에 대한 비난과 함께 '핵무기 보유'를 공식적으로 선언했다.

"미국의 공식적인 정책입장을 밝힌 미 행정부 고위 인물들의 발언들을 보면 그 어디에서도 우리와의 공존이나 대조선 정책 전환에 대한 말은 일언반구도 찾아 볼 수 없다. 오히려 그들은 폭압정치의 종식을 최종목표로 선포하고 우리나라도 폭압정치의 전초기지로 규

---

75   조선민주주의인민공화국 외무성 대변인 담화, 『조선중앙통신』, 2004. 10. 8.

정하였으며 필요하면 무력사용도 배제하지 않을 것이라고 공공연히 폭언하였다."[76]

　　"회담 상대를 부정하면서 회담에 나오라는 말이 모순적이고 이치에 맞지 않는다는 것 … 6자회담 참가를 무기한 중단할 것이다. … 핵무기고를 늘이기 위한 대책을 취할 것이다. … 부시 행정부의 증대되는 대조선 고립압살 정책에 맞서 … 자위를 위해 핵무기를 만들었다."[77]

　　그리고 "회담결과를 기대할 수 있는 충분한 조건과 분위기가 조성되었다고 인정될 때까지 불가피하게 6자회담 참가를 무기한 중단할 것" 이라고 발표했다.[78]

　　상기와 같은 6자회담의 교착과 고조되는 위기감으로 인해 결국 미국은 추가적 상황악화를 방지한다는 명목 하에 뉴욕채널을 통해 북한의 '자주권'을 인정하고, 공격의사가 없으며, 6자회담시 북미 양자대화가 가능하다는 유화적인 입장을 전달했다. 이러한 미국의 변화된 입장 표명과 힐 미 국무부 차관보와 김계관 외무성 부상 간 베이징 회동이 이루어졌으며, 이를 통해 북한은 6자회담 복귀를 선언하게 됐다. 많은 우여곡절 끝에 드디어 2005년 7월 26일 제4차 6자회담이 개막됐다. 13개월만에 회담이 열리게 되자 국제사회는 이번에는 뭔가 결과물이 나올 것이란 기대를 했다. 이미 제3차 회담에서 미국이 제시한 포괄적 비핵화 방

76　조선민주주의인민공화국 외무성 성명, 『조선중앙통신』, 2005. 2. 10.

77　조선민주주의인민공화국 외무성 성명, 『조선중앙통신』, 2005. 2. 10.

78　*ibid.*

안의 내용이 공개되면서 몇 가지 수순과 조건을 조율하면 절충점이 나올 수도 있다는 생각을 할 수 있는 그런 상황이었다.

결국 회담의 결과는 6자회담의 목표와 원칙을 담은 공동문건을 채택하는 것이 필요하다는 점에 합의하고, 한반도 비핵화, 대북안전보장, 관계정상화 등 동 문건 내용의 대부분에 대해 의견일치를 확보하는 성과를 거두었다.

이러한 1단계 회의의 모멘텀이 유지되는 가운데 제4차 회담 2단계 회의가 개최되어 관련국간 핵심쟁점에 대해 집중적인 의견 조율을 한 결과, 마침내 참가국 만장일치로 회담의 목표와 원칙을 담은 '9 · 19 공동성명'을 채택했다.[79]

〈표 4-3〉 '9 · 19 공동성명' 주요 내용

세부 내용
■ 1조: 북핵 폐기 및 북한의 안보 우려 해소 　• 북한은 모든 핵무기와 현존 핵프로그램 포기, NPT 및 IAEA 안전 조치로의 조속한 복귀 공약 　• 미국은 핵무기 혹은 재래무기에 의한 대북 공격 · 침공 의사 불보유 확인 　• 남한 내 핵무기 부재 확인 　• 북한은 평화적 핵이용 권리 보유, 여타국은 이를 존중하고 적절한 시기에 경수로 제공문제 논의에 동의
■ 2조: 관계정상화 　• 미 · 북 간 상호 주권존중, 평화적 공존, 관계정상화 조치 　• 일 · 북 관계정상화 조치
■ 3조: 대북 국제적 지원 　• 에너지, 교역 및 투자 분야 경제협력 증진 　• 대(對)북한 에너지 지원 제공 용의 표명 　• 한국은 2백만kW 전력공급 제안 재확인

---

[79] 외교통상부, 『2006년 외교백서』(서울: 외교통상부, 2006), p. 33.

■ 4조: 한반도 및 동북아 안정과 평화 비전 제시
• 직접 당사국들 간 별도 포럼에서 한반도 평화체제 협상 개최
• 동북아 안보협력 증진 방안 모색
■ 5조: 이행 원칙
• '공약 대 공약', '행동 대 행동' 원칙에 입각, 단계적으로 상호 조율된 조치
■ 6조: 차기 회담(11월 초 베이징)

출처: 외교통상부, 『2006년 외교백서』(서울: 외교통상부, 2006). pp. 33~34.

9·19 공동성명 채택 이후의 과제는 핵무기 폐기 및 상응조치의 시기·방법·절차 등 구체적인 이행계획에 합의하는 것으로서, 그 첫 회담인 제5차 6자회담 1단계 회의가 베이징에서 개최됐다. 이 회의에서는 공동성명 이행계획에 대한 각국의 구상과 입장이 개진되었으며, 관련국간 활발한 의견교환을 통해 상대방 입장에 대한 이해를 높이는 계기를 마련했다.

하지만 다른 변수가 등장했다. 그것은 'BDA 금융제재' 문제로 한반도 비핵화를 위한 구체적인 이행계획을 논의해야 할 제5차 회담을 지연시켰다. 해당 문제는 부시 행정부가 북한의 불법자금에 대해 문제를 제기했다. 2005년 9월 15일 미 재무부가 북한의 불법금융활동의 창구역할을 해온 마카오 소재 방코 델타 아시아(BDA: Banco Delta Asia) 은행을 미국 애국법(Patriot Act) 311조에 의거해서 돈세탁 우선 우려대상으로 지정한 것을 의미한다.

이러한 미국의 조치에 따라 BDA에 대한 도산을 우려한 예금자들이 한꺼번에 예금을 인출해가는 사태가 발생하자, 마카오 당국은 BDA 계좌 인출을 중단시켰으며 결국 BDA 북한 관련 계좌를 동결시키게 됐다.[80] 제5차 회담의 최대 쟁점으로 부상한 BDA 문제는 여러 암운을 드리우고

---

80   외교통상부, 『2006년 외교백서』, p. 39.

있었다. 힐은 BDA가 미국의 애국법 311조에 근거해서 미국의 금융시스템을 보호하려는 '방위조치'임을 강조하면서 북한의 불법 금융거래를 추궁하려는 의도가 아니라는 점을 밝혔다.

그러나 김계관은 미국의 단속을 비난하면서 "금융은 피와 같은 것이다. 금융이 멎으면 심장이 멎는다"고 비유했다. 또한 "금융제재로 동결된 2500만 달러를 돌려줄 것"을 요구하면서, "만일 돌려주지 않으면 6자회담에 참가할 수 없다"고 언급했다.[81] 결국 1단계 회담은 북미 간 금융제재 문제를 별도로 논의할 양자회담을 열기로 약속하고, 공동성명 이행의 구체적인 방안을 마련한다는 의장성명을 발표하는 수준에서 막을 내렸다.

2006년 새해는 금융제재 문제로 야기된 북미 간 대립으로 시작했다. 1월 9일 북한의 조선중앙통신은 "미국이 실시하고 있는 반공화국금융제재는 피줄을 막아 우리를 질식시키려는 제도말살행위로서 공동성명에 밝혀진 호상존중과 평화공존원칙을 완전히 부정하는 것이다. 더욱이 문제로 되는 것은 6자회담을 한창 하는 도중에 금융제재가 발동되었다는 것이다. ⋯ 지금의 조건에서 우리가 자위를 위해 다져놓은 핵억제력을 포기하는 문제를 가해자인 미국과 론의한다는 것은 말도 되지 않는다"[82]라고 입장을 밝혔다.

이와 같은 생각을 갖고 있는 북한은 다시 한번 금융문제를 해결하기 위한 행동을 했다. 그것은 2006년 4월 9~13일 일본 동경에서 개최된 동북아협력대화(NEACD: Northeast Asia Cooperation Dialogue)에 김계관을 참석시켜 BDA 문제를 해결하고자 북미 양자협의를 시도했으나, 미국과 협의

---

81 후나바시 요이치, 오영환 옮김, 앞의 책, pp. 412~413.
82 『조선중앙통신』, 2006. 1. 9.

를 할 수 없게 됐다. 국제사회가 지켜보는 앞에서 2500만 달러를 돌려받기 위한 노력이 좌절되자 북한은 초강경대응으로 선회했다.[83]

결국 북한은 2006년 6월 1일 외무성 대변 담화를 통하여 '초강경 조치'를 취할 수 밖에 없다는 입장을 선언했다.

"미국은 공동성명에서 한 공약과는 정반대로 우리에 대한 제재 압박 도수를 계단식으로 높이면서 우리로 하여금 회담에 나갈 수 없게 만들고 있다. 우리는 이미 제재모자를 쓰고는 절대로 핵포기를 논의하는 6자회담에 나갈 수 없다는 데 대해 누차 명백히 밝혔다. 미국이 진실로 6자회담 재개를 바란다면 그 방도는 간단하며 미국도 그에 대해 잘 알고 있다. 지난해 11월 1단계 5차 6자회담에서 6자가 2단계 회담 개최에 필요한 분위기 조성을 위해 쌍무적, 다무적 접촉을 적극화하기로 합의해 놓았지만 미국은 우리와의 접촉을 회피하고 있다. 그것은 미국이 6자회담 개최에 관심이 있는 것이 아니라 오직 하나 우리의 선 핵포기만을 추구하고 있기 때문이다."[84]

북한의 이러한 입장 표명 이후 한국 시간으로 7월 5일 미국의 독립 기념일과 우주왕복선 발사 직후에 맞춰 '대포동 2호' 1기를 포함한 여러 발의 미사일을 발사했다.[85] 이로써 북한은 스스로 설정했던 미사일 시험 유예 조치를 중단했다. 이에 미국은 2006년 7월 15일 안보리 15개국의 만장일치로 유엔 안보리 결의 1695호 채택을 주도했고, 북미는 대결국

---

83 Mike Chinoy, *op. cit.*, pp. 271~272.

84 조선민주주의인민공화국 외무성 대변인 담화, 『로동신문』, 2006. 6. 2.

85 『문화일보』, 2006. 7. 7.

면으로 진입했다.[86]

북한은 이러한 조치를 안보위협으로 인식하게 됐다. 그러자 북한은 외무성 성명을 통해 현 상황에 대한 입장을 밝혔다. "오늘 조선반도에는 미국의 악랄한 대조선 적대시 정책과 유엔안전보장이사회의 무책임성으로 … 정세가 극도로 긴장되어 조선반도와 동북아시아 지역의 평화와 안전이 엄중히 파괴되는 심각한 결과가 초래되었다."[87] 이어서 북한은 10월 3일 외무성 성명 형식을 통해, "미국의 반공화국 고립압살책동에 대한 대응조치로서 핵억제력 확보의 필수적인 공정상 요구인 핵시험을 진행하지 않을 수 없게 만들었다"며 "핵무기 보유 선포는 핵시험을 전제로 한 것"이라고 밝힌 후, 10월 9일 핵실험을 강행했다.[88]

그리고 10월 11일, 북한 외무성은 핵실험을 부시 행정부의 대한 북한의 핵위협과 제재압력을 직접 결부지었으며, 한편으로는 미사일 실험 이후 그랬던 것처럼 북한은 여전히 협상을 원한다는 뜻을 내비치는 성명을 발표했다.

> "우리가 핵시험을 하지 않으면 안 되게 된 것은 전적으로 미국의 핵위협과 제재압력 책동 때문이다. 우리는 조선반도의 비핵화를 실현하려는 진정한 염원으로부터 핵문제를 대화와 협상을 통하여 해결하기 위하여 할 수 있는 모든 노력을 다 기울여왔다. 그러나 부시 행정부는 우리의 인내성 있는 성의와 아량에 제재와 봉쇄정책으로 대답해 나섰다. … 우리는 미국이 적대시 정책을 포기하고 조·미 사

---

86   Mike Chinoy, *op. cit.*, p. 286.

87   조선민주주의인민공화국 외무성 성명, 『조선중앙통신』, 2006. 7. 16.

88   조선민주주의인민공화국 외무성 성명, 『로동신문』, 2006. 10. 4.

이에 신뢰가 조성되어 우리가 미국의 위협을 더 이상 느끼지 않게 된다면 단 한 개의 핵무기도 필요 없게 될 것이라는 데 대해 여러 차례 밝혀 왔다. 핵무기전파방지조약에서 이미 탈퇴하였고 아무러한 국제 법적 구속도 받지 않는 우리가 핵시험을 진행하였다는 것을 발표하자 마자 미국은 유엔안전보장이사회를 조종하여 압력적인 결의를 조작해냄으로써 우리에게 집단적 제재를 가하려는 심상치 않은 움직임들을 보이고 있다. 우리는 대화에도 대결에도 다 같이 준비되어 있다."[89]

한편, 유엔에서는 북한의 핵실험을 비난하는 결의안 마련을 위해 외교전이 벌어졌으며, 여러 문구에 대해 조율한 결과 2006년 10월 15일 안보리 결의안 1718호[90]가 만장일치로 채택되었고, 이는 휴전 이래 북한에 대해 취해진 가장 강경한 국제 행동이었다.[91]

이처럼 북한의 핵실험 이후 유엔 안보리 결의안이 채택·이행되고, 한미중 등 관련국들이 전략적으로 조율된 대응을 한 결과, 북미중 3개국이 2006년 10월 31일 북경 회동에서 6자회담 재개에 합의했다. 회담 재개 합의 이후 관련국가들의 연쇄적인 협의를 통해 공감대가 형성됐다.

이에 따라 제5차 6자회담 2단계 회의가 개최됐다. 1년 1개월만에 재개된 동 회담에서 참가국들은 한반도 비핵화라는 공동목표를 달성하고 공동성명상의 의무를 성실히 이행하겠다는 의지를 확인하고, '행동 대 행동' 원칙에 따라 공동성명을 이행하기 위해 단계적 조치를 합의했다.

89 조선민주주의인민공화국 외무성 대변인 담화, 『로동신문』, 2006. 10. 12.

90 United Nations, "Resolution 1718 (2009)," *Adopted by the Security Council at its 5551st meeting*, on 14 October 2009.

91 Mike Chinoy, *op. cit.*, p. 298.

그러나 북한이 BDA 문제 해결 등의 진전을 우선적으로 강조함에
따라 실질 문제에 대한 논의는 이루어지지 못하고 가장 빠른 기회에 회
의를 속개하기로 합의한 채 휴회를 선언했다.

이러한 상황 속에서 2007년 1월 중순 베를린에서 북미는 6자회담
수석대표 간 양자협의를 갖게 되었고, 9·19 공동성명의 이행을 위한 초
기단계 조치들과 BDA 문제에 대해 집중 협의하여 향후 6자회담 재개의
기초를 마련했다. 이에 6자회담 참가국들은 제5차 6자회담 3단계 회의
를 2007년 2월 8일부터 13일까지 베이징에서 개최하여, 2005년 9·19
공동성명 이후 최초의 구체적인 이행합의인 '9·19 공동성명 이행을 위
한 초기조치(2·13합의)'를 도출했다.[92]

⟨표 4-4⟩ '9·19 공동성명' 이행을 위한 초기조치(2·13합의) 내용

세부 내용
• ① 북한 내 핵시설의 폐쇄·봉인 및 IAEA 복귀 ② 모든 핵프로그램의 목록 작성 협의(60일 이내) → 60일 이내 중유 5만 톤 상당 긴급에너지 대북 지원
• 미·북 / 일·북관계정상화 위한 양자 대화 개시(60일 이내) → 미 측은 테러지원국 해제, 적성국 교역법 적용 종료 과정 개시
• 대북 경제·에너지·인도적 지원(다음 단계) ① 모든 핵계획 완전 신고 및 ② 모든 현존하는 핵시설 불능화 기간 중 중유 95만 톤의 상당의 지원 제공 ※ 지원부담은 한·미·중·러 간 균등·형평의 원칙에 따라 분담 합의
• 6자회담 내 5개 실무그룹(W/G) 구성(30일 내 회의 개최) → ① 한반도 비핵화 ② 미·북 관계정상화 ③ 일·북 관계정상화 ④ 경제·에너지 협력   ⑤ 동북아 평화·안보체제
• 초기단계 조치 이행 완료 이후, 6자 장관급 회담 개최
• 직접 관련 당사국간 적절한 별도 포럼에서 한반도 평화체제 관련 협상 개최

출처: 외교통상부, 『2007년 외교백서』(서울: 외교통상부, 2007), p. 37.

---

92 외교통상부, 『2007년 외교백서』(서울: 외교통상부, 2007). pp. 34~36.

요컨대 2·13 합의는 비핵화와 관련된 단계적 조치를 구체화하고, 비핵화에 상응하는 대북지원, 북미·북일 간 관계정상화 논의, 한반도 평화체제 논의 재확인 및 동북아 다자안보 대화 논의 개시 등에 합의함으로써, 북한으로 하여금 정치·안보·경제적 우려를 해소하여 핵을 포기하도록 하고 지역 내의 국제규범을 준수하는 일원으로 유도하는 유용한 수단을 구축하는 계기를 마련했다.

2·13 합의는 비핵화 초기조치를 이행하기 위한 후속 협의로서 각 실무그룹별 제1차 회의가 개최된 이후에 제6차 6자회담 1단계 회의가 3월 19일부터 22일까지 베이징에서 개최되어, 2·13합의를 이행하기 위한 본격적인 논의가 전개됐다. 이와 함께 6자회담의 큰 장애물이었던 'BDA 금융제제' 문제는 관련국간에 활발한 논의를 거쳐 BDA 자금이 2007년 6월 미국 연방준비은행과 러시아 중앙은행을 거쳐 러시아의 극동상업은행의 북한 대외무역은행 계좌에 입금되면서 BDA 문제는 해결됐다.[93] 이어서 2007년 7월 6자회담 수석대표회의 및 제2차 실무그룹별 회의를 통해 비핵화와 경제·에너지 지원 등에 대한 각 측의 입장이 제시된 상황에서, 9·19 공동성명 이행의 다음 단계 진입을 위한 구체적 방안을 논의하기 위해 제6차 6자회담 2단계 회의가 9월 27일 베이징에서 개최됐다. 동 회의를 통해 10월 3일 '9·19 공동성명 이행을 위한 제2단계 조치(10·3 합의)'가 채택되었고, 이를 통해 참가국들은 9·19 공동성명의 이행을 위한 추가적 조치에 합의했다.

북한은 2007년 말까지 북한 내 모든 현존하는 핵시설을 불능화하고, 모든 핵프로그램을 완전하고 정확하게 신고하며, 핵물질, 기술 및 노하우를 이전하지 않는다는 공약을 재확인했다. 이에 따라 관련국가들은

---

93   Mike Chinoy, *op. cit.*, pp. 335~336.

북한에 경제·에너지 지원을 제공하고, 핵시설 불능화 과정을 지원하며, 미북 및 일북 관계정상화 노력을 지속하기로 합의했다.[94]

〈표 4-5〉 '9·19 공동성명' 이행을 위한 제2단계 조치(10·3합의) 내용

비핵화	관계정상화	대북 경제·에너지 지원	6자 외교장관 회담
• 북한의 모든 현존 핵시설 불능화 • 연내 북한의 모든 핵프로그램의 완전하고 정확한 신고 • 북한의 핵물질, 기술 및 노하우를 이전하지 않는다는 공약 재확인	• 미국은 미북 관계 정상화 실무그룹에서의 컨센서스를 기초로 북측 조치와 병행하여 공약 이행 • 일·북 양측은 평양선언에 따라 신속한 관계정상화 노력 경주	• 중유 100만 톤 상당의 경제·에너지·인도적 지원 제공(기제공 10만 톤 포함)	• 적절한 시기에 베이징 개최 재확인: 의제 협의를 위한 6자 수석대표 회의 사전 개최

출처: 외교통상부, 『2008년 외교백서』(서울: 외교통상부, 2008). p. 29.

 그러나 북한의 신고서 제출 문제가 난항에 부딪치면서 6자회담 참가국들은 긴밀한 협의를 통해 신고 문제의 돌파를 위한 해결 방안을 모색했다. 미국이 먼저 신고서 제출 문제를 해결하기 위한 행동을 시작했는데, 2008년 3월 13일 제네바, 4월 8일 싱가포르에서 북한과 신고 문제 해결을 위한 협의를 가졌다. 특히 신고서 제출의 쟁점이 되었던 북한의 우라늄 농축프로그램(UEP: Uranium Enriched Program)과 핵확산 문제에 관해 북미 양측이 의견 접근을 보게 됐고, 6자회담 참가국들이 노력을 기울인 결과 북한은 6월 26일 신고서를 6자회담 의장국인 중국에 제출했으며, 참가국들이 회람하게 됐다.
 이에 따라 미국은 북한의 신고서 제출 직후인 6월 26일 북한에 테

---

94 외교통상부, 『2008년 외교백서』(서울: 외교통상부, 2008), p. 29.

러지원국 지정 해제를 의회에 통보하고 적성국 교역법 적용을 종료했다. 이러한 과정은 비핵화 2단계의 마무리 수순을 향해 나아갔다.

한편, 북한의 신고서 제출 이후 신고서의 완전성과 정확성에 대한 검증이 필수적이라는 공감대를 바탕으로 7월 6자회담 수석대표회의에서 '검증 체제 수립'이라는 문제는 비핵화 2단계 마무리를 위한 최대 현안으로 부상했다. 북미 양측의 검증 관련 협의가 계속되었으나, 검증 대상·방법 등에 관한 이견으로 협상은 난항을 겪었다.

북한이 철저한 검증을 거부하는 완강한 태도를 고수하자 미국은 대북 테러지원국 지정 해제 발효를 보류했고, 이에 대해 북한은 8월 26일 외무성 대변인 성명을 통해 미국이 약속을 지키지 않았다고 비난하면서 불능화 조치를 중단했으며, 불능화된 시설의 복구를 고려하겠다고 발표했다.[95] 실제로 북한은 사용 후 연료봉 인출을 중단하였고, 재처리 시설 등 불능화 조치가 진행 중이던 영변 핵시설을 복구하는 작업을 개시하는 등 위기 상황을 조성했다.

이러한 위기 상황을 타개하고자 6자회담 관련국가들 간에 협의를 통해 상황타개 방안을 모색했으며, 이에 힐 미 국무부 차관보가 10월 1일부터 3일까지 북한과 검증 관련 협의를 거쳐서 잠정합의에 도달하게 됐

---

95 "미국이 6자회담 10·3합의의 리행을 거부함으로써 조선반도 문제해결에 엄중한 난관이 조성되었다. 조선반도 비핵화에 관한 9·19 공동성명리행의 두 번째 단계 행동조치들을 규제한 10·3합의에는 우리가 핵신고서를 제출하고 미국은 우리나라를《테로지원국》명단에서 삭제할 의무가 포함되여있다. 우리는 지난 6월 26일 핵신고서를 제출함으로써 자기 의무를 리행하였다. 그런데 미국은 우리 핵신고서에 대한 검증의정서가 합의되지 않았다는《리유》로 약속된 기일 안에 우리를《테로지원국》명단에서 삭제하지 않았다. … 미국이 합의사항을 어긴 조건에서 우리는 부득불《행동 대 행동》원칙에 따라 다음의 대응 조치를 취하지 않을 수 없게 되었다. 첫째, 10·3합의에 따라 진행 중에 있던 우리 핵시설무력화작업을 즉시 중단하기로 하였다. … 둘째, 우리 해당 기관들의 강력한 요구에 따라 녕변핵시설들을 곧 원상대로 복구하는 조치를 고려하게 될 것이다." 『조선중앙통신』, 2008. 8. 26.

다. 북미 간 잠정 합의에 따라 검증의정서 타결 가능성이 재고되자, 불능화 및 경제·에너지 지원 등 2단계를 마무리하기 위한 6자회담 수석대표 회의가 12월 8일부터 11일까지 중국 베이징에 개최됐다. 여기에서 북한 신고서의 완전성과 정확성에 대한 검증이 필요하다는 확고한 원칙에 입각하여 구체적인 방안을 협의했고, 중국은 의장국으로서 중재안을 제시하는 적극적인 자세를 보여주었으나, 북한은 시료 채취 등 검증 핵심 요소에 대한 거부 의사를 굽히지 않는 완강한 태도를 고수함으로써 합의에 도달하지 못했다.[96]

상기와 같은 일련의 과정은 부시 행정부의 등장으로 나타난 새로운 대북정책으로 야기된 여러 말과 행동들에 대해 북한은 안보위협으로 인식하게 되었으며, 과거 '벼랑 끝 전술'의 관성으로부터 탈피하지 못하고 맞대응하는 북한의 강경정책이 맞부딪치면서 상호상승작용을 일으켰다. 이와 함께 북한은 핵정책이 대내외적 안정성을 추구하는 핵심 정책 수단이라는 인식하에 안보적 위협을 상쇄하기 위해 활용했다.

2) 적국으로부터의 억지력 구비

제2차 북핵위기의 전조라 할 수 있는 제네바 합의 이행의 제약은 1990년대 후반에 들어서면서부터 본격적으로 나타나게 됐다. 특히 미국 내에서 보수파들의 불만이 점점 더 고조되고 있었고, 이는 상승작용을 일으켜 합의이행을 막다른 골목으로 내몰고 있었다. 무엇보다도 2001년 출범하는 부시 행정부의 외교안보팀의 면면을 통해서도 예상이 어느 정도 가능했다. 이들은 한결같이 "강력한 힘에 기반을 두고 미국의 국익을 극대화하는 것이 미국외교의 기본 틀"이라고 주장하고 있었다. 이들은

---

96 외교통상부, 『2009년 외교백서』(서울: 외교통상부, 2009), pp. 26~29.

북한에 대한 엄격한 '군사적 억지'와 북한의 위협에 굴복하지 않는 확고한 대북정책의 필요성을 언급하면서 "외교교섭이 성과를 거두지 못하면 억지와 봉쇄에 의한 대응이 불가피하다"는 입장을 강조하고 있었다.

이러한 대응의 배경에는 대북정책을 둘러싼 미국의 민주당과 공화당의 대립, 즉 1994년 북미 간에 체결된 '제네바 합의'에 대한 엇갈린 평가로부터 출발했다. 클린턴 대통령은 제네바 합의를 통해 북한의 핵개발이 동결되었고 전쟁이 아닌 대화를 통해 문제를 해결했다며 이를 대표적인 외교적 치적으로 내세우고 있었다. 반면에 공화당은 "제네바 합의는 북한의 핵개발을 중단시키지 못했고 오히려 김정일 정권의 생존만 연장시키고 있다"고 비난해 왔다.[97] 이런 와중에 1999년 3월에 발표된 공화당의 '아미티지 보고서'[98]와 민주당의 1999년 10월에 발표된 대북정책 골간인 '페리 보고서'[99]는 대조적인 양측의 인식과 향후 대응방안을 잘 보여주고 있었다.[100]

---

97 『동아일보』, 2000. 12. 19.

98 Richard Armitage, "A Comprehensive Approach to North Korea," *Strategic Forum,* No. 159 (March, 1999).

99 William Perry, *Review of United States Policy Toward North Korea: Findings and Recommendations,* (Unclassified Report), (October, 1999).

100 아미티지 보고서와 페리 보고서의 비교

구분	아미티지 보고서	페리 보고서
작성자	아미티지 포함 전문가 11명	윌리엄 페리 대북정책 조정관
대북인식	북한위협론	북한생존론
정책수단	당근 + 채찍(중점)	당근(중점) + 채찍
안보위협이슈	핵과 미사일, 재래식 군사력	핵과 미사일
제네바 합의	부정적 평가(합의 이행개선)	긍정적 평가(합의유지)
협상방식	포괄적 단계적 접근	포괄적 일괄타결
안전보장	다자회담 차원	북미 양자 차원

한편, 북한이 이미 핵무기를 보유하고 있다는 미국의 CIA 보고와 고농축 우라늄 프로그램을 위한 원심분리기 구입 시도[101] 등 북한의 핵무기 개발과 관련된 의혹들이 계속해서 제기되는 상황은 제네바 합의를 계속해서 이어갈 수 있는 모멘텀을 축소시키고 있었다.

이처럼 미국의 대북정책의 변화는 제네바 합의보다는 강력한 힘에 바탕한 외교를 주문했고, 북한의 핵무기 개발 의혹에 대한 의구심이 증폭되면서 북미 간의 대립으로 이어졌으며, 결국 중유공급 중단이라는 계기를 통해 제네바 합의는 파기되고 말았다. 이어서 핵시설 동결해제와 NPT 탈퇴로 이어지는 위기상황이 고조되면서 해결에 대한 당위성이 부각되고 있는 상황이었다.

북한은 NPT 탈퇴 이후에 "조선반도의 핵문제를 근원적으로 해결하고 조성된 엄중한 사태를 평화적으로 타개하기 위한 가장 현실적인 방도는 조미 사이에 불가침조약을 체결하는 것밖에 없다"[102]는 입장을 밝혔다. 이에 미국의 리처드 아미티지(Richard Armitage) 부장관은 "우리는 북한과 직접 대화할 용의가 있다"[103]고 언급했다. 그러자 북한은 "미국의 《대화》타령은 조건부적인 《선 핵포기 후대화》론에서 한치도 리탈하지 않은 매우 불공정하고 불순한 것이다. 미국의 《선 핵포기 후대화》론은

특징	매파적 관여정책	온건적 관여정책
단점	대북 고립정책 전략	대북 유화정책 전략

출처: Richard Armitage, "A Comprehensive Approach to North Korea," *Strategic Forum*, No. 159 (March, 1999); William Perry, *Review of United States Policy Toward North Korea: Findings and Recommendations*, (Unclassified Report), (October, 1999).

101 Bill Gertz, "Hwang Says N. Korea Has Atomic Weapons: Pyongyang Called Off Planned Nuclear Test," 『Washington Times』 (June 5, 1997); 『연합뉴스』, 2006. 9. 13.

102 『로동신문』, 2003. 1. 22.

103 『한국일보』, 2003. 2. 5.

뿌리 깊은 대조선핵압살책동에 기초하고 있는 것으로서 현 부쉬 정권이 우리에 대한 압박과 무장해제용으로 들고 나온 것이다"[104]라고 말했다.

이러한 북한의 반응은 부시 행정부 등장 이후 '악의 축' 발언을 포함한 위협적인 발언과 행동들로 인해 과거 지속적으로 주장되고 있는 미국의 적대정책에 대한 인식을 보여주고 있었으며, 미국의 위협과 압력에 대해 자신 나름의 대응조치로서 핵정책의 방향을 결정하고 있는 모습을 보여주고 있었다.

2003년 8월 제1차 6자회담에서 북핵문제를 평화적으로 해결해 나가기 위한 논의들이 시작되었지만, 북미 간의 입장차이로 인해 쉽게 합의점을 찾지 못했다. 이는 상호 간의 깊은 불신이 근원이라고 할 수 있다. 특히 북한은 공공연한 미국의 무조건적인 핵무기 폐기를 받아들일 수 없는 제안으로 인식하며, 먼저는 법적 구속력이 있는 불가침조약을 체결한다면 핵문제 해결에 나서겠다고 입장을 밝혔다.[105] 그리고 계속적인 미국의 선 핵포기 주장에 대해서는 북한을 완전무장해제 시키려는 의도로 받아들이며, 이에 대응할 수 있는 억지력을 구비해야 한다는 입장을 밝혔다.

"미국이 우리와 절대로 평화적으로 공존하려 하지 않으며 어떻게 하나 6자회담을 우리를 완전무장해제시켜 없애버리는 마당으로 리용하려 한다는 것이 확증된 이상 우리는 이러한 회담에 아무러한 흥미도 기대도 가질 수 없게 되었다. 이미 밝힌 바와 같이 우리는 다음번 6자회담에 대해 그 어떤 약속도 한 것이 없다. 우리는 지금 최

---

104 『로동신문』, 2003. 2. 4.

105 『서울경제』, 2003. 8. 27.

고인민회의 제11기 제1차회의 결정대로 미국의 핵선제공격을 막고 조선반도와 지역의 평화와 안전을 보장하기 위한 정당방위수단으로서 핵억제력을 유지하고 계속 강화하기 위한 실제적인 조치를 취해 나가고 있다."[106]

미국이 북한의 핵문제와 관련하여 선 핵포기 입장을 지속하자, 북한 외무성 대변인은 9월 29일 미국이 6자회담을 북한을 무장해제시켜 없애버리는 마당으로 이용하려 한다는 것이 확증됐다며 이 같은 회담에 흥미도, 기대도 가질 수 없게 되었다고 주장했다. 그리고 '핵억제력'을 강화하기 위한 실제적인 조치를 취해 나가고 있다며 '선 핵포기' 요구는 전쟁으로 이어지게 될 것이라고 강조했다.[107]

"미 당국자들은 의연히 우리에 대한 정책 전환 의지를 밝히지 않고 있으며 오히려 우리더러 먼저 《핵계획을 포기》할 것을 구태의연하게 요구해 나서고 있다. … 교전일방이 타방에게 먼저 손을 들고 나오라는 것은 그 누구에게도 접수될 수 없는 비리성적인 사고가 아닐 수 없다. … 우리의 핵억제력은 미국의 핵위협에 의해 산생된 것으로서 그 누구를 공격하기 위한 것이 아니며 철두철미 자체방위를 위한 것이다. 오늘의 상황에서 우리더러 핵억제력을 먼저 없애라는 요구는 곧 전쟁으로 이어지게 될 것이다. 이라크사태가 이를 명백히 실증하여주고 있다."[108]

---

106 조선중앙통신사 기자가 제기한 질문에 대한 외무성 대변인 대답, 『조선중앙통신』, 2003. 9. 29.

107 『연합뉴스』, 2003. 9. 30.

108 조선중앙통신사 기자가 제기한 질문에 대한 외무성 대변인 대답, 『조선중앙통신』,

이와 함께 북한은 10월 2일 외무성 대변인 담화를 통해 8,000여 대의 폐연료봉 재처리를 성과적으로 끝냈다고 선언했다. 이로 인해 6자회담은 출범한지 얼마 되지 않아 엄청난 난관에 봉착하게 됐다.

> "우리는 이미 공개한대로 영변에 5메가와트 원자로를 가동하고 흑연감속로의 건설 준비를 추진하는 등 평화적인 핵활동을 재개하였으며 그 일환으로 8천여 개의 폐연료봉에 대한 재처리를 성과적으로 끝냈다. 그 이후 우리는 미국의 적대시 정책으로 조성된 정세에 대처하여 핵시설들을 정상 가동하면서 폐연료봉들에 대한 재처리를 통해 얻어진 플루토늄을 핵억제력을 강화하는 방향에서 용도를 변경시켰다. 영변의 5메가와트 원자로에서 계속 나오게 될 폐연료봉들도 때가 되면 지체 없이 재처리하게 될 것이다."[109]

이러한 북한의 행동은 강한 억지력 구비를 통해 힘을 비축한 후에 미국과 동등한 위치에서 회담에 참여하여 목표하는 바를 얻기 위한 환경을 조성하려는 차원에서의 사전 정지작업으로 판단된다. 한편, 북한은 미국의 선 핵포기 입장이 철회되지 않자 점차적으로 위기를 조성하고 상승시켜서 미국을 압박하려는 의도도 있는 것으로 보였다. 그리고 궁극적으로는 이러한 미국의 행동이 북한으로서는 억지력을 구비하지 않으면 안 되겠다는 인식을 갖게 하는 주요 동인으로 작용한 것으로 보여진다.

2003. 9. 29.

109 조선민주주의인민공화국 외무성 대변인 담화, 『조선중앙통신』, 2003. 10. 2.

"우리를 《악의 축》, 《핵선제공격대상》으로 규정한 부쉬 행정부가 《선 핵포기》를 고집하며 동시행동방식을 한사코 반대한다면 우리로서도 자위적인 정당방위수단으로서의 핵억제력을 유지 강화하는 조치를 계속 취해나가는 외에 다른 방도가 없게 된다. … 때가 되면 우리의 핵억제력을 물리적으로 공개하는 조치가 취해질 것이며 그때에 가서 그런 론의는 더 이상 필요없게 될 것이다."[110]

상기와 같이 북한은 미국의 계속된 요구인 선 핵포기를 철회하고 불가침조약을 체결해야 한다는 주장에 대한 미국의 태도에 불만을 토로하고 있었으며, 이에 따른 자위적인 행동으로서 억지력을 강화하겠다는 의지를 계속해서 표명하고 있었다. 그러나 부시 대통령은 10월 20일 한미 정상회담에서 "북한이 핵폐기에 진전을 보인다는 것을 전제로 다자틀 내에서 어떻게 안전보장을 제공할 수 있을지에 대해 (한국 측에) 설명했다"라고 입장을 밝혔는데 이는 북한에게 있어 선 핵포기 주장 입장을 철회하진 않겠다는 것으로 비춰졌다.[111]

이와 같은 미국의 주장이 지속되는 가운데 6자회담은 제2·3차까지 진행되었지만 특별한 성과를 도출하지 못하고 한반도 비핵화를 위한 필요성과 '말 대 말'/'행동 대 행동'에 대한 필요성을 공감하는 수준에 머물렀다. 이처럼 6자회담의 공전과 특별한 성과가 없는 가운데, 북한은 이러한 상황인식을 토대로 더욱 억지력을 강화해 나간다는 입장을 거듭 강조했다.

---

110 조선중앙통신사 기자가 제기한 질문에 대한 외무성 대변인 대답, 『조선중앙통신』, 2003. 10. 16.

111 『연합뉴스』, 2003. 10. 20.

2004년 10월 8일 북한은 외무성 대변인 담화를 통해서 억지력을 강화해야 한다는 입장을 밝혔는데, "거듭 명백히 하건대 미국이 우리와 공존할 의지는 전혀 없이 고립압살을 위한 적대시 정책만을 계속 추구해 나서는 한 우리는 그에 대응한 자위적 억제력을 계속 강화해 나갈 것이다"라고 주장했다.[112]

주지하다시피, 2004년 부시 행정부 재선 시 국무장관으로 지명된 콘돌리자 라이스가 2005년 1월 18일 인준청문회에서 북한을 '폭정의 전초기지'라는 발언과 이은 부시 대통령의 취임연설 내용은 북한에게 위협으로 다가왔다. 이에 북한은 외무성 성명으로 '핵무기 보유'를 선언하며 자위적인 억지력을 갖추는 것에 대한 정당성을 주장했다.

> "미국이 핵몽둥이를 휘두르면서 우리 제도를 기어이 없애 버리겠다는 기도를 명백히 드러낸 이상 우리 인민이 선택한 사상과 제도, 자유와 민주주의를 지키기 위해 핵무기고를 늘이기 위한 대책을 취할 것이다. … 우리의 핵무기는 어디까지나 자위적 핵억제력으로 남아 있을 것이다. 오늘의 현실은 강력한 힘만이 정의를 지키고 진리를 고수할 수 있다는 것을 보여주고 있다."[113]

이와 같이 대결국면으로 치닫는 모습이 확대될수록 대화의 필요성도 함께 증가되고 있는 가운데 결국 미국은 평화적 북핵문제 해결이라는 대전제 하에 뉴욕채널을 통해서 6자회담의 모멘텀을 이어갈 수 있었다.

이에 따라 제4차 6자회담이 이루어지게 되었고, 2005년 9·19 공동

---

112 조선민주주의인민공화국 외무성 대변인 담화, 『조선중앙통신』, 2004. 10. 8.

113 조선민주주의인민공화국 외무성 성명, 『조선중앙통신』, 2005. 2. 10.

성명이 도출되어 평화적인 북핵문제 해결의 출발점이 되었지만 BDA 금융제재 문제로 촉발된 북미 간의 대립은 다시 극한대결로 이어지게 됐다. 결국 북한은 2006년 7월 5일 미국의 독립기념일 날 '대포동 2호' 1기를 포함한 여러 발의 미사일을 발사했다.

그러자 국제사회는 안보리 결의 1695호를 채택했고, 북한은 이러한 조치를 안보위협으로 인식하였으며, 결국은 더 이상 넘지 말아야 할 선이라 할 수 있는 핵실험 단계에까지 이르게 됐다. 그리고 북한은 10월 3일 외무성 성명을 통해 핵실험을 예고했다.

> "미국의 반공화국 고립압살책동이 극한점을 넘어서 최악의 상황을 몰아오고 있는 제반 정세 하에서 우리는 더 이상 사태 발전을 수수방관할 수 없게 되었다. … 조선민주주의인민공화국 외무성은 위임에 따라 자위적 전쟁억제력을 강화하는 새로운 조치를 취하게 되는 것과 관련하여 다음과 같이 엄숙히 천명한다. 첫째, 조선민주주의인민공화국 과학연구부문에서는 앞으로 안전성이 철저히 담보된 핵시험을 하게 된다. … 둘째, 조선민주주의인민공화국은 절대로 핵무기를 먼저 사용하지 않을 것이며 핵무기를 통한 위협과 핵 이전을 철저히 불허할 것이다. … 우리의 핵무기는 철두철미 미국의 침략위협에 맞서 우리 국가의 최고이익과 우리 민족의 안전을 지키며 조선반도에서 새 전쟁을 막고 평화와 안정을 수호하는 믿음직한 전쟁억제력으로 될 것이다. … 셋째, 조선민주주의인민공화국은 조선반도의 비핵화를 실현하고 세계적인 핵군축과 종국적인 핵무기 철폐를 추동하기 위하여 백방으로 노력할 것이다."[114]

---

[114] 조선민주주의인민공화국 외무성 성명, 『조선중앙통신』, 2006. 10. 3.

이어서 북한은 10월 9일 제1차 핵실험을 강행했다. 그리고 이틀 후에 외무성 대변인 담화 형식으로 핵실험을 실시하게 된 배경과 이유에 대해서 입장을 밝혔다.

"우리는 조선반도의 비핵화를 실현하려는 진정한 념원으로부터 핵문제를 대화와 협상을 통하여 해결하기 위하여 할수 있는 모든 노력을 다 기울여왔다. 그러나 부쉬 행정부는 우리의 인내성 있는 성의와 아량에 제재와 봉쇄정책으로 대답해 나섰다."[115]

상기에서 살펴본 바와 같이 북한의 반복적인 위기조성 행태와 이에 따른 미국의 대응 그리고 이어진 강경대응의 연쇄작용으로 인해 결국 북한의 핵정책은 적국으로부터의 억지력을 구비하기 위한 구체적인 행동이라 할 수 있는 핵실험 단계에까지 다다르게 됐다.

3. 경제적 동기 차원 : 경제적 실리

탈냉전의 여파와 사회주의권 붕괴 이후 북한은 크나큰 경제적 위기에 직면하게 됐다. 특히 북한의 체제유지에 있어서 중요한 축을 담당하고 있는 경제적 위기는 반드시 해결해야 할 국가적 과제라는 것을 깊이 인식하고 있었다. 이런 이유로 북한은 핵무기 개발 문제를 통해 에너지난과 식량난 등 심각한 경제난을 해소해 나가는데 있어 정책수단으로서 사용코자 했다.

---

115 조선민주주의인민공화국 외무성 대변인 담화, 『조선중앙통신』, 2006. 10. 11.

북한의 경제적 위기의 원인은 여러 가지가 있지만, 무엇보다도 에너지난은 생산공장의 가동을 현저히 낮춰 물품생산을 어렵게 하고 이는 곧바로 주민의 생활환경을 악화시키고 있었다. 특히 주민들이 절대적으로 필요로 하는 생필품 생산이 부족할 때 그들이 겪어야 할 고통은 매우 컸다. 예컨대 생필품 수요는 많은데 공급이 부족할 때 비공식경제[116] 부문이 확대되고 암시장 가격이 폭등되어 결국 이는 주민들이 필요로 하는 물품구입을 더욱 어렵게 만들었다. 이러한 상황의 연속은 경제운용을 악화시키면서 주민들의 삶을 더욱 어렵게 했다.

이에 따라 북한은 경제 분야에서 당면한 정책 과제로 자본주의 국가들과 관계를 개선하여 경제협력관계를 새로 창출해야 한다는 인식을 갖게 되었고, 이러한 목표를 달성하기 위해 핵무기 개발 문제를 중요한 정책수단으로 활용한 것이었다.

이러한 배경 하에 제2차 북핵위기 시 북한은 6자회담에 참가하게 되었고, 이를 통해서 일정한 경제적 실리를 획득하는 것이 북한의 또 하나의 목표이기도 했다. 북한은 2003년 8월에 개최되는 6자회담에 참가하기 전에 아래와 같은 입장을 밝혔다.

---

116 비공식경제(informal economy)는 지하경제(underground economy or black economy), 불법경제(illegal economy), 그림자경제(shadow economy) 등 그 다양한 이름만큼이나 많은 양상들과 의미를 갖는다. 비공식경제는 규모의 차이가 있을 뿐 개발도상국, 체제전환국가, OECD국가 등 모든 나라에 존재한다. 비공식경제의 개념에 대해서는 많은 논의가 이루어졌다. 비공식경제는 제2경제(second economy)라는 유사한 용어로도 사용되었다. 벨레프(Boyan Belev)는 비공식경제를 국가의 통계에 잡히지 않고 정부에 의해 세금이 부과되지 않으며 국가에 의해 조정되거나 보호되지 않는 경제활동으로 정의한다. 슈나이더(Friedrich Schneider)는 비공식경제는 마약 등 불법적이거나 범죄적 활동을 제외한 합법적인 재화와 서비스 생산 활동 중에서 당국에 보고되지 않은 수입을 창출하는 생산활동을 의미하기 때문에 국가당국에 보고되었다면 세금이 부과될 수 있는 모든 비합법적 경제활동을 의미한다고 규정한다. 오경섭, 『북한의 위기와 선군정치』(서울: 시대정신, 2015), pp. 337~338.

"조·미 사이에 법적 구속력이 있는 불가침조약이 체결되고 외교관계가 수립되며 미국이 우리와 다른 나라들 사이의 경제협력을 방해하지 않는다는 것이 명백해질 때 미국의 대조선 적대시 정책이 실질적으로 포기된 것으로 간주할 수 있게 될 것이다."[117]

상기의 주장은 북한이 경제적인 어려움을 겪고 있는 것이 미국에 의한 적대정책으로 인한 자국의 활발한 경제협력을 제한하고 있다고 인식하고 있음을 엿볼 수 있는 대목이다.

다시 말해 북한은 미국의 적대정책으로 인한 다른 국가와의 경제적 협력의 장애가 발생한다고 인식하고 있었으며, 이러한 장애를 극복해야 대외관계가 활성화되어 경제적으로 보다 발전될 수 있을 것으로 간주하고 있었다. 이러한 측면에서 북한은 핵정책을 정책수단으로 활용하여 미국과의 관계개선을 통해 외부와의 다양한 경제관계를 모색할 수 있을 것으로 생각하고 있었다.

과거 제1차 북핵위기 시 체결된 북미 제네바 합의에 따라 자신들의 전력생산을 동결하는 대신에 일정한 경제적 보상을 받으므로, 전력공급의 부족문제를 일부분 해결하는 데 도움이 됐다. 그런데 제2차 북핵위기의 도화선이 되었던 중유공급 중단으로 인해 제네바 합의의 파기로 북한은 전력공급의 부족 현상을 감수해야 하는 상황에 직면하게 됐다.

한편, 제2차 북핵위기를 해결하기 위해 마련된 6자회담은 중국의 적극적인 중재를 통해 성사가 되었는데, 북한이 6자회담에 참여한 의도는 여러 가지가 있었다. 그중에 하나가 6자회담을 통해 미국의 압력을 완화시키고, 한국으로부터는 경제적 실리를 획득하기 위한 조력자 역할

---

117 조선민주주의인민공화국 외무성 대변인 담화, 『조선중앙통신』, 2003. 8. 13.

을 기대했던 것으로 보여진다. 이는 그 당시 김대중 정부가 추진했던 '대북포용정책' 기조를 받아들인 노무현 정부가 '평화번영정책'을 표명함으로써 북한이 한국과 경제협력을 할 수 있는 우호적인 환경을 제공하고 있었기에 가능했다고 볼 수 있다.

실제로 제2차 6자회담에서 한국은 제1차회담시 제시한 3단계 로드맵을 보다 구체화한 구상을 제시하여 참여국간의 논의 기초를 제공하는 등 회담 진전을 위한 적극적인 역할을 수행했다.[118] 또한 한국은 '북핵문제' 해결의 일환으로 200만kW의 전력을 제공한다는 경제적 지원을 제시했다.[119] 더불어 2006~2007년 동안 아래의 〈표 4-6〉에서 보는 바와 같이 남북교역액이 증가함을 볼 수 있다. 당시 북한의 미사일 발사와 제1차 핵실험 등 군사적 위기가 고조되는 상황이었음에도 불구하고 남북교역액은 증가했다. 이처럼 북한은 6자회담에서 한국을 이용해 경제적 지원을 유도함과 함께 미국의 압력을 상쇄시키려 한 것으로 보여진다.

〈표 4-6〉 남북한 교역현황 추이

(단위: 백만 달러)

구 분	2003년	2004년	2005년	2006년	2007년
반 입	289	258	340	520	765
반 출	435	439	715	830	1,033
계	724	697	1,055	1,350	1,798

출처: 통일부, 『남북교류협력』, http://www.unikorea.go.kr(검색일: 2016. 1. 9.)

이러한 모습과 함께 북한은 자국의 경제적 어려움을 외부요인으로 돌리며, 차후 6자회담을 통해 보다 많은 경제적 실리를 추구하기 위한

---

118 외교통상부, 『2005년 외교백서』(서울: 외교통상부, 2005), p. 28.
119 『연합뉴스』, 2005. 6. 17.

사전 포석 활동도 병행했다.

예컨대 2003년 10월 18일 외무성 대변인 담화를 통해 북미 제네바 합의 체결 시 스스로의 전력생산을 위한 활동을 포기했는데, 미국이 제네바 합의를 파기함으로써 전력생산을 대체해온 중유공급의 차단으로 경제적 어려움을 겪고 있다고 입장을 밝혔다.

> "합의문 이행을 통해 조·미 사이의 핵문제를 해결하고 신뢰관계를 구축해 나가려는 의지로부터 우리의 자립적인 핵동력공업 창설 계획에 따르는 2003년까지의 총 2백만 키로와트의 원자력발전능력 조성계획과 진행 중의 대상건설을 전면 중단하는 대담한 정치적 용단도 내리었다. … 미국은 중유제공문제와 관련하여 마치 우리에게 그 무슨 선심이나 쓰는 듯이 여론을 오도하는 한편 빈번히 중유납입 일정을 지키지 않음으로써 우리의 경제활동에 막대한 혼란을 조성하였다."[120]

이러한 상황에 있던 북한은 6자회담이 개최된 이후 중유공급 중단 문제로 인해 야기된 경제적 어려움에 대한 책임을 미국에게 전적으로 전가하는 입장을 견지하고 있었다. 이런 입장을 6자회담 초반 단계이기에 구체적인 경제적 보상 목표를 제시하지는 않았지만, 과거 제1차 북핵위기 시 북미 제네바 합의에 따라 일정 규모로 제공되어온 중유 공급량을 염두해 둔 가운데 회담에 참여하고 있음을 2003년 10월 18일 외무성 대변인 담화 내용을 통해서 확인할 수 있었다.

---

120 조선민주주의인민공화국 외무성 대변인 담화, 『조선중앙통신』, 2003. 10. 18.

"부쉬 행정부의 일방적인 적대행위로 말미암아 조·미 기본합의문이 완전 파기된 결과 우리는 자립적인 핵동력공업 분야에서 막대한 손해를 보게 되었으며 그것은 일련의 경제 부문들에 헤아릴 수 없는 악영향을 미치게 되었다. 우리는 국제적으로 공인된 법규범과 관례에 따라 그리고 중요하게는 조·미 사이의 합의와 경수로제공협정 제16조 불이행시 조치 사항에 따라 우리가 입은 손해에 대한 보상을 미국으로부터 받아낼 당당한 권리가 있음을 선언하며 이와 관련한 대책들을 취해나가게 될 것이다."[121]

이와 함께 북한은 12월 9일 외무성 대변인 대답 형식을 통해 밝힌 내용은 제1차 북핵위기 시 자체 전력생산을 위해 건설 중이던 발전소를 중지한 내용과 경수로 지원의 지연으로 인한 경제적 어려움을 제기하며 해당사항에 대한 보상 문제에 대해 문제제기를 준비하고 있음을 시사했다.

"우리는 미국이 우리의 일괄타결안을 한번에 다 받아들일 수 없다면 최소한 다음번 6자 회담에서 《말 대 말》의 공양과 함께 첫단계의 행동조치라도 합의하자는 것이다. 그러한 조치로서 우리가 핵활동을 동결하는 대신 미국에 의한 《테로지원국명단》 해제, 정치, 경제, 군사적 제재와 봉쇄철회, 그리고 미국과 주변 나라들에 의한 중유, 전력 등 에네르기 지원과 같은 대응조치가 취해져야 할 것이다."[122]

---

121 조선민주주의인민공화국 외무성 대변인 담화, 『조선중앙통신』, 2003. 10. 18.

122 조선중앙통신사 기자가 제기한 질문에 대한 외무성 대변인 대답, 『조선중앙통신』, 2003. 12. 9.

또한 북한은 6자회담에서 핵무기 개발 문제를 해결해 가는 과정 속에서 미국이 선정한 테러지원국 해제 문제도 경제문제와 연관해서 언급하고 있었다. 전술한 바와 같이, 북한의 근원적인 경제난의 원인은 외부자본의 유입을 어렵게 하는 여러 제재관련법에 기인하는데, 그중에 하나가 테러지원국 명단에 포함되어 있는 북한은 이 문제에 대한 해결의 중요성을 깊이 인식하고 있었다. 더불어 핵무기 개발 문제와 관련된 협상 결과에 따라 경제제재와 에너지 지원 문제도 같은 맥락에서 논의되고 있었다. 이러한 인식을 반영하고 있는 북한의 외무성 대변인 담화의 세부내용은 아래와 같다.

"우리가 요구한 보상에는 미국이 우리에 대한 제재와 봉쇄의 해제를 공약할 뿐 아니라 중유, 전력제공 등으로 총 2백만 키로와트 능력의 에네르기를 지원할 데 대한 문제가 들어있다. 동시행동원칙에 기초한 일괄타결방식의 제1단계 행동조치로 되는 우리의 동결 대 보상 제안은 조·미 사이에 그 어떤 신뢰도 존재하지 않는 현실적 조건으로부터 출발한 것으로서 핵문제를 단계적으로 해결할 수 있게 하는 유일한 방도로 된다."[123]

이런 가운데 북한은 6자회담이 개최된 이후 북한은 보다 구체적인 경제적 보상에 대해 언급을 하고 있었는데, 핵무기 개발 문제와 연관하여 동시행동원칙을 강조했다. 이어서 핵무기의 포기 단계에 맞는 경제적 지원에 대한 구체적인 수준을 표현하고 있었다.

한편, 2005년 북한은 '9·19 공동성명'을 합의한 이후에 외무성 대

---

123 조선민주주의인민공화국 외무성 대변인 담화, 『조선중앙통신』, 2004. 6. 28.

변인 담화를 통해서 경제보상의 주요조치인 경수로 지원 문제를 언급한 점도 경제적 보상에 대해 중요하게 인식하고 있다는 또 다른 사례라 할 수 있다.

> "기본에 기본은 미국이 우리의 평화적 핵 활동을 실질적으로 인정하는 증거로 되는 경수로를 하루빨리 제공하는 것이다. 신뢰조성의 물리적 담보인 경수로 제공이 없이는 우리가 이미 보유하고 있는 핵 억제력을 포기하는 문제에 대해 꿈도 꾸지 말라는 것이 지심 깊이 뿌리 박힌 천연바위처럼 굳어진 우리의 정정당당하고 일관한 입장이다."[124]

이처럼 북한은 핵이 가지는 이중적인 역할인 평화적 이용과 군사적 이용에 있어서 평화적 핵활동과 관련된 경수로 문제에 대해 언급하며 전력생산의 부족을 해결해 줄 수 있는 경수로 문제가 진전을 이루어야 군사적 용도의 핵활동을 포기할 수 있다는 입장을 표명하고 있었다.

이와 함께 북한은 2007년 7월 6일 외무성 대변인 대답 형식을 통해서 '2·13 합의'에 명시된 경제적 보상에 대해 언급하며 그 실천의 중요성을 강조했다.

예컨대 북한은 2007년 2·13 합의에 따른 구체적인 중유 지원 내용에 대한 언급을 통해 '행동 대 행동' 원칙을 상기시키며 경제·에너지 지원그룹에서 제공되는 중유 공급에 맞추어 자신의 핵프로그램 신고 및 핵시설 불능화 작업을 이행해 가겠다고 주장하고 있었다.

---

124 조선민주주의인민공화국 외무성 대변인 담화, 『조선중앙통신』, 2005. 9. 20.

"2 · 13합의에 의하면 같은 기간에 중유 5만t이 우리나라에 제공되여야 하는데 현재로서는 8월 초에나 다 들어올것으로 예견되여 있다고 한다. … 2 · 13합의리행은《행동 대 행동》원칙에 따라 … 다른 참가국들도 나머지 중유 95만t분의 에네르기 지원을 비롯하여 자기들이 지닌 의무를 리행하기 위하여 그 준비를 서둘러야 할 형편에 있다. … 만일 우리가 핵시설의 가동중단조치를 취한 후에도 약속된 정치경제적 보상조치들이 제때에 따라서지 못하여 신뢰가 허물어지는 경우 핵활동의 재개는 합법성을 띠게 될 것이다."[125]

더불어 북미 간에 이루어진 2007년 9월 제네바 회담에서 핵시설 불능화에 맞는 테러지원국 명단에서의 삭제와 적성국 교역법에 따르는 제재를 해제하는 활동들에 대한 합의를 발표한 이후, 북한의 외무성 대변인 대답 형태로 입장을 밝혔는데 "9월 1일부터 2일까지 스위스의 제네바에서 6자회담 조미실무그루빠회의가 진행되였다. … 조미 쌍방은 년내에 우리의 현존핵시설을 무력화하기 위한 실무적 대책을 토의하고 합의하였다. 그에 따라 미국은 테로지원국명단에서 우리나라를 삭제하고 적성국무역법에 따르는 제재를 전면해제 하는 것과 같은 정치 · 경제적 보상조치를 취하기로 하였다"[126]라고 말했다. 이처럼 경제적 보상에 대한 북미 간의 합의 내용을 신속하게 공표함은 약속 이행의 부담감을 전가하는 전략으로 경제적 실리를 필히 획득하려는 의도를 엿볼 수 있는 대목이라 할 수 있다.

---

125 조선중앙통신사 기자가 제기한 질문에 대한 외무성 대변인 대답, 『조선중앙통신』, 2007. 7. 6.

126 조선중앙통신사 기자가 제기한 질문에 대한 외무성 대변인 대답, 『조선중앙통신』, 2007. 9. 3.

또한 2008년 말 불능화 2단계 조치를 실행하는 단계에서도 경제적 보상의 실천에서 일부 지연되는 사례가 발생했는데, 이때에도 북한은 외무성 대변인 담화 형식을 통해 입장을 밝혔다. "지금 일부 세력들이 도저히 성사될 수 없다는 것을 뻔히 알면서도 현 단계의 검증문제에서 가택수색과 같은 강압적 방법을 우기는 것은 6자회담 자체를 지연시켜 저들의 경제보상의무를 태공하거나 의무리행이 처진 것을 합리화해보자는 데 그 속심이 있다. … 5자의 경제보상이 늦어지는 데 대하여 우리는《행동 대 행동》원칙에 따라 폐연료봉을 꺼내는 속도를 절반으로 줄이는 조치로 대응하고 있다. 경제보상이 계속 늦어지는 경우 무력화 속도는 그만큼 더 늦추어지게 될 것이며 6자회담의 전망도 예측하기 힘들게 될 것이다."[127]라고 언급했다.

이러한 북한의 반응은 핵문제 해결에 있어서 '행동 대 행동' 원칙 준수를 강조함과 함께 행동을 통한 경제적 보상이 정확히 자신들에게 들어오지 않는 이상 합의에 의한 비핵화 활동 진전은 어렵다는 입장을 강조하고 있음을 보여주는 대목이다.

이는 북한이 과거 북미 제네바 합의 파기에 따른 중유 공급 중단으로 겪은 전력난을 포함한 경제적 어려움에 대해 동일한 사례를 거듭 경험하지 않기 위해 경제적 보상 및 지원이 이행된 이후에 이에 부합된 핵폐기 활동을 취하겠다는 강한 의지의 표현이라 할 수 있다.

상기에서 살펴본 바와 같이 북한은 경제적 동기요인도 핵정책을 추구함에 있어 일정한 영향을 미치고 있음을 앞에서 제시된 여러 주장들과 협상의 진행과정 그리고 결과를 통해 확인할 수 있었다.

과거 제1차 북핵위기 시 북미 제네바 합의 체결로 인한 경제적 보상

127　조선민주주의인민공화국 외무성 대변인 담화, 『조선중앙통신』, 2008. 11. 12.

을 엄청난 치적으로 홍보한 사실을 고려한다면 분명 북한 입장에서는 핵정책을 통해서 경제적 실리를 극대화하는 것도 또 하나의 중요한 목표라 할 수 있다.

게임체인지로 가는 첫 여정

제3절 소결론

결국 제2차 북핵위기 시 북한의 핵정책은 핵실험 실시단계에까지 다다르게 되었고, 이러한 극단적 결과로 인한 대화 필요성은 회담으로 이어지면서 한반도의 비핵화를 위한 구체적인 행동을 제시하는 2005년 9·19 공동성명의 이행을 위한 2007년 2·13 합의 그리고 10·3 합의를 탄생시켰다. 물론 많은 것을 잃고 난 다음 얻었지만, 분명 소득은 있었다고 할 수 있다. 제2차 북핵위기 시 북한의 핵정책은 모든 핵무기 및 현존 핵프로그램 포기와 북미 간 상호 주권존중 및 북한의 안보 보장 그리고 국제적 지원을 약속받는 것을 합의했다.

이는 북한이 6자회담을 통해 얻고자 했던 정치적·안보적 목표를 일정 부분 이상으로 달성한 합의라 할 수 있는 수준이었다.

반면에 제2차 북핵위기 시 상대적으로 경제적 동기요인이 큰 영향을 미치지 못한 것은 아래 〈표 4-7〉에서 보는 바와 같이 2003년을 시작으로 2008년까지 북한의 교역액 중 상당 부분을 중국과의 교역액이 차지하고 있었다. 이는 경제적으로 중국이 어느 정도 물밑에서 지원을 해주고 있다는 것을 보여주는 증거라 할 수 있으며, 북한의 입장에서도 기댈 수 있는 곳이 있었기에 상대적으로 경제적 동기요인이 일정 부분 상쇄됐다.

물론 전술한 바와 같이 북한이 경제적 동기 측면을 고려한 행동을 보인 것은 사실이나 중국의 간접적 지원이 일정 부분 핵정책 결정에 영향을 미쳤던 것으로 보인다.

〈표 4-7〉북한의 대중국 교역액 현황 추이

(단위: 백만 달러, %)

구 분	2003년		2004년		2005년	
	교역액	점유율	교역액	점유율	교역액	점유율
합계	2,391	100	2,857	100	3,001	100
중국	1,022	42	1,385	48.5	1,580	52.6
구 분	2006년		2007년		2008년	
	교역액	점유율	교역액	점유율	교역액	점유율
합계	2,995	100	2,941	100	3,815	100
중국	1,699	56.7	1,974	67.1	2,787	73

출처: 통계청, http://kosis.kr/statisticsList/statisticsList_03List.jsp?vwcd=MT_BUKHAN&parmTabId=M_0
3_02#SubCont(검색일: 2015. 8. 8.)

상기의 내용을 종합해보면, 제2차 북핵위기 시에는 정치적 동기요인이 주된 결정요인으로 작용하여 결국 '9·19 공동성명'을 통해 합의를 도출했으나, 2006년 미사일 발사와 제1차 핵실험 등으로 합의가 지켜지지 못했다. 그러자 다시 긴장국면을 완화하기 위해 6자회담을 통해 2007년 2·13 합의 그리고 10·3 합의를 탄생시켰다. 하지만 2008년 최종 검증 체제 수립에서 협상이 결렬됐다.

2008년 12월을 기준으로 볼 때, 북한은 여러 합의를 유도했으며 자신의 목표를 달성하는 데 있어서 정치적 동기요인을 가장 우선순위에 두고 협상에 임했던 것으로 보여진다. 이를 뒷받침해주는 근거로서 2005년 9·19 공동성명의 내용을 자세히 들여다봄으로써 확인할 수 있다.

예컨대 2005년에 합의된 공동성명에는 북미 관계정상화 내용에 상호 주권존중, 평화적 공존이라는 정치적 관계에 대한 조항들이 포함되어 있음을 확인할 수 있다. 이는 북한이 미국과의 관계에서 '자주권'을 강화하는 계기로 활용하고 있다는 것을 방증하는 바이고, 실제 6자회담 진행 과정 속에서도 이러한 입장 표명이 수차례 등장한 바 있었다.

〈표 4-8〉 제2차 북핵위기 내용

구분	제2차 북핵위기
발생배경	미국의 국가안보전략 기조
정책목표	자주권 강화 〉 억지력 구비 〉 경제적 실리
협상방식	다자회담
결정요인	정치적 동기(강) 〉 안보적 동기(중) 〉 경제적 동기(약)
협상결과	9 · 19 공동성명

　　이러한 북한의 탈냉전기 핵정책의 지속과 변화의 모습은 동북아의 냉혹한 무정부성과 고강도 안보딜레마의 존재로 인해 핵무기 개발의 여러 동기들 중에서 정치적 동기가 상쇄되지 않고 있다는 점이 가장 큰 이유라 할 수 있다. 또한 안보적 동기 측면에서는 한반도의 분단구조와 북미 간의 적대관계의 지속성이 북한의 핵정책을 안보위협을 제거하고 억지력을 구비하려는 방향으로 유인하고 있다는 결론을 도출해 볼 수 있다.

　　결론적으로 제2차 북핵위기 시 북한은 정치적 동기요인이 주된 결정요인으로 작용하였으며, 북미 간에 상호 자주권을 존중하고, 평화적으로 공존한다는 합의를 이끌어 내며 '자주권'을 강화하는 계기로 활용함으로써 대내적 안정성을 증가시키는 데 일조를 했다. 안보적 동기 측면에서는 외부로부터의 안보위협을 제거하기 위한 억지력 구비에 노력한 결과 제1차 핵실험에까지 다다르게 되었고, 일부 나라들이 핵무기 국가로 언급하는 상황에까지 이르게 됐다. 또한 경제적 실리를 획득하는 데에도 일정한 효과를 거두었다고 볼 수 있다.

　　상기의 내용을 종합해보면, 이 책이 최초에 가설로 내세웠던 '탈냉전 이후 북한의 핵정책은 정치적 동기요인이 주된 결정요인이고 안보적·경제적 동기요인이 부차적 결정요인이며, 이러한 핵정책은 북한의 대내외적 안정성을 추구하는 핵심 정책수단이다'를 방증하고 있다고 할 수 있다.

제5장

—

제3차 북핵위기
핵정책 전개과정과 결정요인

제1절 제3차 북핵위기의 전개과정과 핵기술능력

1. 김정은 후계체제와 '자주권' 공고화

1) 후계체제와 '자주권' 명분 쌓기

동북아 안보지형의 모습은 미국이 패권적인 세력을 유지하고 있는 가운데 중국의 지속적인 경제발전을 기반으로 한 영향력이 확대되어 가고 있으며, 러시아는 미국의 일방주의를 견제하기 위해 중국과 협력을 강화하고 있다. 반면에 일본은 중국의 영향력 확대를 우려하며 이에 대한 대응을 위해 미국과의 협력을 유지하면서 아시아 국가들과의 관계 강화에 노력하고 있다.

이러한 흐름 속에서 동북아 안보의 가장 불안 요인이라 할 수 있는 '북핵문제'가 2·13 합의와 10·3 합의로 해결의 실마리를 보이며 해결의 길로 나아갈 것으로 보이는 듯 했으나, 2008년 12월 6자회담 수석대표회의에서 북한이 시료채취 등 검증 핵심요소를 명문화하지 못하겠다는 입장을 고집함에 따라 결국 검증의정서 채택에 실패하면서 6자회담은 정체기를 맞게 됐다. 이후, 북한이 제2차 핵실험을 한다는 외신이 타전됨에 따라 동북아 지역 내 안보는 더욱 불안해지는 상황에 직면해 있다.[1]

---

1 백승주 외 16명, 『2010 한국의 안보와 국방』(서울: 한국국방연구원, 2010), pp. 112~113.

주지하다시피, 2008년 김정일 위원장의 와병설 이후 북한 내부에서는 후계체제와 관련된 변화들 그리고 이와 관련된 여러 보도 및 분석은 후계체제와 연관된 현상들에 대한 일정한 판단 근거를 가지고 있음을 간접적으로 시사하고 있었다.[2] 특히 북한은 지난 부시 행정부 시기 합의한 내용들에 대한 실천과정에서 북한이 줄곧 주장해온 '행동 대 행동'과 '주고받기식' 이행이 난관에 봉착하고 진척해 나가지 않는 것에 대해 일정한 불만을 갖고 있었다.

이런 가운데 2008년 미국 대통령 선거에 오바마 후보가 대통령에 당선됐다. 이에 따라 오바마 대통령이 후보 시절에 주창했던 대외정책 기조를 고려 시 과거 부시 행정부와의 차별화된 대외정책을 추구할 것으로 예상되고 있었다.[3]

한편, 동북아 안보의 핵심 현안인 '북핵문제'와 관련하여 오바마 행정부는 자유주의적 국제주의(liberal internationalism)를 근간으로 관련국가들과 '국제적 연합(international coalition)'을 통해 해결하려는 기조를 천명한 가운데 출범하였기에 '북핵문제' 해결에 있어 과거 부시 행정부보다는 진전되지 않을까 하는 전망들이 우세했다.[4]

그러나 북한은 2009년 오바마 행정부가 정식으로 출범하여 다시 6자회담을 통해 비핵화가 논의될 시 과거의 협상수준에서 다시 시작하지 않을까 하는 우려를 갖고 있었던 것으로 보인다. 이런 점을 감안 할 때 북한은 기존 협상의 틀을 새롭게 재구성하려는 의도 하에 사전 정지작

---

2   『연합뉴스』, 2009. 2. 25.

3   Barack Obama, "Renewing American Leadership," *Foreign Affairs*, Vol. 86, No. 4 (July/August 2007).

4   박인휘, "오바마 행정부의 등장과 2009년 북핵문제 및 북미관계 전망", 『국방정책연구』, 제24권 제4호 (2008), p. 50.

업을 시작했던 것으로 보여지며, 이에 따라 북한은 핵정책을 기존에 취했던 바와 같이 '자주권' 문제와 결부지으며 현 상황을 타개하고 일정한 목표를 달성하기 위한 핵심 정책수단으로 활용하겠다는 방향으로 입장을 정리한 것으로 판단해 볼 수 있다.

상기와 같은 입장으로 북한의 핵정책 방향이 정리가 이루어졌을 것이라고 판단해 볼 수 있는 정황들을 확인할 수 있었는데, 2009년 1월 15일자 『로동신문』에서 북한은 핵문제를 포함한 한반도 문제와 관련해 아래와 같은 주장이 이를 뒷받침해 준다.

> "미제가 대조선적대시 압살정책을 철회하지 않는 한 조선반도 평화보장은 있을 수 없다. 긴장한 조선반도정세를 완화하고 이곳에서 평화적환경을 마련하는 것은 미국이 지니고있는 회피할수 없는 의무이며 역사적과제이다. … 미국은 우리 공화국이 저들에게 고분고분하지 않고 자주적인 정책을 실시하고 있는 것을 못마땅하게 여기면서 우리나라 사회주의제도를 어째보려고 발광하고 있다. 매개 나라와 민족은 사상과 제도의 선택권을 가진다. 이것은 그 누구도 침해할 수 없는 자주적 권리이다. 우리나라 사회주의제도는 우리 인민의 의사와 요구를 반영하여 우리 인민자신이 세운 우월한 사회주의제도이다. 우리 인민은 우리나라 사회주의제도를 생명처럼 귀중히 여기고 있다. 우리 공화국정권은 인민대중의 의사와 요구, 사회주의 본성에 맞는 정치를 실시하고 있다. 우리나라는 그 누가 뭐라고 해도 자기의 실정과 우리 인민의 요구와 의사를 반영하여 로선과 정책을 작성하고 관철해 나가고 있다."[5]

---

5 『로동신문』, 2009. 1. 15.

상기의 주장은 앞으로 북한이 어떠한 기조 속에서 핵정책을 추구해 나갈 것인지를 판단해 볼 수 있는 근거를 제공하고 있다. 즉 북한은 핵정책을 기존에 지속적으로 추구한 바 있는 '자주권' 문제와 결부지으며 추구하겠다는 것을 시사했다.

한편, 오바마 행정부의 외교안보분야에서 중요한 관심사 가운데 하나인 핵무기 비확산과 관련하여 '핵 없는 세상'을 주장하며 중요한 외교안보정책으로 생각하고 있었다.[6] 그럼에도 불구하고 북한은 "우주공간을 평화적목적에 리용하는 것은 그 누구도 간섭할수 없는 주권국가의 합법적권리이며 우리의 평화적 위성발사는 나라와 민족의 번영, 인류의 진보를 위한 정의로운 사업이다"[7]라고 주장하며, 핵무기의 운반수단으로 활용 가능한 장거리 로켓을 발사했다. 이에 국제사회는 탄도미사일 관련 모든 활동을 금지한 유엔 안보리 결의안 1718호 위반이라는 데 인식을 같이 했으며, 4월 13일 유엔 안보리는 의장성명을 채택하여 장거리 로켓 발사를 규탄했다. 이에 북한은 외무성 성명을 통해 입장을 표명하였는데, "오늘의 사태는 유엔헌장에 명기된 주권평등의 원칙과 공정성이란 허울뿐이고 국제 관계에서 통하는 것은 오직 힘의 논리라는 것을 명백히 보여주고 있다. 성원국의 자주권을 침해하는 유엔이 우리에게 과연 필요하겠는가 하는 문제가 제기되고 있다"[8]라고 반발하며 6자회담을 거부하면서 핵시설을 원상 복귀하고 사용 후 연료봉을 재처리하겠다고 선언했다. 결국 한반도는 '제3차 북핵위기'라는 소용돌이 속으로 빠져들어가게 됐다.

6　『경향신문』, 2009. 4. 5.

7　『로동신문』, 2009. 4. 3.

8　조선민주주의인민공화국 외무성 성명, 『조선중앙통신』, 2009. 4. 14.

북한의 장거리 로켓 발사로 인해 채택된 안보리 의장성명에 따라 북한은 금융 제재 대상으로 추가 지정됐고, 이에 북한은 외무성 대변인 성명을 통해 "유엔안전보장이사회는 4월 24일 구속력도 없는 의장성명에 따라 우리의 자주권 행사인 평화적 위성발사를 걸고 우리나라의 3개 회사를 제재대상으로, 많은 종류의 군수관련 물자와 자재들을 우리나라에 대한 수출입 금지품목으로 공식 지정함으로써 반공화국 제재를 실동에 옮기는 불법무도한 도발행위를 감행하였다. 지난 수 십년 간 적대세력의 갖은 제재와 봉쇄 속에서 살아온 우리에게 이따위 제재가 절대로 통할 리 없다"[9]라고 입장을 밝혔다. 그리고 얼마 지나지 않은 5월 25일 제2차 핵실험을 강행했다. 그러자 안보리는 결의안 1874호를 채택했다.[10]

상기와 같이 북한의 위기를 고조시키는 행동으로 인해 한반도 내 긴장감이 감돌자, 관련국가들은 긴장을 완화시키기 위한 일련의 협의들을 이어갔다. 특히 9월 이후 중국은 고위급 인사들의 방북을 통해 6자회담 재개를 위해 노력했다. 그리고 이러한 노력의 결과가 영향을 미쳐 9월 18일 다이빙궈(戴秉國) 국무위원은 방북 시 김정일 위원장이 "양자 및 다자대화를 통한 문제해결을 희망"한다고 말했다고 언급했다.[11] 이와 함께 10월 5일 원자바오(溫家寶) 총리 방북 시에는 김정일 위원장이 "먼저 북미 양자 회담을 통해 북미의 적대관계가 평화관계로 바뀌는 것을 지켜본 뒤 6자회담을 포함한 다자회담에 참여할 것"이라고 언급했음을 밝혔다.[12] 이에 따라 북미 양자대화 여부가 중요쟁점으로 부상했다. 이런 가

---

9   조선민주주의인민공화국 외무성 대변인 성명, 『조선중앙통신』, 2009. 4. 29.

10 외교통상부, 『2010년 외교백서』(서울: 외교통상부, 2010), pp. 24~25.

11 『노컷뉴스』, 2009. 9. 18.

12 『아시아경제』, 2009. 10. 6.

운데 미국 대북정책 특별대표는 관련국가들과의 협의를 거쳐 12월 8일부터 사흘간 방북했으며, 6자회담의 필요성과 역할, 그리고 9·19 공동성명 이행의 중요성에 관해 공통의 이해에 도달했으나, 북한은 6자회담 복귀 시기를 약속하진 않았다.[13]

2010년 1월 북한은 외무성 대변인 담화를 통해 6자회담 복귀 조건으로 제재 해제를 요구하며 비핵화 논의에 앞서 정전협정을 평화협정으로 바꾸기 위한 회담 개시를 주장하였는데, "위성 발사를 차별적으로 문제시한 극심한 자주권 침해는 핵시험이라는 자위적 대응을 낳고 그에 따른 제재는 또 6자회담의 파탄을 초래하는 것과 같은 불신의 악순환이 생겨났다. 이러한 불신의 악순환을 깨고 신뢰를 조성하여 비핵화를 더욱 다그쳐 나가자는 것이 우리가 내놓은 평화협정 체결 제안의 취지이다"[14]라고 입장을 밝혔다.

이미 2010년 초반부터 줄곧 6자회담 재개 방안에 대해 관련국들 간에 긴밀한 협의가 진행되고 있었는데, 북한이 연초에 주장했던 평화협정 체결의 당위성을 주장하기 위한 행동으로 보여준 것이라 판단되는 천안함 피격 사건이 발생하면서 6자회담 재개에 제한사항이 발생했다. 이러한 제한사항을 극복하기 위한 일환의 조치로서 7월 9일 안보리 의장성명이 채택됐고, 북한에 대한 대북제재를 추가하면서 주요 대응이 일단락됐다.

한편, 6자회담을 지연시킨 장본인인 북한은 계속해서 6자회담 복귀 조건으로 자신의 '자주권' 차원의 행동으로 주장하는 미사일 발사와 제2차 핵실험으로 인해 발생된 제재 해제를 요구함과 함께, 외무성 부상인

---

13 외교통상부, 『2010년 외교백서』, p. 31.

13 외교통상부, 『2010년 외교백서』, p. 31.
14 조선민주주의인민공화국 외무성 대변인 담화, 『조선중앙통신』, 2010. 1. 18.

박길연은 유엔 총회 연설에서 "책임있는 핵무기 국가로서 다른 핵 보유 국과 동등한 입장에서 핵비확산과 핵물질의 안전한 관리를 위한 국제적 노력에 동참하려고 한다"라고 입장을 밝히며 핵보유국임을 기정사실화 하려는 입장을 표명했다.[15] 이는 북한이 새로운 협상틀을 창출하려는 사전 정지작업의 일환으로 보이며, 자신의 목표를 달성하는 데 있어 보다 유리한 환경을 조성하려는 의도가 포함된 메시지였다.

이러한 입장을 더욱 강화하려는 의도를 나타내기 위해 북한은 스탠 퍼드 대학의 헤커 박사 등 미국 전문가를 11월 9일부터 13일까지 초청 하여 영변 우라늄 농축시설을 보여줬다. 그리고 2,000여 개의 원심분리 기가 가동되고 있다고 설명했다.[16] 그리고 이어진 북한의 연평도 포격 사건은 더욱 6자회담 재개에 크나큰 장애를 초래했다.

특히 북한의 UEP 공개는 국제사회의 비확산 노력을 심각하게 위협한다는 사실을 깊이 인식케 했다. 그러자 한반도 내 관련국가들간 6자회담 재개의 필요성이 증가했으며 긴밀한 협의가 이어졌다.

2) 김정은 체제와 '자주권' 공고화

2010년 한 해 동안 동북아 지역 내에서는 많은 위기들이 발생하며 긴장이 고조되었으나, 관련국가들의 긴장완화 활동으로 인해 극한의 상황까지는 이르지 않았다. 이런 가운데 2011년 1월에 개최된 미중 정상회 담에서 한반도와 동북아의 안정의 중요성을 양국은 깊이 인식하였고, 남북대화가 필수적이라는 데 공감대가 형성됐다.[17]

---

15 『한국일보』, 2010. 9. 30.

16 『연합뉴스』, 2010. 11. 22.

17 『뉴시스』, 2011. 1. 20.

이후 많은 협의와 대화를 통해서 7월에 인도네시아 발리에서 제1차 남북회담이 개최됐다. 그리고 이어서 제1차 북미회담이 뉴욕에서 개최되었고, 회담 후 미 대북정책 특별대표는 "회담은 건설적이고 실무적이었다"라고 언급했다.[18]

이어서 제2차 남북회담이 베이징에서 개최되었고, 10월 24일부터 25일까지 제2차 북미회담이 제네바에서 개최됐다. 회담 결과 이후 미국 측 수석대표인 보즈워스(Stephen Bosworth) 대북정책 특별대표는 "매우 유용한 회담이었다"며 "북한 대표단과 매우 긍정적이고 전반적으로 건설적인 대화를 가졌다"고 평가했다.[19]

한편, 2011년 제1·2차 북미회담 이후 김정일 위원장 사망으로 인해 일시 중단됐다가, 2012년 2월 23일부터 24일까지 베이징에서 제3차 북미회담이 개최됐다. 그리고 2009년 오바마 행정부 출범 이후 그리고 김정은 체제가 등장하고 얼마 지나지 않아 북미 간의 첫 합의가 성사됐다. 회담 이후 미국은 국무부 대변인 명의의 성명을 통해 UEP의 중단과 핵·미사일 실험 유예 등 비핵화 사전조치와 대북 영양(식량)지원을 골자로 한 6개항의 합의내용을 공개했다.[20]

하지만 북미 간의 2·29 합의가 발표된 지 얼마 지나지 않은 3월 16일 북한은 조선우주공간기술위원회 대변인 담화를 통해 '실용위성' 발사를 예고했다. 이는 탄도미사일 기술을 이용한 어떠한 발사도 금지한 유엔 안보리 1874호 결의안을 위반하는 행동이었다.

국제사회는 우려를 표명하며 발사를 저지하려고 노력은 했지만, 북

---

18 『노컷뉴스』, 2011. 7. 30.

19 『머니투데이』, 2011. 10. 26.

20 『연합뉴스』, 2012. 3. 1.

한은 외무성 대변인 담화를 통해 "우리의 실용위성 발사는 유엔 안전보장이사회 결의보다 우위를 차지하는 국제사회의 총의가 반영된 우주조약을 비롯하여 우주의 평화적 이용에 관한 보편적인 국제법들에 따르는 자주적이고 합법적인 권리행사이다"[21]라고 주장하며, 4월 13일 장거리 로켓 발사를 강행했다. 이에 안보리는 4월 16일 의장성명을 채택했다. 이러한 조치에 대해 북한은 4월 17일 외무성 성명을 통해 "의장성명을 배격하며 2·29 조·미합의에 더 이상 구속되지 않을 것"이라고 입장을 밝혔다.[22]

이처럼 북한은 4월 장거리 로켓 발사 이후 긴장을 고조시켰으며, 개정 헌법 서문에 핵보유국임을 명시했고, 7월 20일 외무성 대변인 성명을 통해 "제반상황은 우리로 하여금 핵문제를 전면적으로 재검토하지 않을 수 없게 하고 있다"[23]라고 주장했다. 그리고 북한은 7월 31일 외무성 대변인 담화에서 "미국의 적대시 정책에는 핵억제력 강화로 대처해나가는 것이 우리의 확고부동한 선택이다"[24]라고 언급했다. 이와 함께 북한은 8월 외무성 대변인 담화를 통해 "오늘의 현실은 우리로 하여금 전쟁억제력을 물리적으로 더욱 강화할 것을 요구하고 있으며 핵문제를 전면적으로 재검토하기로 한 우리의 결심이 천백번 옳았다는 것을 보여준다. 우리의 전쟁억제력은 침략자들을 지구상 그 어디에 배겨있든 무자비하게 징벌할 수 있는 정의의 보복수단이다. 이것은 나라의 자주권을 수호하는 만능의 조선반도에서 전쟁을 억제하는 위력한 수단이며 우리가 경제건설과 인민생활 향상에 힘을 집중할 수 있게 하는 강력한 담보로 된

---

21 조선민주주의인민공화국 외무성 대변인 담화, 『로동신문』, 2012. 3. 24.
22 조선민주주의인민공화국 외무성 성명, 『조선중앙통신』, 2012. 4. 17.
23 조선민주주의인민공화국 외무성 대변인 성명, 『조선중앙통신』, 2012. 7. 20.
24 조선민주주의인민공화국 외무성 대변인 담화, 『조선중앙통신』, 2012. 7. 31.

다"[25]라고 주장하였는데, 이는 북한이 핵정책 '자주권'을 공고화하는 데 핵심적인 정책수단으로 깊이 인식하고 있음을 엿볼 수 있는 대목이다.

이런 와중에 북한은 12월 1일 조선우주공간기술위원회 대변인 담화를 통해 장거리 로켓 발사를 다시 한번 예고했다. 국제사회의 우려와 저지 노력에도 불구하고 북한은 12월 12일 장거리 로켓 발사를 강행했다. 이에 국제사회는 제재조치에 대한 논의를 했으며, 결국 2013년 1월 22일 유엔 안보리에서 2087호 결의안을 채택했다.[26]

그러자 북한은 1월 23일 외무성 성명을 통해 즉각 반발했으며, "미국과 그 추종세력들은 우리의 승리적인 전진을 가로막아보려고 발악하던 끝에 1월 22일 우리 공화국의 신성한 자주권을 난폭하게 침해하는 유엔안전보장이사회 결의라는 것을 조작해내었다"[27]라고 주장했다. 그리고 이어서 북한은 2월 12일 제3차 핵실험을 강행했다.

이에 국제사회는 제재조치에 대한 논의를 했으며, 2013년 3월 7일 유엔 안보리에서 제2094호를 채택하며 북한의 통치기반을 약화시키는 기반을 마련함과 함께 제재이행의 대상·범위를 확대시켰다.[28]

2014년 김정은은 신년사에서 남북관계 개선을 위한 분위기를 조성하였으나, 로켓과 미사일 발사 등 도발행위를 멈추지 않았으며, 2015년에는 잠수함 발사 탄도미사일 사출시험에 이은 목함지뢰 도발까지 강행했다.[29]

이어서 2016년 1월 제4차 핵실험과 2월 장거리 미사일 발사에 대해

25 조선민주주의인민공화국 외무성 대변인 담화, 『로동신문』, 2012. 3. 24.
26 『연합뉴스』, 2013. 1. 23.
27 조선민주주의인민공화국 외무성 성명, 『조선중앙통신』, 2013. 1. 23.
28 국방부, 『2016년 국방백서』, p. 240.
29 위의 책, pp. 19~20.

서는 기존 대북제재 결의안보다 훨씬 '강력하고 실효적인' 제재 조치들을 포함한 결의안 제2270호를 만장일치로 채택했다. 또한 9월 제5차 핵실험 이후 유엔은 안보리 결의안 제2321호를 채택하여 석탄수출 상한선을 설정하고 금수품목을 추가하는 등 대북제재를 강화했다.[30]

다음 해 2017년 9월 북한은 제6차 핵실험을 강행하며 핵기폭 기술력의 고도화에 더욱 가까워졌다. 즉 북한이 스스로 강조한 '핵무력' 완성 단계에 진입한 것으로 보인다. 이에 국제사회는 '원유 동결과 정제유 30% 감축' 내용을 담은 결의안 제2375호를 채택했다.[31]

2. 제3차 북핵위기 시 북한의 핵기술능력

2016년 말을 기준으로 북한의 플루토늄 보유량의 추정치를 살펴보면, 2016년 말 한국 국방부에서 발간된 『국방백서』에서는 수차례의 폐연료봉 재처리 과정을 통해 무기급 플루토늄 보유량 50여kg을 보유하고 있는 것으로 기술하고 있었으며, 고농축 우라늄에 대해서는 '상당한 수준'으로 진전되고 있는 것으로 평가하고 있었다.[32]

특히 고농축 우라늄에 대한 평가는 2010년 10월 미국의 핵과학자 헤커 박사를 북한이 초청해 영변의 우라늄 농축 시설을 공개하고, "원심분리기 2000개가 이미 설치돼 가동 중"이라고 밝혔다. 이처럼 북한이 고농축 우라늄 원심분리기 시설을 공개하면서 이를 기반으로 한 핵무기

---

30 국방부, 『2016년 국방백서』, p. 21.

31 『동아일보』, 2017. 9. 12.

32 국방부, 『2016년 국방백서』, p. 27.

개발도 감안해야 하는 상황에 직면하게 됐다. 사실 북한이 공개한 시설만으로도 연간 고농축 우라늄은 약 40kg이 생산이 가능할 것으로 추정된다. 이는 1~2개의 고농축 우라늄탄을 만들 수 있는 분량이다.[33]

한편, 북한의 핵무기 제조기술과 관련해서 살펴보면 핵탄두의 소형화가 가장 중요한 문제라 할 수 있다. 지금까지 미사일에 탑재하여 장거리를 보낼 수 있을 정도로 소형화하는 데 성공했는지는 아직 확실하지 않았다. 그러나 제3차 핵실험 이후 미국의 올브라이트 박사는 "북한이 예상했던 수순대로 장거리 미사일 개발에 이어 핵탄두 소형화 작업을 시작했음을 보여줬다"고 밝혔다.[34] 그는 북한이 실제 탄두 소형화에 얼마나 성공했는지는 알 수 없지만 일단 그 작업에 착수했다는 것만으로도 충분한 위협이라고 지적했다.

반면에 북한의 핵탄두 소형화와 관련해서 미국 정보기관 내에서 다른 의견들이 나왔다. 제임스 클래퍼(James Clapper) 국가정보국(DNI: Director of National Intelligence) 국장은 북한이 2012년 12월 인공위성을 탑재한 미사일을 통해 장거리 미사일 기술을 과시했다면서도 "북한은 핵무장 미사일에 필요한 충분한 능력을 개발 또는 시험하지 못했으며 보여주지 못했다." 이와는 반대로 미 국방정보국(DIA: Defense Intelligence Agency)에서 작성한 보고서에는 "북한이 현재 탄도 미사일을 통해 운반할 수 있는 핵무기를 보유하고 있다고 어느 정도 자신 있게(with moderate confidence) 평가한다. 그러나 (무기의) 신뢰도는 낮을 것"이라고 평가하고 있었다. 이처럼 북한의 핵무기 소형화 문제와 관련해서 많은 논란이 있었는데, 오바마 대통령이

---

33 Siegfried S. Hecker, "A Return Trip to North Korea's Yongbyon Nuclear Complex," (November 20, 2010).

34 『경향신문』, 2013. 2. 13.

방송에 나와서 "정보 당국이 현재까지 분석한 것을 토대로 할 때 북한이 핵탄두를 탄도 미사일에 얹을 능력이 있다고 믿지 않는다는 게 나와 행정부의 결론"이라고 강조하면서 일단락됐다.

이와 함께 북한의 핵무기 소형화에 대한 다른 의견으로 헤커 박사는 "북한은 아직 핵실험 경험이 부족하다"면서 "미사일을 개발하려면 핵실험을 최소 1번은 더 거쳐야 할 것"이라고 말했다.[35] 또한 2016년 한국의 『국방백서』에서는 북한의 핵탄두 소형화 능력을 '상당한 수준'이라고만 평가하고 있었다.[36]

상기에서 논의된 바를 종합해보면, 현재 북한의 핵무기 소형화에 대한 여러 의견들이 존재하고 있는 점을 고려 시 아직 소형화에 대한 명확한 평가를 할 수 있는 정보가 부족하다고 할 수 있다.

다음은 북한의 핵실험 수준에 대해서 살펴보면, 2006년 10월 제1차 핵실험은 부분적으로만 성공했다. 그 결과는 1KT 정도로 보여졌다. 2009년 5월에 제2차 핵실험의 예상량은 4.6KT 정도로 판단되고 있으며, 2013년 2월에 제3차 핵실험의 예상량은 6~7KT으로 판단된다.[37] 예컨대, 북한의 핵실험 과정에 대한 분석으로 중국의 리빈(李彬) 칭화대 교수는 "북한은 국제사회 여건상 여러 번 핵실험을 하기 어렵다고 보고 처음부터 소형 핵탄두 기폭장치를 이용해 실험했으나 성공하지 못한 것 같다"면서 "첫 실험에서 정상 위력을 얻지 못해 2차, 3차 핵실험에서는 화학물질을 더 많이 사용, 위력을 키웠고 핵탄두도 커진 것 같다"고 분석

---

35 『데일리NK』, 2013. 4. 19.

36 국방부, 『2016년 국방백서』, p. 27.

37 김동수 · 안진수 · 이동훈 · 전은주, 『2013년 북한 핵프로그램 및 능력 평가』(서울: 통일연구원, 2013), pp. 59~65.

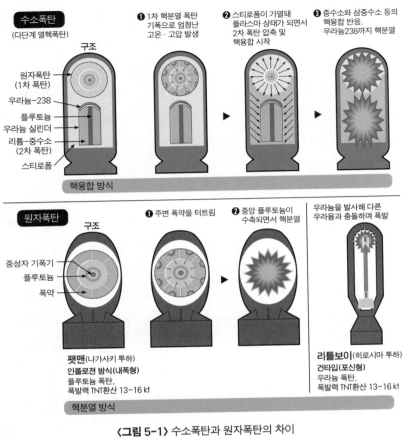

〈그림 5-1〉 수소폭탄과 원자폭탄의 차이

출처: 『연합뉴스』, 2016. 9. 9.

했다.[38]

　　이와 함께 2016년 제4·5차 핵실험과 2017년 북한이 수소탄 실험 이라고 주장한 제6차 핵실험은 북한이 핵탄두 제조 기술력 확인을 통해 핵무기 고도화의 진전을 확인하고자 했을 것으로 판단된다. 특히 제6차

---

38 『연합뉴스』, 2013. 9. 25.

핵실험으로 '기술력' 차원에서 더 이상의 핵실험이 없이도 핵탄두 기폭장치 부문의 목표는 어느 정도 달성한 것으로 추정된다.[39]

다음으로 핵무기 운반수단으로 사용되는 미사일 개발과 관련해서 살펴보면, 북한은 2007년에는 사거리 3,000km 이상의 무수단 미사일을 작전 배치했다. 이에 따라 북한은 한반도를 포함한 일본, 괌 등 주변국에 대한 직접적인 타격능력을 보유하게 됐다. 또한 1990년대 말부터 장거리 탄도미사일 개발에 착수하여 2009년 4월과 2012년 4월, 12월에도 대포동 2호를 추진체로 하는 장거리 로켓을 발사했다. 이처럼 북한은 핵무기 운반수단인 미사일 개발과 관련해서 상당한 기술 수준에 이르고 있다.

특히 북한의 미사일 기술 수준을 가늠할 수 있는 2012년 12월 12일 은하 3호 2호기의 발사 성공은 의미하는 바가 크다고 할 수 있다. 왜냐하면 북한이 은하 3호에 핵탄두를 장착하는 기술까지 보유하게 된다면 한반도는 물론 동북아와 북미관계에 중요한 변화가 예상되기 때문이다.[40]

이와 함께 2016년 제4차 핵실험에 이어서 3월 이후 북한은 다양한 투발능력을 과시할 목적으로 미사일 탄두의 재진입 기술 모의시험, 고체로켓 엔진시험, ICBM 엔진 지상 분출시험을 공개했다. 그리고 2016년 9월에 제5차 핵실험, 2017년 9월에 제6차 핵실험을 강행하며 핵기술능력을 고도화하고 있다.[41]

---

39 정성윤, "북한의 6차 핵실험(1): 평가와 정세전망", 『통일연구원 Online Series』, 제17-26
     호, (서울: 통일연구원, 2017), p. 3.
40 『노컷뉴스』, 2014. 3. 4.
41 국방부, 『2016년 국방백서』, p. 27.

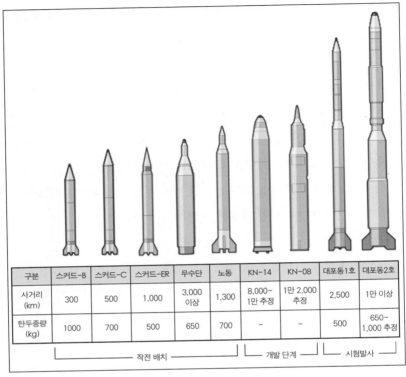

구분	스커드-B	스커드-C	스커드-ER	무수단	노동	KN-14	KN-08	대포동1호	대포동2호
사거리 (km)	300	500	1,000	3,000 이상	1,300	8,000~ 1만 추정	1만 2,000 추정	2,500	1만 이상
탄두중량 (kg)	1000	700	500	650	700	-	-	500	650~ 1,000 추정

작전 배치　　　　　　　　개발 단계　　　　시험발사

〈그림 5-2〉 북한의 미사일 종류

출처: 국방부, 『2016년 국방백서』(서울: 국방부, 2016), p. 28; 『중앙일보』, 2017. 1. 11.

상기에서 살펴본 바와 같이 북한은 여섯 차례에 걸쳐서 핵실험을 통해 체득한 핵무기 제조 기술과, 핵무기 제작에 필요한 핵물질도 보유하고 있으며, 핵실험을 위한 장소도 마련되어 있는 점을 고려 시 기술적으로 다음 핵실험을 위한 준비가 완비되어 있는 상태라 할 수 있다. 또한 북한이 기술적으로 다양화·정밀화·소형화를 추구하고 있을 뿐만 아니라, 고농축 우라늄까지 보유하고 있는 것으로 추정하면 향후 연간 플루토늄과 우라늄을 이용해서 8~10기의 다양한 핵무기를 제조할 수 있다는 점을 고려 시 핵기술능력이 크게 향상된 것으로 판단된다.

이처럼 현재 북한은 추가 핵실험을 위한 기술적인 준비는 완료되어 있다고 판단해 볼 수 있으며, 최고지도부의 '전략적 판단'에 의해서 결정될 것으로 보인다.

제2절 제3차 북핵위기 핵정책 결정요인

1. 정치적 동기 차원 : '자주권' 공고화

북한은 미국의 '자주권'을 침해하는 말과 행동에 대해 민감하게 대응했다. 특히 북한은 미국의 적대적인 말이나 압박 그리고 제재조치에 대해 보다 강경한 조치들을 취했다.

2009년 4월 5일 북한은 장거리 로켓 발사에 따른 유엔 안보리의 의장성명이 채택되자 4월 14일 외무성 성명을 통해 입장을 밝혔는데, "우리 공화국의 자주권을 난폭하게 침해하고 우리 인민의 존엄을 엄중히 모독한 유엔안전보장이사회의 부당천만한 처사를 단호히 규탄 배격한다", "우리가 참가하는 6자회담은 더는 필요 없게 됐다. 조선반도 비핵화를 위한 9·19 공동성명에 명시되어 있는 자주권 존중과 주권평등의 정신은 6자회담의 기초이며 생명이다", "6자회담이 우리의 자주권을 침해하고 우리의 무장해제와 제도 전복만을 노리는 마당으로 화한 이상 이런 회담에 다시는 절대로 참가하지 않을 것이며 6자회담의 그 어떤 합의에도 더 이상 구속되지 않을 것이다"[42]라고 주장하며 장거리 로켓 발사 관련 의장성명에 대한 입장을 발표했다.

그리고 의장성명에 따른 북한의 3개의 제재대상이 추가되자, 북한

---

[42] 조선민주주의인민공화국 외무성 성명, 『조선중앙통신』, 2009. 4. 14.

은 4월 29일 외무성 대변인 성명을 통해서 입장을 밝혔다.

> "엄중한 것은 유엔안전보장이사회가 미국의 책동에 추종하여 주권국가의 자주권을 난폭하게 침해하고도 모자라 이제는 우리 공화국의 최고이익인 나라와 민족의 안전을 직접 침해하는 길에 들어섰다는 사실이다. 적대세력은 6자회담을 통하여 우리를 무장 해제시키려던 목적을 이룰 수 없게 되자 이제는 물리적인 방법으로 우리의 국방공업을 질식시켜보겠다는 망상을 하고 있다. … 유엔안전보장이사회는 조선민주주의인민공화국의 자주권을 침해한 데 대하여 당장 사죄하고 부당하게 차별적으로 채택한 모든 반공화국 결의와 결정들을 철회하여야 한다."[43]

이처럼 북한은 안보리 제재를 체제를 위협하고 '자주권'을 침해하는 조치로 생각하고 비난을 했다. 다시 말해 북한의 입장에서는 평화적 우주 이용권 행사에 대해 제재를 가하자 '자주권'을 침해하는 행위라 주장하며, 제재를 철회해야 한다고 강하게 주장했다. 또한 이러한 행위에 대해 핵실험과 탄도미사일 발사 실험을 강행하게 될 것이라고 공표를 했다.

더불어 북한은 6자회담의 복귀에 대한 부정적인 입장을 계속해서 나타냈는데, 2009년 4월 14일 외무성 성명에서 "우리가 참가하는 6자회담은 더는 필요 없게 되었다. 조선반도 비핵화를 위한 9 · 19 공동성명에 명시되어 있는 자주권 존중과 주권평등의 정신은 6자회담의 기초이며 생명이다. 회담참가국들 자신이 유엔안전보장이사회의 이름으로 이 정

---

[43] 조선민주주의인민공화국 외무성 대변인 성명,『조선중앙통신』, 2009. 4. 29.

신을 정면 부정해 나선 이상 그리고 처음부터 6자회담에 악랄하게 훼방을 놀아온 일본이 이번 위성발사를 걸고 우리에게 공공연히 단독제재까지 가해나선 이상 6자회담은 그 존재의의를 돌이킬 수 없이 상실하였다"[44]라고 주장했다. 또한 "6자회담이 우리의 자주권을 침해하고 우리의 무장해제와 제도 전복만을 노리는 마당으로 화한 이상 이런 회담에 다시는 절대로 참가하지 않을 것이며 6자회담의 그 어떤 합의에도 더 이상 구속되지 않을 것이다"[45]라고 강조했다.

상기와 같은 입장을 표명한 이후 북한은 5월 25일 제2차 핵실험을 강행했다. 이어서 북한은 5월 29일 외무성 대변인 담화를 통해 핵실험을 강행한 것에 대해 입장을 표명했는데, "우리는 유엔안전보장이사회가 우주조약을 난폭하게 위반하고 주권 국가의 자주권을 엄중하게 침해한 자기의 죄행에 대하여 사죄하고 부당하게 조작해낸 모든 결의와 결정들을 철회할 것을 엄숙히 요구하였다"[46]라고 주장했다.

이러한 가운데 유엔 안보리는 제2차 핵실험에 대해 6월 12일 1874호 결의안을 채택했다. 그러자 북한은 6월 13일 외무성 성명을 통해 다시 입장을 밝혔다.

"우리 공화국의 자주권과 존엄에 관한 문제이며 조·미 대결이다. 자주와 평등을 떠나서 진정한 평화란 있을 수 없다. 누구든 우리의 처지에 놓이게 된다면 핵보유가 결코 우리가 원한 것이 아니라 우리에 대한 미국의 적대시 정책과 핵위협으로 인한 불가피한 길이었음을 알고도 남을 것이다. 이제 와서 핵포기란 절대로 철두철미 있을

---

44 조선민주주의인민공화국 외무성 대변인 성명, 『로동신문』, 2009. 4. 15.

45 ibid.

46 조선민주주의인민공화국 외무성 대변인 담화, 『조선중앙통신』, 2009. 5. 29.

수 없는 일로 되었으며 우리의 핵무기 보유를 누가 인정하는가, 마는가 하는 것은 우리에게 상관이 없다."[47]

이처럼 북한은 미국이나 국제사회가 직접적인 위협 발언이나 제재조치를 채택할 경우에 '자주권'을 훼손한 것으로 간주함으로써 미국과의 대결국면을 조성하며 합의된 내용을 불이행하는 행동도 서슴치 않았다.

이와 함께 북한은 7월 27일 외무성 대변인 담화에서도 강하게 주장했는데, "이처럼 6자회담은 적대세력의 변함없는 반공화국 압살책동에 의하여 개최초기의 목표와 성격으로부터 돌이킬 수 없이 변질 퇴색되고 말았다. 미국을 비롯한 6자회담 참가국들이 유엔안전보장이사회를 도용하여 우리의 위성발사권리까지 백주에 강탈하려드는 무모한 짓만 벌이지 않았어도 사태는 오늘과 같은 지경에 이르지 않았을 수도 있었다. 지금 6자회담 재개를 주장하는 참가국들은 애초에 회담을 파괴하고 대결을 발단시킨 저들의 이 처사에 대하여서는 고집스럽게 침묵을 지키고 있다"라고 언급했다. 또한 "6자회담 재개주장에 무턱대고 동조하는 것은 사태해결에 백해무익하다. 자주권과 존엄을 생명처럼 여기는 우리를 남들이 6자회담에 나오라고 하면 나가고 나오지 말라고 하면 안나가는 그런 나라로 보려는 것부터가 어리석고 어처구니없는 일이다. 우리 문제를 해결할 수 있는 방도와 방식은 당사자인 우리가 제일 잘 알게 되어 있다. 현 사태를 해결할 수 있는 대화방식은 따로 있다"[48]고 선언했다.

상기의 주장에서 북한은 기존과는 다르게 "현 사태를 해결할 수 있는 대화방식은 따로 있다"고 입장을 밝혔다. 이와 같은 입장을 북한이

---

47 조선민주주의인민공화국 외무성 성명, 『조선중앙통신』, 2009. 6. 13.
48 조선민주주의인민공화국 외무성 대변인 담화, 『로동신문』, 2009. 7. 28.

밝힌 것은 기존의 6자회담에 참여할 수 없다는 거부논리로 제시된 '북한의 자주권과 평등을 존중'의 정신이 지켜지지 않고 있다는 것을 강조하기 위함이었다. 이런 가운데 북한의 7월 27일 외무성 대변인 담화를 보면 북한은 6자회담보다는 '대화방식은 따로 있다'라는 언급했고 이런 점을 고려시 '북미 양자회담'을 개최하자고 제안하는 사전 메시지가 아닐까 추측해 볼 수 있다.

한편, 제2차 핵실험으로 인한 한반도 내에 긴장국면이 조성된 가운데 관련국가들의 한반도 비핵화 노력으로 인해 북미 간 회담이 성사됐다.[49] 미국의 대북정책 특별대표 보즈워스는 12월 8일부터 사흘간 방북했으며, 북미 양측은 6자회담의 필요성과 역할, 그리고 9·19 공동성명 이행의 중요성에 관해 어느 정도 공통의 이해(common understanding)에 도달했다. 그러나 북한은 구체적인 6자회담 복귀 시기를 약속하지 않았다.[50]

이처럼 미국 국무부 대북정책 특별대표의 방북을 통해 공통의 이해관을 넓히는 노력을 경주했음에도 쉽게 경색국면이 완화되지 않았다. 그나마 다행인 것은 2009년 말 북미 간의 우호적인 분위기가 조성된 가운데 마무리되어, 2010년에는 6자회담의 기대감이 높았다. 그러나 북한은 1월 10일 외무성 성명을 통해 6자회담 복귀 조건으로 제재 해제를 요구하며 비핵화 논의에 앞서 평화협정 논의에 대한 주장을 하는 등의 모습을 보이며 장기 경색국면의 모습으로 나아가려는 의도를 비추고 있었다.

2011년 7월 이후 관련국가들 간의 긴밀한 대화가 이어지다가 2012년 2월 제3차 북미회담이 베이징에 개최됐고 이어 2·29 합의가 도출됐다.[51] 그러나 오바마 행정부가 출범한 이후 북미 간에 합의된 최초 합의

---

49   『연합뉴스』, 2009. 11. 11.

50   외교통상부, 『2010년 외교백서』, p. 31.

51   최근 언론에 보도된 내용을 통해 보면 북한은 비핵화와 관련하여 스스로 계획한 모종의

는 불과 보름만에 시련을 겪게 됐다.

북한은 3월 16일에 조선우주공간기술위원회 대변인 담화를 통해 '실용위성' 발사를 예고했다.[52] 이에 미국은 '위성발사'든 '미사일 발사'든 간에 2·29 합의를 위반하는 것이라고 입장을 표명했다. 하지만 북한은 3월 23일 외무성 대변인 담화를 통해 "우리의 실용위성 발사는 유엔 안전보장이사회 결의보다 우위를 차지하는 국제 사회의 총의가 반영된 우주조약을 비롯하여 우주의 평화적 이용에 관한 보편적인 국제법들에 따르는 자주적이고 합법적인 권리행사이다"[53]라고 주장한 점을 고려 시에 장거리 로켓 발사 관련 행동을 '자주권'과 결부짓고 있음을 엿볼 수 있다.

이러한 위기국면을 타개하기 위해 국제사회는 북한의 장거리 로켓 발사와 관련하여 유엔 안보리 결의 위반이라는 경고의 메시지를 지속 보냈음에도 불구하고, 결국 북한은 장거리 로켓 발사를 강행했고 이를 규탄하는 의장성명이 채택됐다. 그러자 북한은 4월 17일 외무성 성명을 통해 입장을 밝혔다. "우리 공화국의 합법적인 위성발사권리를 짓밟으려는 유엔안전보장이사회의 부당천만한 처사를 단호히 전면배격한다. 민족의 존엄과 나라의 자주권을 우롱하고 침해하려는 사소한 요소도 절대로 용납하지 않는 것은 우리 군대와 인민의 확고한 원칙이다", "미국이 노골적인 적대행위로 깨버린 2·29 조·미 합의에 우리도 더 이상 구

조치를 위해 움직이고 있다는 것을 엿볼 수 있다. 『연합뉴스』, 2016. 1. 2. "오바마 미국 행정부가 2012년 북한과 미국 간 '2·29 합의' 직후 '뉴욕채널'(북미간 비공식 협의창구)을 통해 남북 6자회담 수석대표 회동을 적극적으로 종용했으나, 북한이 이를 거부한 것으로 나타났다. 이는 당시 한국과의 공조를 통해 북한의 비핵화 이행을 압박하려는 미국 측의 입장과, 남한을 배제하고 북·미 간 직접 협상 구도로 끌고 가려는 북한의 속내가 서로 부딪혔던 것으로 볼 수 있다"라고 보도됐다.

52 조선우주공간기술위원회 대변인 담화, 『로동신문』, 2012. 3. 17.
53 조선민주주의인민공화국 외무성 대변인 담화, 『조선중앙통신』, 2012. 3. 23.

속되지 않을 것이다", "이로써 우리는 조·미 합의에서 벗어나 필요한 대응조치들을 마음대로 취할 수 있게 되었으며 그로부터 산생되는 모든 후과는 미국이 전적으로 책임지게 될 것이다"[54]라고 주장한 바를 고려 시 안보리 의장성명은 북한의 입장에서는 '자주권'을 훼손했다고 인식하고 있음을 엿볼 수 있는 대목이다. 또한 이후 북한은 더 강한 조치를 취할 것을 예고했다.

이런 상황 속에서 2012년 후반기는 미국의 대선 기간으로서 북한은 긴장을 고조시키는 행동을 자제하며 추이를 지켜보고 있었다. 한편, 북한은 미국의 대통령 선거가 끝나고 얼마 후에 장거리 로켓 발사를 예고한 다음 12월 중순 장거리 로켓 발사를 강행했고, 이에 안보리는 제재에 들어가 2013년 1월 22일 2087호[55] 결의안을 채택했다. 그러자 북한은 1월 23일 외무성 성명을 통해 즉각 반발했다. "위성발사권리에 대한 침해는 곧 우리의 자주권에 대한 침해로서 절대로 용납 못할 엄중한 적대행위이다"[56]라고 주장했다.

그리고 북한은 1월 24일 국방위원회 성명을 통해 "자주권은 나라와 민족의 생명이다", "자주권을 잃은 나라와 민족은 살아도 죽은 것이나 다름없다. 위성발사는 우리의 정정당당한 자주권권리이며 국제법적으로 공인된 합법적인 주권행사이다", "나라의 자주권을 수호하기 위한 전면대결전에 떨쳐나서게 될 것이다"라고 선언했으며, "조성된 사태와 관련하여 우리 군대와 인민은 목숨보다 귀중한 자주권을 수호하고 미국을 비롯한 온갖 적대세력들의 대조선 고립 압살책동을 짓부셔 버리기 위한

---

54 조선민주주의인민공화국 외무성 성명, 『조선중앙통신』, 2012. 4. 18.

55 United Nations, "Resolution 2087 (2013)," *Adopted by the Security Council at its 6904th meeting*, on 22 January 2013.

56 조선민주주의인민공화국 외무성 성명, 『조선중앙통신』, 2013. 1. 23.

전면대결전에 한 사람같이 떨쳐나서게 될 것이다", "경제강국 건설도, 새로운 단계에 들어선 우주정복투쟁도, 나라의 국방과 안전을 지키기 위한 억제력 강화도 미국을 비롯한 온갖 적대세력들의 준동을 짓부시기 위한 전면대결전에 지향되고 복종될 것이다", "세기를 이어오는 반미투쟁의 새로운 단계인 이 전면대결전에서 우리가 계속 발사하게 될 여러 가지 위성과 장거리 로케트도, 우리가 진행할 높은 수준의 핵시험도 우리 인민의 철천지 원쑤인 미국을 겨냥하게 된다는 것을 숨기지 않는다"라고 선언했다.[57] 이는 북한이 핵실험을 강행할 수 있음을 간접적으로 표현한 것으로 볼 수 있다.

이는 추가적인 보다 강경한 군사적 행동을 취하겠다는 메시지였고, 결국 2013년 2월 12일 제3차 핵실험을 강행했다. 북한 조선중앙통신은 "제3차 지하 핵시험을 성공적으로 진행했다"면서 "이번 핵시험은 이전보다 폭발력은 크면서 소형화, 경량화된 원자탄을 사용하여 높은 수준에서 안전하고 완벽하게 진행됐다"고 주장했다.[58]

또한 북한 외무성도 대변인 담화를 통해 입장을 발표했는데, "우리의 제 3차 핵시험은 미국이 대조선 적대행위에 대처한 단호한 자위적 조치이다"라고 말하며, "미국은 우리의 위성발사를 유엔안전보장이사회 결의의 위반이라고 걸고들면서 이사회를 사촉하여 새로운 제재결의를 또다시 조작해냈다. 위성발사권리에 대한 침해는 곧 우리의 자주권에 대한 침해로서 절대로 용납 못할 엄중한 적대행위이다", "원래 우리에게는 핵시험을 꼭 해야할 필요도, 계획도 없었다. 우리의 핵억제력은 이미부터 지구상 그 어느 곳에 있든 침략의 본거지를 정밀타격하여 일거에 소

57　조선민주주의인민공화국 국방위원회 성명, 『로동신문』, 2013. 1. 25.

58　『조선중앙통신』, 2013. 2. 12; 『경향신문』, 2013. 2. 13.

멸할 수 있는 신뢰성 있는 능력을 충분히 갖추고 있다. 위대한 대원수님들께서 한생을 바쳐 마련해주신 자위적인 핵억제력에 의거하여 경제건설과 인민생활 향상에 힘을 집중하려던 것이 우리의 목표였다", "이번 핵시험의 주되는 목적은 미국의 날강도적인 적대행위에 대한 우리 군대와 인민의 치솟는 분노를 보여주고 나라의 자주권을 끝까지 지키려는 선군조선의 의지와 능력을 과시하는 데 있다"라고 주장했다.[59]

북한의 제3차 핵실험 이후 2월 12일 오바마 대통령은 성명을 발표했다. "이는 지난해 12월 탄도미사일 발사에 이은 '심각한 도발행위(highly provocative act)'"라고 지적했다. 그러면서 "이는 지역 안정을 해치고, 수많은 유엔 안보리 결의를 위반하고, 지난 2005년 북핵 6자회담의 9·19 공동성명의 합의를 어기고, 확산 위험을 증대시키는 행위"라고 비난했다.[60] 이어서 3월 7일 제3차 핵실험과 관련해 북한에 대한 금융제재를 강화하고 북한의 의심화물을 실은 선박의 입항과 항공기 이착륙을 금지하는 내용 등의 결의안 2094호를 만장일치로 채택했다.[61]

전술했듯이, 김정은 정권에서 행해지고 있는 핵실험의 행태를 면밀히 살펴보면 핵무기 개발 활동은 '자주권'을 공고화해 나가는 과정과 동일시하고 있다고 추측해 볼 수 있다. 왜냐하면 김정은 정권이 2012년 사회주의 헌법을 수정하여 핵보유를 합법화하고, 국제사회에서 핵보유국으로 인정받기를 강요하는 모습을 보면 핵무기 개발 활동의 의도를 가늠해 볼 수 있기 때문이다.[62]

---

59 조선민주주의인민공화국 외무성 대변인 담화, 『로동신문』, 2013. 2. 13.

60 『연합뉴스』, 2013. 2. 12.

61 『조선일보』, 2013. 3. 8.

62 김보미, "김정은 정권의 핵무력 고도화의 원인과 한계", 『국방정책연구』, 제33권 제2호 (서울: 한국국방연구원, 2017), pp. 45~46.

이처럼 북한은 핵정책과 관련된 일련의 행동들에 대한 미국의 말과 행동을 자국의 '자주권' 문제와 결부지으며, 위기를 고조하고 합의를 불이행함과 함께 종국적으로는 핵능력을 강화하는 계기로 삼고 있다.

2. 안보적 동기 차원

1) 외부로부터의 안보위협 인식

2005년 9월 북한의 핵무기 개발 문제를 해결하기 위한 기본원칙을 채택한 '9·19 공동성명'과 이어서 체결된 2007년 2·13 합의와 10·3 합의를 통해 비핵화 2단계까지 진입하게 됐다.

그러나 제2단계 조치를 완료하기 위해 열린 2008년 12월 6자회담 수석대표회의에서 북한은 시료채취 등 검증 핵심요소를 명문화하지 못하겠다는 입장을 바꾸지 않음에 따라 결국 '검증의정서' 채택에 실패하면서 6자회담은 정체기를 맞게 됐다.

2009년 오바마 차기 행정부 출범 1주일을 앞둔 시점에서 힐러리 클린턴 장관 후보자에 대한 미 의회의 인준청문회가 시작된 1월 13일 오후 북한은 외무성 대변인 담화 형식으로 미국에게 메시지를 전달했다.

북한 외무성 대변인은 "미국의 대조선 적대시 정책과 그로 인한 핵위협 때문에 조선반도 핵문제가 산생되었지 핵문제 때문에 적대관계가 생겨난 것이 아니다"라고 말했다.[63] 이는 비핵화와 관계정상화에 있어 선후관계의 중요성도 제기하면서, 두 관계를 선순환적으로 풀어가기를 바란다는 의미도 내포되어 있었다.

---

[63] 조선민주주의인민공화국 외무성 대변인 담화, 『조선중앙통신』, 2009. 1. 13.

미 국무장관 후보자인 클린턴은 상원 인준청문회에서 북핵 3대 핵심사안을 검증하겠다고 천명한 뒤 "플루토늄 생산과 우라늄 농축, 핵확산 활동에 대해 충분히 설명하지 않는 한 관계정상화가 이뤄지지 않을 것"이라고 강조했다.[64] 이는 북한이 주장한 관계정상화를 통한 비핵화 주장의 내용과는 대척점에 있게 되었는데, 이러한 초반 북미 간의 팽팽한 입장 대결로 이어지면서 협력보다는 경쟁과 대결구도로 나아가게 되는 출발점이 됐다.

이와 함께 북한은 외무성 대변인 담화를 통해 입장을 표명했는데, "미국의 대조선 적대시 정책과 핵위협의 근원적인 청산이 없이는 100년이 가도 우리가 핵무기를 먼저 내놓는 일은 없을 것"이라며 "적대관계를 그대로 두고 핵문제를 풀려면 모든 핵보유국들이 모여 앉아 동시에 핵군축을 실현하는 길밖에 없다"[65]고 주장했다. 이처럼 북한은 북미 간 신뢰가 형성되지 않고 핵위협이 존재하고 있는 가운데서는 '행동 대 행동'의 원칙하에 관계정상화를 통한 비핵화를 주장하고 있었다.

한편, 북한의 장거리 로켓 발사 예고에 대해 미국 등 국제사회에서는 유엔 안보리 제재 거론 등 우려를 표명하자, 북한은 3월 24일 외무성 대변인 담화 형식으로 입장을 밝혔다.

> "이러한 적대행위가 유엔안전보장이사회의 이름으로 감행된다면 그것은 곧 유엔안전보장이사회 자체가 9·19 공동성명을 부정하는 것으로 될 것이다. 9·19 공동성명이 파기되면 6자회담은 더 존재할 기초도, 의의도 없어지게 된다. 그렇지 않아도 조선반도의 비핵화

---

64 『동아일보』, 2009. 1. 15.

65 조선민주주의인민공화국 외무성 대변인 담화, 『조선중앙통신』, 2009. 1. 13.

를 지연시켜 저들의 핵무장 구실을 만들어보려는 일본의 의무불이행
으로 파탄직전에 와있는 6자회담이다. 6자회담이 일부 참가국들의
적대행위로 하여 끝내 깨어질 처지에 놓인 오늘의 현실은 적대관계의
청산이 없이는 1백 년이 가도 핵무기를 내놓을 수 없다는 우리 입장
의 진리성을 다시금 검증해주고 있다. 6자회담 파탄의 책임은 일본부
터 시작하여 9·19 공동성명의 호상존중과 평등의 정신을 거부한 나
라들이 전적으로 지게 될 것이다. 대화로 적대관계를 해소할 수 없다
면 적대행위를 억제하기 위한 힘을 더욱 다져 나가는 길밖에 없다."[66]

이처럼 북한은 장거리 로켓 발사에 대해 제재를 언급하는 것을 안
보위협으로 인식함으로써 이에 따른 행동의 일환으로 4월 5일 장거리
로켓 발사를 강행했다.

그러자 미국은 이 문제를 유엔 안보리로 가져가서 대북 제재를 추
진하려 했으나, 중국과 러시아는 로켓 발사가 인공위성을 궤도에 진입시
키기 위한 평화적인 것이어서 결의안에 반대했고, 타협을 거쳐서 최종 4
월 13일 의장성명을 발표하게 됐다.[67] 유엔 안보리 의장성명은 북한의 장
거리 로켓 발사가 안보리 결의안 1718호의 위반임을 규정하고 대북제재
조치를 조정하는 내용이었다. 그러자 북한은 다음날 외무성 성명을 통
해 유엔 안보리 의장성명을 비난했다.

"4월 14일 유엔안전보장이사회는 우리의 위성발사를 비난, 규
탄하는 강도적인 의장성명을 발표하였다. … 조성된 정세에 대처하

---

66 조선민주주의인민공화국 외무성 대변인 담화, 『조선중앙통신』, 2009. 3. 24.
67 『연합뉴스』, 2009. 4. 14; 『노컷뉴스』, 2009. 5. 1.

여 조선민주주의인민공화국 외무성은 당면하여 다음과 같이 선언한
다. … 6자회담 합의에 따라 무력화되었던 핵시설들을 원상 복구하
여 정상 가동하는 조치가 취해질 것이며 그 일환으로 시험원자력발
전소에서 나온 폐연료봉들이 깨끗이 재처리될 것이다."[68]

특히 북한은 4월 14일 성명에서 '경수로 발전소건설'을 언급한 것
은 우라늄 농축을 시도하겠다는 의미가 포함된 것으로 판단된다. 이와
함께 북한은 IAEA에 영변 핵시설에 대해 봉인과 감시 설비를 철거하고
사찰단을 추방시키는 조치를 취했다.[69]
더불어 미국에 메시지를 전달했는데, 주요 내용은 북한이 핵실험을
하겠으며 미국 본토에 도달하는 ICBM을 개발하고, 경수로를 개발할 수
있도록 우라늄 농축을 하겠다는 것이었다.[70]

"적대세력은 6자회담을 통하여 우리를 무장 해제시키려던 목적
을 이룰 수 없게 되자 이제는 물리적인 방법으로 우리의 국방공업을
질식시켜보겠다는 망상을 하고 있다. … 추가적인 자위적 조치들을
취하지 않을 수 없게 될 것이다. 여기에는 핵시험과 대륙간 탄도미사
일 발사시험들이 포함되게 될 것이다."[71]

결국 북한은 5월 25일 제2차 핵실험을 강행했다. 그리고 5월 29일
북한은 외무성 대변인 담화를 통해서 핵실험을 강행한 배경과 이유에

---

68   조선민주주의인민공화국 외무성 성명, 『조선중앙통신』, 2009. 4. 14.

69   『중앙일보』, 2009. 4. 15.

70   Jeffrey A. Bader, *op. cit.*, pp. 32~33.

71   조선민주주의인민공화국 외무성 대변인 성명, 『조선중앙통신』, 2009. 4. 29.

대해서 입장을 밝혔다.

"우리는 지난 수십년간 조선반도 비핵화를 위하여 모든 노력을
다 기울여왔으나 미국은 핵위협을 실질적으로 제거하기는커녕 그 도
수를 끊임없이 높여왔으며 나중에는 일반적인 권리인 인공위성 발사
를 걸고 9 · 19 공동성명의 기본정신인 자주권 존중과 주권평등의 원
칙을 난폭하게 위반하고 6자회담까지 파괴해버렸다."[72]

이런 가운데 유엔 안보리는 제2차 핵실험을 실시한 것에 대해 6월
12일 1874호 결의안을 통과시켰다. 안보리 헌장 7장 41조에 의거한 대
북 결의안은 전문과 34개조로 구성됐으며, 북한의 제2차 핵실험을 '가장
강력하게 규탄한다(condemn in the strongest terms)'고 명시했다.

이어 기존 안보리 결의 1718호의 철저한 이행을 촉구하면서 ① 무
기금수 ② 선박검색 ③ 금융제재 조치를 대폭 강화하는 내용을 포함시
켰다. 또한 결의안은 우선 무기금수 대상을 핵과 미사일 등 대량살상무
기와 중화기 등에서 소형무기를 제외한 거의 모든 무기로 확대했다. 다
만 소형 무기와 경화기, 관련물자는 북한에 판매하거나 제공하기 5일 전
에 대북제재위원회에 통보토록 했다.[73] 앞선 결의안 1718호에는 핵이나
탄도미사일 등 WMD와 미사일, 탱크, 장갑차, 전투기, 공격형 헬기, 전
함 등 '중화기'만이 수출입 금지 대상이었다. 이에 반해 유엔 안보리
1874호 결의안은 화물검색 규정이 대폭 강화되었으며, 압류 · 처분 규정
이 추가되었고, 무상원조 및 무역 관련 금융지원 금지 등이 추가됐다.

---

72 조선민주주의인민공화국 외무성 대변인 담화, 『조선중앙통신』, 2009. 5. 29.
73 『노컷뉴스』, 2009. 6. 13.

또한 제재위원회 산하에 제재 이행 상황을 검토·분석하는 전문가 그룹(Panal of Experts)을 설치하는 등 제재 이행 메커니즘도 강화했다. 이와 같이 확대·강화된 대북제재가 포함된 안보리 결의안 1874호가 만장일치로 채택된 것은 미·일·중·러 등 관련국가 모두 북한의 핵실험을 강력히 규탄하고 제재를 통해 북한을 압박할 필요성에 일치된 입장을 갖고 있음을 보여줬다.[74]

이처럼 2009년 북미 간의 대결국면이 확대되고 북한의 핵능력이 강화되자 다시 대화의 필요성이 증대되었으며, 미국의 대북정책 대표인 보즈워스가 중국으로 가서 협의를 했다. 이어서 중국 고위관료들의 북한 방문을 통해 6자회담 복귀를 유도했다.

이에 따라 북미 간의 대화를 통해 12월 8일에서 11일까지 보즈워스 특별대표의 평양 방문이 이뤄졌으며, 한반도 비핵화를 포함한 제반 문제에 대해 협의를 했다. 보즈워스는 평양을 방문하고 온 후 베이징에서 기자회견을 통해서 '한반도 평화체제' 논의가 앞으로 우선적인 의제가 될 것임을 시사했다.[75]

그리고 북한은 2010년 1월 11일 외무성을 성명을 통해 지난 6자회담의 경과에 대한 입장을 밝혔고, 핵위협의 증가를 주장하며 이에 대한 근본적인 원인이 한반도 내의 안보적 불안정성을 해소해 줄 수 있는 '한반도 평화체제'가 수립되어 있지 않은 것에 결부짓고 있었다.

"1990년대부터 조선반도의 비핵화를 위한 대화들이 진행되었으며 그 과정에 조·미 기본합의문과 9·19 공동성명과 같은 중요한

---

74 외교통상부, 『2010년 외교백서』, p. 25.
75 외교통상부, 『2010년 외교백서』, p. 31.

쌍무적 및 다무적 합의들이 채택되었다. 그러나 그 모든 합의들은 이행이 중도 반단되였거나 통째로 뒤집혀졌다. 이 기간에 조선반도에서 핵위협은 줄어든 것이 아니라 반대로 더 늘어났으며 따라서 핵억제력까지 생겨나게 되었다. … 조선반도에 일찍이 공고한 평화체제가 수립되였더라면 핵문제도 발생하지 않았을 것이다. … 평화협정이 체결되면 조·미 적대관계를 해소하고 조선반도 비핵화를 빠른 속도로 적극 추동하게 될 것이다."[76]

한편, 북한은 한반도 내 안보적 불안정성을 부각시키기 위한 일환의 행동조치로 3월 26일 천안함 피격 사건을 유발했으며, 이로 인해 6자회담 재개와 관련된 모든 대화재개 과정이 중단되고 말았다.[77] 그러자 한미 양국은 '선 천안함, 후 6자회담'이라는 기조에 동의하며 대화국면은 일시 중단됐다.

이후 미 국방부는 2010년 4월 6일에 『핵태세 검토보고서(NPR: Nuclear Posture Review Report)』를 발표 후 북한을 '핵선제공격 대상'으로 지명했다. 그러자 북한은 핵위협을 일삼아온 부시 행정부 초기의 대북 적대정책과 달라진 것이 없다는 것을 보여주는 것이라고 주장했다.[78] 이처럼 북한은 미국의 핵위협이 자신들의 취해온 조치에 대한 근본적인 원인임을 재차 강조했다.

또한 북한은 2010년 11월 9일부터 13일까지 한반도 및 북핵 전문가 팀을 북한에 초청하여 핵관련 시설과 '우라늄 농축시설'을 보여줬다.

---

76 조선민주주의인민공화국 외무성 성명, 『조선중앙통신』, 2010. 1. 11.

77 『중앙일보』, 2010. 5. 20.

78 조선민주주의인민공화국 외무성 대변인 기자회견, 『조선중앙통신』, 2010. 4. 9.

이는 북한이 그동안 부정해오던 우라늄 문제와 연관된 시설의 공개는 미국의 관심을 유도하며 '대화'가 필요하다는 것을 간접적으로 표현하기 위한 것으로 보였다.[79]

한편, 북한은 위기를 고조시키는 행동을 서슴치 않았는데 천안함 피격 사건에 이어 11월 23일 연평도 포격 사건을 일으켰다. 천안함 피격 사건으로 긴장국면이 고조되다가 대화 분위기로 전환되려는 시기에 발생한 연평도 포격 사건은 한반도 내 위기를 더욱 고조시켰으며, 이에 따른 미국과 중국의 깊은 우려를 낳았고 급격한 위기고조를 완화하기 위한 다양한 물밑 접촉으로 한반도 긴장완화의 필요성이 대두됐다.

이런 가운데 2011년 1월 19일 워싱턴에서 미중 정상회담이 개최됐고, 공동성명을 통해 한반도 문제에 대한 입장을 밝혔다. 한반도와 관련된 주요내용은 ① 2005년 9월 19일 공동성명과 이와 관련된 안보 결의안 내용 중요 ② 한반도 사태에 대한 우려 표명 ③ 남북대화 필요성 동의 ④ 한반도 비핵화 매우 중요 동의 ⑤ 북한의 우라늄 농축 프로그램 공개에 대해 우려를 표명했다.[80] 이는 6자회담을 재개하기 위한 미중 간의 협의로 남북대화의 필요성에 대해 북한과 한국을 이해시키고, 그 다음 북미 간 대화를 통해서 6자회담이 재개될 수 있는 과정을 유도해서 7월 시작으로 남북회담 및 북미회담을 이끌어 냈다. 그리고 제1·2차 남북회담에 이어서 제1·2차 북미회담을 통해 6자회담 재개를 위한 협의를 할 수 있게 됐다. 특히 북미회담 간에는 남북한 간 관계정상화 및 북한 영양지원에 대해 논의가 이루어졌다.[81]

---

79 백학순, 『오바마정부 시기의 북미관계 2009~2012』, p. 44.

80 The White House, "U.S.-China Joint Statement," *Office of the Press Secretary*, (January 19, 2011).

81 Jeffrey A. Bader, *Obama and China's Rise: An Insider's Account of America's Asia Strategy* (Washington

이처럼 남북대화 및 북미대화를 통해 상호간의 의견을 조율하며, 한반도 비핵화를 위한 물밑 접촉은 계속 이어갈 수 있었다. 북한은 2011년 11월 30일 외무성 대변인 담화를 통해서 한반도에서 핵위협에 대한 배경과 이를 해결하기 위한 일련의 조치에 대한 입장을 밝혔다.

> "9·19 공동성명에는 전 조선반도에서 핵위협을 근원적으로 종식시키고 적대관계를 청산하며 항구적인 평화체제를 구축할 데 대한 미국의 의무가 명백히 규제되어 있다. 모든 당사국들이 9·19 공동성명에서 공약한 의무를 동시 행동원칙에 따라 성실하게 이행할 때만이 비로소 조선반도 비핵화의 전망이 열릴 수 있다. 우리는 전제조건 없이 6자회담을 재개하고 동시행동 원칙에 따라 9·19 공동성명을 단계별로 이행해 나갈 준비가 되어 있다. 그러나 자기 할 바는 하지 않고 남에게 일방적인 요구를 강박하려는 것은 용납될 수 없으며 우리의 평화적 핵활동을 비법화 하거나 무한정 지연시키려는 시도는 단호하고 결정적인 대응조치를 불러오게 될 것이다."[82]

상기와 같은 북한의 주장을 고려 시 여전히 한반도 내에 핵위협이 존재하고 있다고 인식하고 있는 것으로 보였으며, 이에 대한 이유를 미국과의 적대관계에 있다고 주장하고 있었다. 그리고 이러한 위협으로 인해 파생되는 문제점에 대해 지속 주장하며 핵능력을 강화하는 활동과 평화적인 핵활동에 대한 당위성 주장의 입장을 고수하고 있었다.

2011년 10월 제2차 북미회담에서 어느 정도 6자회담 재개를 위한

D. C.: The Brookings Institution, 2012), pp. 92~93.

82　조선민주주의인민공화국 외무성 대변인 담화, 『조선중앙통신』, 2011. 11. 30.

사전조치에 필요한 조건들에 조율이 있은 후에 2012년 1월 중순에 북한은 미국에게 사전조치 이행에 대한 긍정적인 메시지를 보냈다. 특히 영양지원과 관련해서 구체적인 조건을 제시했다.[83] 이어서 2012년 2월 제3차 북미회담이 베이징에서 개최되었으며, 북미 간 비핵화 사전조치 이행에 대해 합의를 도출했고, 2월 29일 양국의 수도에서 동시에 발표됐다.

결국 2·29 합의는 본격적인 비핵화 협상을 시작하기 위한 미국과 북한 양측의 공약을 담았다. 북한은 ① 장거리 미사일 발사·핵실험·우라늄농축활동을 포함한 영변 활동 일시중단, ② 영변 핵시설 감독을 위한 국제원자력기구(IAEA) 사찰단 복귀 등에 합의하였고, 미국은 ① 대북 적대 의사 불보유 확인, ② 대북 영양지원 24만 톤, ③ 인적 교류 증대 등에 동의했다.[84]

그러나 2·29 합의가 발표된 지 약 보름만인 3월 16일에 북한은 조선우주공간기술위원회 대변인 담화를 통해 소위 '실용위성' 발사를 예고했다. 북한은 '광명성 3호'를 실은 운반로켓 '은하 3호'를 평안북도 철산군 서해위성발사장에서 4월 12일부터 16일 사이에 발사할 것이라고 밝혔다.[85]

북한은 4월 13일 장거리 로켓 발사를 강행했고, 얼마 지나지 않아 공중에서 폭발하였으며 조선중앙통신 보도를 통해 발사 실패를 인정했다.[86] 이에 미국은 북한의 장거리 로켓 발사를 유엔 안보리에 이관하고 발사 사흘만인 4월 16일 북한의 장거리 로켓 발사를 강력하게 규탄하는

83　Senior Administration Official, Office of the Spokesperson, "Background Briefing on the Democratic People's Republic of Korea," Special Briefing (February 29, 2012).

84　외교통상부, 『2012년 외교백서』(서울: 외교부, 2012), pp. 35~36.

85　조선우주공간기술위원회 대변인 담화, 『로동신문』, 2012. 3. 17.

86　『머니투데이』, 2012. 4. 13.

의장성명을 채택했다.[87]

그러자 북한은 유엔 안보리 의장성명에 대해서 4월 17일 외무성 성명을 통해 입장을 밝혔다.

"4월 16일 유엔 안전보장이사회는 우리의 평화적 위성발사를 규탄하는 의장성명이라는 것을 발표하였다. … 오늘의 사태는 유엔 헌장에 명기된 주권평등의 원칙이란 허울뿐이고 정의는 오직 자기 힘으로 수호해야 한다는 것을 명백히 보여주고 있다. … 미국은 우리의 위성발사계획이 발표되자마자 그것을 걸고 조·미 합의에 따르는 식량제공과정을 중지하였으며 이번에는 유엔 안전보장이사회 의장의 지위를 악용하여 우리의 정당한 위성발사권리를 침해하는 적대행위를 직접 주도하였다. 결국 미국은 행동으로 우리의 자주권을 존중하며 적대의사가 없다는 확약을 뒤집어엎음으로써 2·29 조·미 합의를 완전히 깨버렸다."[88]

이처럼 북한은 2·29 합의로 약속된 핵실험과 장거리 미사일 발사실험의 유예 무효화, 영변 농축 우라늄시설의 재가동 등 대응조치의 실행 가능성을 시사했다.

한편, 북한은 장거리 로켓 발사에 따른 안보리 의장성명에 대한 비판을 끝으로 긴장이 완화되어 가는 가운데 5월 18~19일 미국이 G8 정상회담에서 안보리 의장성명의 내용을 재확인했다. 그러자 북한은 5월 22일 외무성 대변인을 통해 상기 회담을 비판하면서 "우리가 2·29 조미

87　『연합뉴스』, 2012. 4. 16.

88　조선민주주의인민공화국 외무성 성명, 『조선중앙통신』, 2012. 4. 18.

합의의 구속에서 벗어났지만 실지행동은 자제하고 있다는 것을 수주일 전에 통지한 바 있다"고 언급함과 동시에 "원래 우리는 처음부터 평화적인 과학기술위성발사를 계획하였기 때문에 핵시험과 같은 군사적 조치는 예견한 것이 없었다"고 입장을 밝혔다.[89]

북한은 이처럼 미국의 우려를 고려하여 행동을 자제하고 핵실험 계획이 없다는 것을 밝히며 긴장을 완화해 가는 방향으로 나아가고 있었다. 이러한 메시지를 토대로 미국은 대북정책 특별대표인 글린 데이비스(Glyn Davies)를 통해 한중일과 한반도 긴장완화를 위한 협의를 지속하며 한반도 정세를 파악하고 안정을 유지하는 데 노력을 집중하고 있었다.[90]

결국 북미관계는 4월 중순 장거리 로켓 발사로 인하여 긴장이 최고조로 달했다가 의장성명 채택 이후 일단락되면서 긴장완화에 들어갔다. 그리고 미국의 대선 기간 동안 북한은 긴장을 고조시키는 행동을 자제하며 추이를 지켜보고 있었다.

그러나 2012년 11월 오바마 재선이 결정되고 얼마 후에 북한은 12월 1일 조선우주공간기술위원회 대변인 담화를 통해 장거리 로켓을 발사할 것이라고 발표했다. "위대한 영도자 김정일동지의 유훈을 높이 받들고 우리나라에서는 자체의 힘과 기술로 제작한 실용위성을 쏘아올리게 된다"라고 말했다. 이는 북한이 김일성 주석의 100회 생일 즈음한 지난 4월 13일 '광명성 3호'를 발사했다가 궤도 진입에 실패한 뒤 8개월만에 재시도였다.

이어 "이번 위성발사는 강성국가 건설을 다그치고 있는 우리 인민을 힘있게 고무하게 될 것이며 우리 공화국의 평화적 우주이용기술을

89   조선민주주의인민공화국 외무성 대변인 담화, 『로동신문』, 2012. 5. 23.
90   『노컷뉴스』, 2012. 5. 21.

새로운 단계에로 끌어올리는 중요한 계기로 될 것"이라고 주장했다.[91]

그리고 얼마 지나지 않아 북한은 12일 장거리 로켓을 성공적으로 발사했다고 발표했다. 이에 미국을 포함한 국제사회는 강력히 반발했다. 토미 비터(Tommy Vietor) 미국 NSC 대변인도 "유엔 안보리 결의를 위반한 심각한 도발 행위"라고 규정했다. 이처럼 다시 북미 간에 긴장이 고조되는 상황을 맞이한 가운데 2013년을 기다리고 있었다.[92]

2013년 1월 20일 오바마 대통령은 미국의 57대 대통령으로 취임했다. 그리고 3일 후인 1월 23일 유엔 안보리는 북한의 장거리 로켓 발사와 관련하여 대북 제재결의 2087호를 만장일치로 채택했다. 이에 북한은 1월 23일 외무성 성명을 통해 즉각 반발했다.

> "미국의 주도 하에 꾸며진 결의는 우리의 평화적 위성발사를 감히 비법화하고 우리나라의 경제발전과 국방력 강화를 저해하기 위한 제재 강화를 노린 포악한 적대적 조치들로 일관되어 있다. … 문제의 본질은 미국이 적대시하는 나라의 위성운반로케트는 저들을 위협하는 장거리 탄도미사일로 전환될 수 있기 때문에 평화적인 위성발사도 할 수 없다는 미국의 날강도적인 논리에 있으며 그에 놀아나는 꼭두각시가 바로 유엔안전보장이사회이다. … 우리는 미국의 적대시 정책이 조금도 변하지 않았다는 것이 명백해진 조건에서 세계의 비핵화가 실현되기 전에는 조선반도 비핵화도 불가능하다는 최종결론을 내리었다. … 미국의 제재 압박책동에 대처하여 핵억제력을 포함한 자위적인 군사력을 질량적으로 확대 강화하는 임의의 물리적 대

---

91 『경향신문』, 2012. 12. 1.; 조선우주공간기술위원회 대변인 담화, 『로동신문』, 2012. 12. 2.

92 『한국경제』, 2012. 12. 13.

응조치들을 취하게 될 것이다."

이후 북한은 2월 12일 제3차 핵실험을 강행했다. 이어서 외무성 대변인 담화를 통해 핵실험에 대한 입장을 밝혔다.

"우리의 제 3차 핵시험은 미국이 대조선 적대행위에 대처한 단호한 자위적 조치이다. … 이번 핵시험의 주되는 목적은 미국의 날강도적인 적대행위에 대한 우리 군대와 인민의 치솟는 분노를 보여주고 … 미국은 우리나라를 핵선제타격의 대상명단에 올린 지 오래다. 미국의 가증되는 핵위협에 핵억제력으로 대처하는 것은 지극히 당연한 정당방위조치이다."[93]

한편, 북한은 미국의 비핵화를 위한 대화 노력에도 불구하고 2016년과 2017년에 각각 핵실험과 미사일 발사를 강행하였으며, 특히 제4차 핵심험 이후 외무성 대변인 담화를 통해 "미국의 대조선 적대행위들이 《일상화》되었듯이 그에 대처한 우리의 자위적인 병진로선 관철사업도 일상화"라고 주장했다.[94] 그리고 제5차 핵실험 직후에는 "이번 핵탄두폭발시험은 당당한 핵보유국으로서의 우리 공화국의 전략적 지위를 한사코 부정하면서 우리 국가의 자위적 권리행사를 악랄하게 걸고드는 미국을 비롯한 적대세력들의 위협과 제재소동에 대한 실제적 대응조치의 일환"이라고 주장하며 북한이 핵실험을 강행하는 이유가 미국의 적대행위

---

93 조선민주주의인민공화국 외무성 대변인 담화, 『조선중앙통신』, 2013. 2. 12.
94 조선민주주의인민공화국 외무성 대변인 담화, 『조선중앙통신』, 2016. 1. 15.

에 따른 조치에 대한 대응이라고 주장하고 있다.[95]

상기에서 살펴본 바와 같이 제3차 북핵위기가 발생한 이후 북한은 미국이 대북 적대정책과 핵위협을 가하는 언동에 대해 반사적으로 민감하게 반응했다. 특히 6자회담을 재개하기 위한 과정 속에서 북한에 대한 적대정책, 대북압박 그리고 제재 조치가 취해졌을 때에는 합의 불이행과 강경대응이라는 조치를 취했다. 무엇보다도 북한에 있어 실질적인 안보적 위협은 핵선제타격 대상으로 거론되거나 직접적으로 안보위협을 언급할 시 핵정책을 대내외적 안정성을 확보하기 위한 핵심 정책수단으로 활용하고 있었다.

2) 적국으로부터의 억지력 구비

한반도 비핵화를 위해 체결된 2007년 2·13 합의와 10·3 합의의 모멘텀을 유지하며 순항하던 '북핵문제'는 2008년 검증의정서 문제로 교착상태에 직면하여 한 발짝도 나아가지 못하고 있었다. 이런 가운데 북한은 장거리 로켓 발사를 예고했고, 국제사회의 만류에도 불구하고 2009년 4월 5일 장거리 로켓 발사를 강행했다.

〈표 5-1〉 북한 탄도미사일 제원 비교

구분	SCUD-B	SCUD-C	노동	무수단	대포동 1호	대포동 2호
사거리(km)	300	500	1,300	3,000 이상	2,500	10,000 이상
탄두중량(kg)	1,000	700	700	650	500	650~1,000 (추정)
비고	작전배치	작전배치	작전배치	작전배치	시험발사	시험발사

출처: 국방부, 『2016년 국방백서』(서울: 국방부, 2016), p. 241.

---

95   조선민주주의인민공화국 외무성 대변인 담화, 『조선중앙통신』, 2016. 9. 9.

이에 유엔 안보리는 4월 13일 의장성명을 채택했고 북한은 다음날 외무성 성명을 통해 유엔 안보리 의장성명을 비난하며 이에 대한 대응조치에 대해 언급했다. "평화적 위성까지 요격하겠다고 달려드는 적대세력들의 가중된 군사적 위협에 대처하여 우리는 부득불 핵억제력을 더욱 강화하지 않을 수 없다"[96]라고 주장했다.

또한 4월 13일 안보리 의장성명에 따른 북한의 추가 제재 대상이 4월 24일 발표되자 이에 대해 북한은 외무성 대변인 성명을 통해 비난함과 함께 다음의 조치에 대해 입장을 밝혔다.

"유엔안전보장이사회가 더 이상 미국의 강권과 전횡의 도구로 농락 당하지 않고 유엔성원국들의 신뢰를 회복하여 국제 평화와 안전을 유지할 자기의 책임을 다할 수 있는 길은 이것뿐이다. 유엔안전보장이사회가 즉시 사죄하지 않는 경우 우리는 첫째로 공화국의 최고이익을 지키기 위하여 부득불 추가적인 자위적 조치들을 취하지 않을 수 없게 될 것이다. 여기에는 핵시험과 대륙간 탄도미사일 발사 시험들이 포함되게 될 것이다. 둘째로 경수로발전소 건설을 결정하고 그 첫 공정으로써 핵연료를 자체로 생산보장하기 위한 기술개발을 지체없이 시작할 것이다."[97]

상기의 주장을 통해 알 수 있듯이, 북한은 미국을 위시한 국제사회의 제재에 대해 '핵억지력' 구비의 당위성을 주장함과 함께 행동으로 보여주려고 시도했다.

---

96 조선민주주의인민공화국 외무성 성명, 『조선중앙통신』, 2009. 4. 14.
97 조선민주주의인민공화국 외무성 대변인 성명, 『조선중앙통신』, 2009. 4. 29.

결국 실행으로 옮겨지게 되었는데, 북한은 4월 29일 외무성 대변인 성명을 발표한 후에 제2차 핵실험을 강행했다. 그리고 5월 29일 북한은 외무성 대변인 담화를 통해서 핵실험을 강행하게 된 배경과 이유에 대해서 입장을 밝혔는데, "우리의 이번 핵시험은 천추에 용납될 수 없는 유엔안전보장이사회의 강도적 행위에 대처하여 우리가 세상에 공개한데 따라 취한 자위적 조치의 일환이다. … 유엔안전보장이사회가 더 이상의 도발을 해오는 경우 그에 대처한 우리의 더 이상의 자위적 조치가 불가피해질 것이다"[98]라고 주장했다.

이후 유엔 안보리는 제2차 핵실험을 실시한 것에 대해 6월 12일 안보리 결의안 1874호를 통과시켰다. 그러자 북한은 6월 13일 외무성 대변인 성명을 통해 입장을 밝혔다.

> "첫째, 새로 추출되는 플루토늄 전량을 무기화한다. 현재 폐연료봉은 총량의 3분의 1 이상이 재처리되었다. 둘째, 우라늄 농축 작업에 착수한다. 자체의 경수로 건설이 결정된 데 따라 핵연료 보장을 위한 우라늄 농축 기술개발이 성과적으로 진행되어 시험단계에 들어섰다. 셋째, 미국과 그 추종세력이 봉쇄를 시도하는 경우 전쟁행위로 간주하고 단호히 군사적으로 대응한다. 미국을 비롯한 적대세력들이 제아무리 고립 봉쇄하려고 하여도 당당한 핵보유국인 우리 공화국은 끄떡도 하지 않는다. 제재에는 보복으로, 대결에는 전면 대결로 단호히 맞서나가는 것이 우리의 선군사상에 기초한 대응방식이다."[99]

---

98 조선민주주의인민공화국 외무성 대변인 담화, 『조선중앙통신』, 2009. 5. 29.

99 조선민주주의인민공화국 외무성 대변인 성명, 『조선중앙통신』, 2009. 6. 13.

북한의 이러한 일련의 행동에 대한 진정한 의도가 무엇이었는지를 판단해 보면, 오바마 행정부 출범 초기에 기선을 제압하고, 자위적 조치를 강화해 나가기 위한 다목적 포석 차원의 활동으로 보인다.

한편, 북한은 6월 13일 외무성 대변인 성명에서 발표한 바와 같이 우라늄 농축 작업에 착수한다는 것을 증명해 보이려는 행동을 실행했다. 2010년 11월 헤커 박사 일행을 포함한 한반도 및 북핵 전문가 팀을 초청하여 원심분리기 시설과 '우라늄 농축시설'을 보여줬다. 이는 북한의 핵능력이 날로 커져가고 있다는 것을 보여주고 있는 것으로 미국의 입장에서 이를 지켜만 보고 있을 수 없는 상황으로 전개되고 있었다.

전술한 바와 같이 2010년 초 북한은 평화협정 회담의 필요성에 대해서 미국에 공식적으로 제의했었고,[100] 이이서 발생한 3월의 천안함 피격사건과 11월의 연평도 포격 사건은 평화협정 언급에 대한 당위성과 한반도 내 긴장을 고조시키기 위한 일환의 행동을 서슴치 않고 실행하고 있었다.

이러한 한반도 내의 위기에 대해 주변국들은 우려를 표명한 가운데 2011년 미중정상회담에서 한반도 내의 안정에 대한 필요성을 공감하고 이를 위한 조치에 대한 입장을 밝혔다. 그러한 노력의 결과 7월에 제1차 남북회담이 성사됐고, 이어서 제1차 북미회담 그리고 제2차 남북회담과 제2차 북미회담을 추동시켰다.

그리고 2012년 2월 제3차 북미회담이 베이징에서 개최되었으며, 북미 간 비핵화 사전조치 이행에 합의를 도출하고 2월 29일 양국의 수도에서 동시에 발표했다.

그러나 북한은 4월 13일 장거리 로켓 발사를 강행했다. 그러자 미

100　조선민주주의인민공화국 외무성 성명, 『조선중앙통신』, 2010. 1. 11.

국을 위시한 국제사회는 안보리 의장성명을 채택했다. 이에 대한 대응으로 북한은 4월 23일 외무성 대변인 담화를 통해서 입장을 밝혔는데, "제반사실들은 오직 자기 힘이 있어야 정의를 수호하고 세계의 자주화도 힘있게 추동할 수 있으며 우리가 선택한 자주의 길, 선군의 길이 천만번 정당하다는 것을 입증해주고 있다"[101]라고 주장하며 자신들의 억지력을 구비해야 하는 당위성을 강조하는 내용이었다.

한편, 북한은 오바마가 재선된 이후인 12월 중순 다시 한번 장거리 로켓을 발사했다. 이에 2013년 1월 22일 안보리는 대북제재 결의안 2087호를 채택했고, 그러자 북한은 1월 23일 외무성 성명을 통해 즉각 반발했다. "우리는 날로 노골화되는 미국의 제재 압박책동에 대처하여 핵억제력을 포함한 자위적인 군사력을 질량적으로 확대 강화하는 임의의 물리적 대응조치들을 취하게 될 것이다"[102]라고 주장하며 군사적 억지력을 구비하기 위한 필요성 및 당위성에 대한 배경과 이유에 대해서 입장을 밝혔다. 더불어 북한은 1월 24일 국방위원회 성명을 통해 핵실험을 실시할 것임을 언급하였는데, "나라의 국방과 안전을 지키기 위한 억제력 강화도 미국을 비롯한 온갖 적대세력들의 준동을 짓부시기 위한 전면대결전에 지향되고 복종될 것이다. 세기를 이어오는 반미투쟁의 새로운 단계인 이 전면대결전에서 우리가 계속 발사하게 될 여러 가지 위성과 장거리 로케트도, 우리가 진행할 높은 수준의 핵시험도 우리 인민의 철천지 원쑤인 미국을 겨냥하게 된다는 것을 숨기지 않는다"[103]라고 공표했다.

---

101 조선민주주의인민공화국 외무성 대변인 담화, 『조선중앙통신』, 2012. 4. 23.
102 조선민주주의인민공화국 외무성 성명, 『조선중앙통신』, 2013. 1. 23.
103 조선민주주의인민공화국 국방위원회 성명, 『조선중앙통신』, 2013. 1. 24.

이후 국제사회는 북한의 핵실험 위협에 대해 강력한 경고의 메시지를 보냈음에도 불구하고 북한은 2월 12일 제3차 핵실험을 강행했다. 그리고 "원자탄의 작용 특성과 폭발 위력 등 모든 측정경과들이 설계값과 완전히 일치됨으로써 다종화된 우리 핵억제력의 우수한 성능이 물리적으로 과시"됐다고 발표했다.[104] 또한 북한은 외무성 대변인 담화 형식을 통해서 핵실험에 대한 배경과 이유에 대해서 입장을 밝혔다.

> "미국의 가증되는 핵위협에 핵억제력으로 대처하는 것은 지극히 당연한 정당방위조치이다. 우리는 나라의 최고이익을 수호하기 위하여 합법적인 절차를 밟아 핵무기전파방지조약에서 탈퇴하고 자위적인 핵억제력을 갖추는 길을 선택하였다."[105]

〈표 5-2〉 제1~6차 핵실험 규모 비교

핵실험	지진 규모(한국)	핵폭발 규모(한국)	사용원료
제1차 핵실험(2006. 10. 9.)	3~4.3	1KT	Pu
제2차 핵실험(2009. 5. 25.)	4.5~4.7	4.6KT	Pu
제3차 핵실험(2013. 2. 12.)	4.9~5.1	6~7KT	고농축 우라늄(추정)
제4차 핵실험(2016. 1. 6.)	4.8~5.1	6~7KT	증폭핵분열 폭탄(추정)
제5차 핵실험(2016. 9. 9.)	5.0~5.3	10~30KT	고농축 우라늄(추정)
제6차 핵실험(2017. 9. 3.)	5.7~6.1	100KT 이상(추정)	수소폭탄(추정)

출처: 정성윤 외 4명, 『북한 핵 개발 고도화의 파급영향과 대응방향』, (서울: 통일연구원, 2016), p. 41; 『연합뉴스』, 2017. 9. 15.

---

104 『조선중앙통신』, 2013. 2. 12.

105 조선민주주의인민공화국 외무성 대변인 담화, 『조선중앙통신』, 2013. 2. 12.

주지하다시피, 국제사회에 많은 충격을 가져온 북한의 제3차 핵실험은 유엔 안보리에 이관되어 3월 8일 기존 제재의 범위와 강도를 한층 강화한 안보리 결의안 2094호를 채택했다. 이에 3월 9일 북한 외무성은 대북 제재결의를 배격한다는 대변인 성명을 발표했다. "지난 8년간 유엔 안전보장이사회가 미국의 사촉 하에 반공화국 제재결의를 다섯 차례나 조작해냈지만 저들이 바라던 것과는 정 상반되게 우리의 핵억제력을 질량적으로 확대 강화시키는 결과만을 가져왔다", "미국과 그 추종세력들이 우리의 우주정복을 가로막고 핵억제력을 약화시켜보려고 너절한 제재결의 채택놀음에 매어 달릴수록 선군조선의 위력은 백배천배로 장성할 것이다", "미국이 유엔안전보장이사회를 도용하여 반공화국 제재결의를 조작해낸 대가로 우리의 핵보유국 지위와 위성발사국 지위가 어떻게 영구화되는가를 똑똑히 보게 될 것이다"[106]라고 주장했다.

북한은 2016년과 2017년에도 각각 핵실험과 미사일 발사를 강행한 이유를 미국의 대북 적대정책과 핵위협에 대비하기 위한 억지력 구비라고 주장했으며, 이는 지난 제4차 핵실험 이후 정부 성명을 발표한 내용을 살펴보면 쉽게 확인이 가능하다. 북한은 "미국의 극악무도한 대조선 적대시 정책이 근절되지 않는 한 우리의 핵개발 중단이나 핵포기는 하늘이 무너져도 절대로 있을 수 없다. 우리 군대와 인민은 주체혁명 위업의 천만년 미래를 믿음직하게 담보하는 우리의 정의로운 핵억제력을 질량적으로 부단히 강화해 나갈 것"[107]이라고 주장했다. 그리고 제5차 핵실험 이후에는 핵무기 연구소 성명을 통해 "미국을 비롯한 적대세력들의 위협 … 가중되는 핵전쟁 위협으로부터 우리의 존엄과 생존권을 보위하

---

106 조선민주주의인민공화국 외무성 대변인 성명, 『조선중앙통신』, 2013. 3. 9.
107 조선민주주의인민공화국 정부 성명, 『조선중앙통신』, 2016. 1. 6.

고 진정한 평화를 수호하기 위한 국가 핵무력의 질량적 강화조치는 계속될 것"이라고 주장하며 북한의 핵무기 개발은 억지력을 구비하기 위해서라고 주장하고 있다.[108]

상기에서 살펴본 바와 같이 북한은 미국의 적대정책과 핵위협에 대해 민감하게 반응하며, 핵능력 강화를 통한 억지력 구비를 또 하나의 목표로 삼아 행동했다.

결론적으로 누구의 시시비비를 따지기 전에 북한과 미국의 대결국면은 결국에는 북한의 핵능력을 강화시키는 방향으로 귀결됐다. 이는 북한이 핵정책을 핵심 정책수단으로 인식하며 이를 대내외적 안정성을 구축하는 데 활용했다는 것을 방증하고 있다.

3. 경제적 동기 차원 : 경제적 실리

탈냉전 이후 북한의 에너지난은 산업가동률을 떨어지게 하는 직접적인 원인이며, 식량난과 더불어 북한 경제 회복의 최대 관건이라 할 수 있다. 특히 원유도입량과 석탄생산량의 급격한 감소는 전력난으로 연결되어 북한 공업 시스템의 토대를 붕괴시키는 직접적인 원인이었다.

과거 북한의 전력생산량은 2003년부터 2008년까지 연평균 5% 정도의 증가세를 나타내다가 2009년 이후 다시 하락 추세를 나타냈다. 나아가 2011년도에는 전년 대비 10.9%나 감소하여 북한 산업생산력이 여전히 침체에서 벗어나지 못하는 직접적인 원인이 됐다.

이처럼 북한의 에너지난은 국제사회와 경제협력을 해야만 해결이

---

108 조선민주주의인민공화국 핵무기연구소 성명, 『조선중앙통신』, 2016. 9. 9.

게임체인지로 가는 첫 여정

가능한 문제라 할 수 있다.[109] 이에 따라 북한은 에너지난을 타개하기 위해서는 외부로부터의 대규모 경제지원이 있어야 한다는 생각을 일부 가지고 있었다. 예컨대 1990년대 중반부터 북한은 외부로부터의 경제지원에 상당히 의존해 왔다. 이러한 의존은 지금도 계속되고 있다고 볼 수 있다. 과거 2007년 6자회담을 통한 2·13 합의에 따라 북한은 일정 부분 경제적 지원을 받을 수 있었다. 그러나 북한이 6자회담을 통해 얻은 경제적 지원이 경제난을 근본적으로 해결할 수 있는 수준은 아니었다.

과거 제1·2차 북핵위기 시 북한이 핵정책을 통해 상당한 수준의 경제적 실리를 얻은 것은 사실이다. 그렇지만 2009년 이후 북한은 핵정책을 추구함에 있어 경제적 동기를 우선적인 고려사항으로 다루고 있지 않음을 나타내는 행동과 입장을 보이고 있었다.

예컨대 2009년 북한은 미국의 오바마 행정부가 출범하고 얼마 지나지 않은 4월에 장거리 로켓 발사를 시작으로 이어서 제2차 핵실험을 강행했다. 이와 같은 일련의 행동은 북한의 정치적 동기가 영향을 미친 것으로 판단해 볼 수 있다. 그럼에도 불구하고 제3차 북핵위기 시 나타난 북한의 행동과 주장은 경제적 실리를 획득하는 것을 핵정책 결정에 있어 하나의 동기로서 작용하고 있음을 확인할 수 있다.

이는 2009년 이후 나타난 북한의 핵정책 관련 행동과 주장을 통해 쉽게 확인할 수 있었다. 북한이 장거리 로켓 발사를 강행하자, 이에 안보리는 의장성명을 채택했다. 그러자 북한은 4월 14일 외무성 성명을 통해 반발하며 이에 대한 대응조치를 밝혔는데, "우리의 주체적인 핵동력 공업구조를 완비하기 위하여 자체의 경수로 발전소건설을 적극 검토할 것이다"라고 주장했다. 이는 북한의 전력난으로 인한 경제적 어려움을 극

---

109 통일부, 『2013년 북한이해』(서울: 통일부, 2013), pp. 154~157.

복하는 목적의 일환으로 차후 회담에서 또 하나의 협상카드로 활용하여 경제적 보상을 확보하기 위한 수단으로서도 활용할 목적이 있는 것으로 판단해 볼 수 있다.

한편, 유엔 안보리는 제2차 핵실험에 대한 대응 차원에서 결의안 1874호를 채택했다. 그러자 북한은 6월 13일 외무성 성명을 통해 반발하며 입장을 밝혔는데, "우리를 무장 해제시키고 경제적으로 질식시켜 우리 인민이 선택한 사상과 제도를 허물어보려는 미국 주도 하의 국제적 압박공세의 또 하나의 추악한 산물이다"[110]라고 주장했다.

상기의 북한 외무성 성명을 통해 보면 유엔 안보리 제재를 어떻게 인식하고 있는지를 보여주고 있었는데, "경제적으로 질식"이라는 표현을 사용하고 있었다. 이는 대북제재를 통해 북한의 수출입 품목을 제한할 뿐만 아니라 금융제재 내용까지 포함되어 있기 때문에 북한이 그러한 표현을 사용했던 것으로 보인다.

주지하다시피, 북한의 제1 · 2차 북핵위기를 해결하는 과정에서 1994년 북미 제네바 합의, 2005년 9 · 19 공동성명 그리고 2007년 2 · 13 합의 등을 통해 경제적 지원을 획득했던 것과 같이 북한은 제3차 북핵위기 시에도 핵정책을 추구함에 있어 위기고조를 통해 관련국가들을 협상장으로 유도하고 협상을 통한 경제적 지원을 받는 것이 북한이 생각하는 나름의 논리구조라 판단해 볼 수 있다.

이와 함께 북한은 장거리 로켓 발사를 평화적인 과학기술이며 이를 토대로 경제발전의 기틀을 마련할 수 있다는 인식을 갖고 있었는데, 미국을 중심으로 한 국제사회의 장거리 로켓 발사에 대한 유엔 안보리 결의안을 위반하는 행동으로 몰고가자, 이를 북한의 정상적인 경제발전을

---

110 조선민주주의인민공화국 외무성 성명, 『조선중앙통신』, 2009. 6. 13.

저해시키는 행동으로 인식하고 있었다.

> "우리가 이미 성명들에서 밝힌 바와 같이 이로써 6자회담은 우
> 리의 평화적인 과학기술 개발까지 가로막아 정상적인 경제발전 자체
> 를 억제하는 마당으로 전락되었다. 결국 우리를 무장 해제시키고 아
> 무것도 못하게 하여 나중에는 저들이 던져주는 빵 부스레기로 근근
> 히 연명해가게 만들자는 것이 바로 6자회담을 통해 노리는 다른 참
> 가국들의 속심이라는 것이 명백해졌다."[111]

북한의 장거리 로켓 발사와 제2차 핵실험으로 인한 긴장고조는 지
역 내 관련국가들의 대화의 필요성을 각인시키는 계기가 되었으며, 미중
을 중심으로 한 활발한 대화 및 협의를 거쳐 긴장을 완화하는 데 성공
했다.

이런 가운데 북한은 2010년 1월 11일 외무성 성명을 통해 한반도
비핵화 문제 및 6자회담에 대해 어떻게 인식하고 있는지를 나타내고 있
는데, "6자회담은 반공화국 제재라는 불신의 장벽에 막혀 열리지 못하고
있다", "제재라는 차별과 불신의 장벽이 제거되면 6자회담 자체도 곧 열
리게 될 수 있을 것이다"[112]라고 입장을 표명했다.

상기와 같은 북한의 인식은 현재 6자회담이라는 대화의 장이 자신
들이 얻고자 하는 바를 쉽게 얻을 수 있는 곳으로 생각하고 있지 못하다
는 것을 보여주는 대목이라 할 수 있다. 즉 경제적 어려움을 가중케 하는
제재를 주도하는 국가가 6자회담의 참여국가라는 점을 강조하며 제재

---

111 조선민주주의인민공화국 외무성 대변인 담화, 『조선중앙통신』, 2009. 7. 27.
112 조선민주주의인민공화국 외무성 성명, 『조선중앙통신』, 2010. 1. 11.

조치를 받으면서 6자회담을 참여할 수 없다는 것이 북한의 논리구조라 할 수 있다.

2010년에도 6자회담의 정체국면이 지속되는 가운데 관련국가들이 이를 타개하기 위한 협의를 통해 개최의 공감대가 형성되어 가던 중에 3월 천안함 피격 사건이 발생했다. 이와 관련하여 북한은 책임을 인정하지 않고 계속 부인하였으며, 5월 22일 외무성 대변인 담화 형식을 통해 이 사건과 관련한 미국의 조치에 대해 입장을 밝혔는데, "오바마 행정부는 또 다시 강경에로 돌아서면서 괴뢰함선 침몰사건 하나에 걸어 조선반도 비핵화과정까지 전면적으로 차단시켰다", "제재를 국제화하여 우리를 정치경제적으로 질식시키고 남조선을 저들의 대아시아전략 실현의 하수인으로 써먹자는 것이 현 미 행정부의 타산이다"[113]라고 주장했다.

이는 북한이 천안함 피격 사건으로 인한 미국의 대응과정에서 논의된 내용과 한국의 대북제재 조치 등에 대해 반발했는데, 이러한 일련의 행동들이 경제적으로 북한을 질식시키는 행위라고 인식하고 있음을 보여주고 있었다.

이처럼 북한은 기존의 입장을 고수하며 6자회담 참가의 전제조건 제재 해제를 요구하는 가운데 관련국가들은 긴밀한 협의를 통해서 협상장으로 북한을 유도하기 위해 많은 노력들을 기울이고 있었다. 한편, 북한은 2010년 11월 헤커 박사 일행을 포함한 한반도 및 북핵 전문가 팀에게 원심분리기 시설을 보여주며 '우라늄 농축시설'을 공개했다. 그리고 이 시설에 대해 설명하면서 2009년 4월부터 건설하기 시작하여 현재 2,000여 개의 원심분리기가 가동되고 있다고 언급했다고 한다. 북한의 우라늄 농축시설 공개로 북한이 우라늄 농축관련 활동을 지속해 오고

---

113 조선민주주의인민공화국 외무성 대변인 담화, 『조선중앙통신』, 2010. 5. 22.

있었다는 오랜 의혹이 사실로 드러나며, 보다 복잡한 국면으로 접어들게 됐다. 이런 가운데 북한은 자신이 공개한 UEP가 평화적 핵에너지 개발이라고 강변하고 있었다.[114]

이와 함께 11월에는 연평도 포격 사건이 발생했다. 천안함 피격사건과 UEP 공개에 이은 연평도 포격은 순식간에 한반도에 위기를 고조시켰으며, 이를 완화하기 위한 관련국가들의 노력이 기울여져서 긴장이 완화되어 갔다.

2010년 말 긴장완화를 위한 노력으로 대화의 필요성이 제기되면서 마침내 2011년 7월 비핵화를 위한 제1차 남북회담이 개최됐다. 그리고 이어서 제1차 북미회담이 개최되어 '6자회담 재개를 위한 사전조치들'에 대해 논의를 했다. 이어 제2차 남북회담 및 제2차 북미회담이 이루어졌으며, 북미회담 시에는 미국은 UEP 가동중단을 요구했고 북한은 식량지원을 요구하며 상호 협의를 했다.[115]

그러자 북한은 11월 30일 외무성 대변인 담화를 통해서 경수로 건설관련 입장을 밝혔다.

> "외부에서 제공하기로 되어 있는 경수로발전소가 실현될 전망이 보이지 않는 조건에서 우리는 국가경제발전전략에 따라 자체의 경수로 건설을 결심하였다. 자립적 민족경제의 튼튼한 토대와 최첨단을 향해 비약적으로 발전하는 과학기술에 의거하여 시험용 경수로 건설과 그 연료보장을 위한 저농축 우라늄 생산이 빠른 속도로 추진되고 있다. 우리는 전기생산을 위한 평화적 핵활동에 대하여 꺼릴 것

---

114 외교통상부, 『2011년 외교백서』(서울: 외교통상부, 2011), p. 27.
115 『노컷뉴스』, 2011. 12. 15.

도 숨길 것도 없기 때문에 매 단계별로 내외에 공개하였다. 이에 대해 우려되는 것이 있다면 6자회담에서 얼마든지 논의할 수 있고 국제원자력기구를 통해 그의 평화적 성격을 확인시켜 줄 수 있다는 신축성 있는 입장도 표명하였다.'[116]

북한의 이러한 주장은 주지하다시피 전력난으로 인한 산업시스템 전반을 운영함에 있어 많은 지장을 초래하고 있기에 이를 극복하기 위한 일환의 목적 하에 농축기술 운용에 대한 당위성을 강조하기 위한 속셈으로 보인다. 이와 함께 북한 입장에서는 경수로 발전소 건립은 반드시 핵연료를 필요로 하게 되고 이러한 핵연료를 생산하기 위해서는 농축기술의 존재 당위성에 근거가 되는 점을 이용해서 추후 협상과정에서 새로운 협상대상의 창출을 통한 보상을 추구하고자 하는 의도도 내포하고 있다고 판단된다.

2012년 2월 23일 제3차 북미회담이 베이징에서 개최됐다. 이미 합의된 북한의 비핵화 사전조치 이행과 미국의 24만t 영양지원 등에 대한 추가논의를 진행했다.[117] 결국 최종 합의에 이르렀고, 2월 29일 양국 수도에서 합의 내용을 발표했다.[118] 이에 따라 북한은 비핵화 사전조치로서 UEP 가동을 중단하고 미국은 북한에게 24만t의 영양지원을 제공했다. 이는 북한이 UEP 가동 카드를 통해 미국으로부터 영양지원을 통해 식량난 극복에 있어 어느 정도 도움이 될 수 있는 경제적 보상을 유도해 냈다고 볼 수 있다.

---

116 조선민주주의인민공화국 외무성 대변인 담화, 『조선중앙통신』, 2011. 11. 30.
117 『연합뉴스』, 2012. 2. 14.
118 『연합뉴스』, 2012. 3. 1.

그러나 2·29 합의를 통해 경제적 보상을 획득한 북한은 대화 분위기를 계속 이어 나가지 않고, 4월 13일 장거리 로켓 발사를 강행했다. 그러자 안보리 의장성명이 채택됐고, 이에 북한은 4월 23일 외무성 대변인 담화를 통해서 입장을 밝혔는데, "우리가 하는 모든 것을 대결관념에서 보고 대하는 것이 체질화된 미국은 평화적인 핵에네르기 이용도, 우주개발도 저들을 위협하는 군력 강화에로 이어질 수 있기 때문에 무작정 가로막아야 한다는 적대시 정책을 국제화하는 데 유엔을 체계적으로 악용하고 있다"[119]라고 주장했다.

북한은 7월 31일 외무성 대변인 담화를 통해서 핵정책으로 야기된 일련의 제재 조치들과 관련된 인식을 확인할 수 있었는데, "미국이 바로 가장 악랄하고 끈질긴 반공화국 제재와 봉쇄책동으로 우리의 생존권을 위협하고 경제발전과 인민생활 향상을 가로막고 있다", "이제는 막강한 핵억제력이 있고 그를 계속 강화해나갈 수 있는 든든한 군수공업이 있기에 우리는 미국이 적대시 정책을 계속해도 끄떡없이 경제강국 건설에 박차를 가할 수 있게 되었다", "그 누가 훈시하지 않아도 우리에게는 경제발전과 인민생활 향상을 위한 우리식의 전략과 방향, 그 실현방도가 있다"[120]라고 주장하며 제재 조치가 북한의 경제적 발전을 저해하고 있다고 주장하고 있었다.

김정은은 김일성 시대에 강조되었던 경제·국방 병진노선과 김정일 시대에 통치이데올로기였던 선군정치를 계승하여 '경제·핵 병진노선'을 국가전략 차원에서 취급하기로 천명했다. 북한은 2013년 3월 31일 당 전원회의에서 "경제건설과 핵무력 건설을 병진시킬데 대한 새로

---

119 조선민주주의인민공화국 외무성 대변인 담화, 『조선중앙통신』, 2012. 4. 23.
120 조선민주주의인민공화국 외무성 대변인 담화, 『조선중앙통신』, 2012. 7. 31.

운 전략노선"[121]을 채택하고 국방비를 늘리지 않고도 전쟁 억제력과 방위력을 높여 경제건설에 힘을 집중할 수 있다고 언급하며 대북제재에 따른 내부결핍으로 인한 주민불만을 완화시키고, 추후 국제사회와의 협상테이블이 마련될 경우 경제적 실리를 추구할 수 있는 명분을 사전 구축하기 위한 정지작업이지 않을까 추측해 볼 수 있다.[122]

상기에서 살펴본 바와 같이 제3차 북핵위기 시 북한은 핵정책을 통해 또 하나의 목표라 할 수 있는 경제적 실리를 추구하고 있었다. 특히 6자회담을 재개하기 위한 과정 속에서 UEP 공개를 협상카드화 해서 북미회담 시 영양지원이라는 경제적 보상을 유도했다. 또한 경수로 건설을 통해 전력난 지원과 추후 협상 시 협상의제로서 역할이 가능하다는 점을 고려 시 북한은 경제적 보상을 통해 일정 부분 경제발전에 기여할 수 있는 정책수단으로 핵정책을 활용하고 있음을 보여주는 대목이다.

---

121 『로동신문』, 2013. 4. 1.

122 김태현, "북한의 공세적 군사전략: 지속과 변화", 『국방정책연구』, 제33권 제1호 (서울: 한국국방연구원, 2017), p. 145.

제3절 소결론

북한은 2008년 김정일 위원장의 와병설 이후 후계자에 대한 논의가 뜨거웠다. 이는 김정일 위원장이 건강상 문제가 생긴 후 후계자에 대한 생각을 심각히 했을 것이고, 후계자에게 대내적인 안정성이 구축된 가운데서 정권을 물려주어야 된다는 생각 속에서 모든 정책을 추진해 나가려고 했을 것으로 추측해 볼 수 있다.[123]

2009년 오바마 행정부가 등장하고 상호관계를 설정하는 과정에서 북한은 자신들의 '자주권 공고화'라는 나름의 목표를 설정하고 달성코자 일련의 행동들을 실시한 것으로 보인다. 이런 맥락 하에서 북한은 4월 장거리 로켓 발사와 이어서 제2차 핵실험을 강행하며 한반도 내 위기국면을 조성했다.

제3차 북핵위기 시 북한은 핵정책을 추구함에 있어 가장 우선적으로 '자주권 공고화'라는 정치적 동기를 충족시킴으로써 궁극적으로 대내적 안정성을 강화하기 위한 활동들을 전개해 나아갔던 것으로 판단해 볼 수 있다.

---

123 북한 김정일 국방위원장이 자신의 후계자로 셋째 아들인 김정운(1984년생)을 낙점하고, 이러한 결정을 담은 '교시'를 이달 초 노동당 조직지도부에 하달한 것으로 알려졌다. 정보소식통은 15일 "김정일 위원장이 1월8일께 노동당 조직지도부에 세 번째 부인 고영희 씨에서 난 아들 정운을 후계자로 결정했다는 교시를 하달한 것으로 안다"고 말했다. 『연합뉴스』, 2009. 1. 15.

다시 말해 2009년 4월 장거리 로켓 발사와 이어서 5월에 제2차 핵실험은 미국의 오바마 행정부가 출범 이후 아직 서로 간의 관계를 설정하는 단계에서 북한은 자신들의 시간표에 의해 행동을 강행했다. 이는 2008년 오바마가 대통령 후보 시절 민주당 예비선거 토론회에서 김정일 등 미국의 적수들과 만날 용의가 있음을 시사했던 점[124]을 고려 시 북한의 핵정책 활동은 김정일 위원장이 후계자에게 보다 안정된 대내적 환경을 제공하기 위한 정치적 동기에 따른 행동이라고 판단해 볼 수 있다.

이러한 모습은 북한이 2009년 신년사에서 밝힌 내용을 보면 추가적인 근거 자료가 될 수 있다. "전후 천리마대고조를 일으키던 그때처럼 한마음한뜻으로 굳게 뭉쳐 강성대국의 대문을 열기 위한 진군의 나팔을 불며 총공격전을 과감히 벌려나가야 합니다", "천리마대고조로 준엄한 난국을 타개하고 자주, 자립, 자위의 강국으로 비약한 그 정신, 그 기백으로 세기를 주름잡으며 질풍같이 내달림으로써 선군으로 존엄높은 내 나라의 푸른 하늘아래 민족만대의 번영을 담보하는 사회주의강성대국을 건설하여 후대들에게 물려주려는 우리 당의 확고부동한 의지가 담겨져있다"[125] 라고 밝혔다. 이후 이어진 북한의 장거리 로켓 발사와 제2차 핵실험은 결국 미국의 강경대응을 불러왔고, 북미 간에는 대화와 협상을 이어갈 모멘텀을 유지할 수 없는 형국에 이르게 됐다. 그러자 북한은 미국을 대화와 협상의 장으로 나오게 하기 위해 위기를 조성하는 전략을 다시 구사하기 시작했다. 이런 북한의 위기조성국면을 타개하기 위해 관련국가들 간의 대화와 협의를 통해 긴장국면을 완화시키는 노력들이 어느 정도 결실을 맺어 가고 있었다.

---

124 Jeffrey A. Bader, *op. cit.*, p. 29.

125 『로동신문』, 2009. 1. 1.

이러한 분위기 속에서 2010년에는 6자회담의 기대감이 높았음에도 불구하고, 1월 11일 북한은 외무성 성명을 통해 6자회담 복귀 조건으로 제재 해제를 요구하고 비핵화 논의에 앞서 평화협정 논의에 대한 주장을 하는 등의 모습을 보였다.

> "현재도 6자회담은 반공화국 제재라는 불신의 장벽에 막혀 열리지 못하고 있다. 조선반도 비핵화 과정을 다시 궤도 위에 올려 세우기 위해서는 핵문제의 기본 당사자들인 조·미 사이에 신뢰를 조성하는 데 선차적인 주목을 돌려야 한다는 것이 우리가 도달한 결론이다. 조·미 사이에 신뢰를 조성하자면 적대관계의 근원인 전쟁상태를 종식시키기 위한 평화협정부터 체결되어야 할 것이다."[126]

상기의 내용이 의미하는 바는 북한이 주장한 평화협정 체결 주장을 통한 6자회담이 열리지 못하고 있는 책임을 전가함과 함께 자신의 핵정책을 '자주권'을 공고화하는 수단으로 인식하고 있음을 보여주는 증거라 할 수 있다.

그리고 2012년 신년사에서는 "위대한 수령 김일성동지의 탄생 100돐을 선군대고조의 승리의 포성이 울리는 크나큰 경사로 가장 성대하게, 가장 의의깊게 맞이하려는 것은 경애하는 장군님의 숭고한 뜻이였다", "위대한 김정일동지께서는 2012년의 자랑찬 승리를 안아오기 위하여 초인간적인 정력으로 전인민적인 진군을 진두에서 이끄시였다"라고 밝히며 2012년을 강성부흥의 전성기가 펼쳐지는 해로 만들자고 주장했다.[127]

---

[126] 조선민주주의인민공화국 외무성 성명, 『조선중앙통신』, 2010. 1. 11.
[127] 『로동신문』, 2012. 1. 1.

이후 2012년은 두 번의 장거리 로켓 발사를 강행했다. 당시 2월에 북미 간 2 · 29 합의를 통해 미사일 발사관련 유예를 합의했음에도 북한은 김일성 탄생 100주년을 기념하며 체제의 정당화를 강화한다는 측면에서 장거리 로켓을 강행한 것으로 보인다.

더불어 2013년 신년사에서는 "군력이자 국력이며 군력을 백방으로 강화하는 길에 강성국가도 있고 인민의 안녕과 행복도 있습니다. 우리는 위대한 선군의 기치를 높이 들고 군력강화에 계속 큰 힘을 넣어 조국의 안전과 나라의 자주권을 믿음직하게 지키며 지역의 안정과 세계의 평화를 수호하는데 기여하여야 합니다"[128]라고 밝혔다.

그리고 이어서 제3차 핵실험 예고가 있었으며, 결국 2013년 2월 12일 강행했다. 이는 신년사에서 밝힌 '자주권' 주장을 통한 대내적 안정성 추구와 핵능력 강화를 통한 차후 정치적 협상 입지를 강화하기 위한 일환의 활동으로 보인다.

한편, 북한은 2013년 6월 39년만에 수정된 북한 통치의 핵심 강령인 〈당의 유일적 영도체계 확립의 10대원칙〉 서문에 "핵무력을 중추로 하는 군사력과 튼튼한 자립경제를 갖추게 됐다"고 명기했다.[129] 또한, 2016년 5월에는 36년만에 개최된 제7차 당대회를 통해 당규약을 개정하며 서문에 "자위적 전쟁억제력을 더욱 강화"할 것과 "경제건설과 핵무력 건설의 병진로선을 틀어쥐고" 확고히 할 것을 명기했다.[130] 이를 종합해보면, 북한의 핵무기 개발 활동은 안보적 · 경제적 동기를 넘어 김정은

---

128 『로동신문』, 2013. 1. 1.

129 홍민, "김정은 정권 핵무기 고도화의 정치경제", 『통일연구원 Online Series』, 제15-25호, (서울: 통일연구원, 2015), p. 6.

130 정성윤 외 4명, 『북한 핵 개발 고도화의 파급영향과 대응방향』(서울: 통일연구원, 2016), pp. 209~210.

정권의 안정성을 구축하기 위한 정치적 동기 측면에 보다 큰 비중을 두고 있음을 엿볼 수 있는 대목이라 할 수 있다.

그렇다고 안보적·경제적 동기가 제3차 북핵위기 시 결정요인으로서 작용하지 않았다고는 할 수 없다. 예컨대 북한은 지속적으로 미국의 적대정책에 대한 철회를 요구하며, 핵억지력을 강화해야 한다는 주장을 지속했다. 그리고 실제로 행동으로 실행했는데, 제2~6차까지의 핵실험을 통해 핵능력이 강화된 것을 보면 안보적 동기요인도 일정 부분 영향을 미쳤다고 할 수 있다. 또한 경제적 동기측면에서도 2012년 영양지원을 받기 위해 미국과의 회담에 참여하고 궁극적으로 2·29 합의를 도출한 점을 고려 시 북한이 경제적 동기요인에도 일정한 영향을 받고 있음을 방증하는 것이라 할 수 있다.

〈표 5-3〉 제3차 북핵위기 내용

구분	제3차 북핵위기
발생배경	북한의 대내적 변화
정책목표	자주권 공고화 〉 억지력 구비 〉 경제적 실리
협상방식	다자회담 내 양자회담
결정요인	정치적 동기(강) 〉 안보적 동기(중) 〉 경제적 동기(약)
협상결과	2·29 합의

이러한 결과는 이 책이 최초에 가설로 내세웠던 '탈냉전 이후 북한의 핵정책은 정치적 동기요인이 주된 결정요인이고 안보적·경제적 동기요인이 부차적 결정요인이며, 이러한 핵정책은 북한의 대내외적 안정성을 추구하는 핵심 정책수단'임을 방증하고 있다고 할 수 있다.

제6장

결론

본 저서는 탈냉전기 북한의 핵정책 결정요인들이 '어떻게' 영향을 미쳤는지를 규명하기 위해 "탈냉전 이후 북한의 핵정책은 정치적 동기 요인이 주된 결정요인이고 안보적·경제적 동기요인이 부차적 결정요 인이며, 이러한 핵정책은 북한의 대내외적 안정성을 추구하는 핵심 정책 수단이다"라는 가설을 탈냉전기 북한의 핵정책 전개과정에 대입시켜 논 리적으로 검증을 시도했다. 즉 서론에서 이론적 검토를 통해 분석틀을 제시하고, 본론에서 이 책의 목적을 달성하기 위해 구체적인 사례에 대 입하여 가설을 검증하여 다음과 같은 사실들을 발견할 수 있었다.

먼저 탈냉전기 북한의 핵정책 결정요인은 정치적 동기가 주된 결정 요인으로 안보적 동기와 경제적 동기가 부차적 결정요인으로 작용했다. 결론적으로 탈냉전기 북한 핵정책의 주된 결정요인으로 정치적 동기가 작용했으며, 각 시기별로 '자주권 수호' → '자주권 강화' → '자주권 공고 화'라는 목표 하에 지난 제1·2·3차 북핵위기 시 북한은 핵정책 결정에 있어 정치적 동기가 핵심 변수로서 영향을 미쳤다. 부차적인 결정요인인 안보적 동기측면에서는 '외부로부터의 안보위협 인식', '적국으로부터의 억지력 구비' 두 가지 요인이 영향을 미쳤다. 그리고 경제적 동기측면에 서 '경제적 실리' 추구가 북한의 핵정책 결정에 영향을 미쳤음을 확인할 수 있었다.

좀 더 구체적 사실들과 대입하여 살펴보면, 제1차 북핵위기 시에는 정치적 동기 측면에서 북한은 안전협정 서명과 사찰과정에 있어서 공정 성 있는 사찰을 주장하며 이를 '자주권' 문제와 결부지으며 행동했다. 특 히 북한은 '특별사찰' 문제를 '자주권 수호' 문제로 인식한 가운데 '벼랑 끝 전술'로 대응했고, 결국 '자주권 수호'를 관철시키는 북미 제네바 합 의를 이끌어냈다.

안보적 동기측면에서 살펴보면, 1980년 말 사회주의권 국가들이 붕괴되면서 북한은 군사적 중요 후견국들이 사라지게 됐다. 이것은 북한에게는 냉전기 북한에게 든든한 지원세력이 사라지는 것을 의미하는 것이었다. 특히 소련의 붕괴는 북한에게 가장 큰 충격으로 다가오게 되었는데, 이는 미국으로부터의 직접적인 핵위협에 노출된 것으로 인식하게 되었고 이에 대한 대응방안의 일환으로 핵무기 개발에 적극 참여하게 됐다.

이와 함께 제1차 북핵위기 시 경제적 동기 측면도 중요시 했다는 것을 북미 제네바 합의 체결 내용에서 확인할 수 있었다. 북미 제네바 합의에서 명시된 경제적 보상으로 제공될 1,000MWe급 경수로 2기와 연간 중유 50만 톤의 제공은 이를 뒷받침해주는 중요한 증거라 할 수 있다. 그 당시 북한은 경제난을 극심히 겪고 있었다. 무엇보다도 전력난으로 인해 파생되는 기타 경제 분야에 대한 해결책의 일환으로 경제적 보상을 미국 측에 제시한 것이었다. 그러한 북한의 경제적 보상 요구가 결국 협상결과에 반영하게 됐다.

다음으로 제2차 북핵위기 시에도 정치적 동기가 북한의 핵정책 결정에 주된 결정요인으로 작용했다는 것을 확인할 수 있었다. 예컨대 북한은 2005년 제2기 부시 행정부 출범 이후 '폭정의 전초기지' 발언을 '자주권' 문제와 결부지었으며, 이후 발생된 'BDA 금융제재' 문제도 '자주권' 문제와 연관지으며 핵정책을 결정하는 데 있어 핵심 동기로서 영향을 미쳤다.

제2차 북핵위기는 북한의 핵동결 해제, NPT 탈퇴를 통해 위기가 고조되었고, 이러한 위기를 타개하기 위한 대화의 장으로서 6자회담이 출범하게 됐다. 당시 북한의 핵정책 목표는 모든 핵무기와 현존 핵프로그램 포기와 북한의 북미 간 상호 주권존중을 통한 '자주권 강화'가 핵심이라 할 수 있다. 이러한 목표는 9·19 공동성명을 통해 합의를 이루었으나, 이후 BDA 문제로 인해 난관에 봉착하게 됐다.

이에 북한은 6자회담을 거부하였으며, 더 나아가서 2006년 미사일 발사와 제1차 핵실험 등으로 회담은 더 이상 진전되지 않았다. 이처럼 한반도 내 위기가 고조되는 가운데 관련국가들의 긴장완화의 노력 결과 긴장국면을 완화시키며, 북한을 6자회담에 복귀시킬 수 있었다. 이후 진행된 6자회담을 통해 2007년 2·13 합의 그리고 10·3 합의를 탄생시켰으나, 2008년 최종 검증 체제 수립에서 협상이 결렬됐다.

상기와 같은 제2차 북핵위기 시 북한 핵정책의 지속과 변화의 모습은 동북아의 냉혹한 무정부성과 고강도 안보딜레마의 존재로 인해 핵무기 개발의 정치적·안보적 동기들이 상쇄되지 않고 있음을 보여주는 증거라 할 수 있다.

특히 6자회담 초반 미국의 '선 핵포기' 정책과 북한의 '행동 대 행동' 정책의 대립으로 큰 진전을 이루지 못하고 있었다. 이런 가운데 북한은 '자주권'이 위협받고 있음은 물론이며 미국으로부터 안보위협에 노출되어 있다고 생각했다. 이에 북한은 '자주권'을 강화하고 안보위협을 상쇄시키기 위한 수단으로 핵정책을 활용했다. 또한 미국의 직접적인 안보위협에 대해 억지력 구비 차원에서 미사일 발사시험과 제1차 핵실험을 강행하며 핵능력을 강화시켰다.

이는 북한이 제2차 북핵위기 시 정치적 동기요인이 주된 결정요인으로 안보적 동기요인이 부차적 결정요인으로 작용했다는 것을 방증하는 것이다.

물론 제2차 북핵위기 시 경제적 동기 측면도 중요한 요인으로 작용했다. 6자회담 진행 간에 회담의 결과 경제적 보상이 수반되어 있었고, 경제적 보상에 대한 진행여부에 따라 합의 이행여부를 결부지었던 점을 고려 시 분명 일정한 영향을 미쳤다. 전술했듯이, 북한은 제1차 북핵위기 시 보다 중국과의 경제관계가 수월하다보니 핵정책을 추진함에 있어서 경제적 실리에 대한 절박성이 정치적·안보적 동기요인보다는 상대적으로 급박한 문제로 인식되지 않았음을 확인할 수 있었다.

마지막으로 제3차 북핵위기 시에도 정치적 동기요인이 북한의 핵정책에 주된 결정요인으로 작용했다. 2009년 오바마 행정부가 출범하고 얼마 되지 않아 장거리 로켓 발사 예고 후 발사를 강행했으며, 이어서 제2차 핵실험까지 실시한 점을 고려 시 북한은 '자주권 공고화'를 위한 사전 정지작업으로 판단해 볼 수 있다. 왜냐하면 2008년 검증 체제 수립을 위한 논의 과정 속에서 미국의 핵심 요구조건인 완전한 핵프로그램 신고 시 시료 채취 문제를 '자주권' 문제와 결부지으며 검증 체제를 합의하는 데 실패했다. 그리고 이어진 2009년 신년사에서 '강성대국' 문을 열어야 된다는 메시지를 보내는 등 북한의 핵정책은 대내적 정치적 요인들에 많은 영향을 받고 있었다. 그리고 6자회담의 불참 논리를 제재 문제로 떠넘기고 있음을 고려 시 제재를 '자주권' 문제와 결부짓고 있었다. 더불어 2008년 김정일 위원장의 건강 이상 이후 후계체제가 핵심의제로서 작용하였는바, 차후 권력승계 시 보다 강력한 대내적 기반을 강화할 수 있는 치적으로 핵무기를 활용할 수 있다는 계산이 고려되었다고 보인다. 즉 김정일 위원장 이후의 권력승계까지를 고려함과 함께 2013년 이후 정권을 유지하는 하는 데 있어 기반이 되는 각종 규범에 핵무기 개발에 대한 명문화는 체제의 자주권을 공고화하는 핵심 정책수단으로 인식하고 있음을 방증하는 것이며, 이는 정치적 동기 측면이 제3차 북핵위기 시 주된 결정요인으로 작용했음을 보여주고 있는 대목이라 판단된다.

물론 제3차 북핵위기 시에도 북한은 안보위협을 느끼고 있었으며, 이에 따라 억지력을 구비하기 위한 활동들도 계속했다. 북한은 미국의 적대정책과 핵위협이 존재하고 있고 이를 제거하지 않고는 핵무기를 포기할 수 없다는 주장을 했다. 또한 핵무기의 운반수단인 장거리 미사일 기술을 축적하기 위해 장거리 로켓을 발사하는 행동도 지속했다. 뿐만 아니라 북한은 핵능력을 증강시키기 위해 제2~6차까지 핵실험을 강행하며 억지력을 구비하기 위한 노력을 지속했다.

이와 함께 제3차 북핵위기 시 북한은 경제적 실리를 추구하는 데 있어서도 핵정책을 활용했다. 북한은 장거리 로켓 발사를 저지하는 것이 경제발전을 저해하는 활동으로 주장했으며, 우라늄 농축시설 공개를 경제발전을 위한 평화적 핵에너지 활동으로 강변했다. 또한 북한은 2012년 2·29 합의를 통해 24만t의 영양지원을 이끌어냈다. 이처럼 북한은 핵정책을 경제적 실리 추구하는 데 있어 지속 활용했다.

상기의 내용들을 종합해보면, 북한은 핵정책을 통해 대내외적 안정성을 추구하는 핵심 정책수단으로 인식하고 있다는 것을 알 수 있다. 이는 앞에서 전술한 바와 같이 정치적 동기를 주된 결정요인으로 핵정책을 결정하고 실행하고 있다는 것이다.

1989년 북한이 핵무기를 개발한다는 정황이 포착된 이후 2017년 제6차 핵실험까지 30여 년이 지나는 동안 북한은 핵보유국 지위에 거의 도달한 반면에 한국과 미국을 비롯한 주변국들은 북한에게 핵무기를 폐기할 것을 군사적·비군사적 방법으로 관여 및 압박하고 있는 실정이다.

2003년 8월 발족한 6자회담을 통해 2005년 9·19 공동성명, 2007년 2·13 합의, 10·3 합의를 이끌어냈으나, 검증·감시 체제 수립에 대한 이견으로 2008년 7월과 12월의 6자회담 후속회의가 성과 없이 끝남에 따라 북한 핵문제 해결을 위한 논의는 다시 시설 폐쇄 이전의 상태로 회귀됐다.

2005년 9월 6자회담에서 북한의 핵문제 해결을 위한 몇몇 포괄적 사항에 합의했을 때만 해도 북한이 핵무기를 포기할 것이라고 예상하는 견해가 많았던 반면에 2009년 5월 북한이 제2차 핵실험을 강행하자 결국 북한이 핵을 보유할 것이라는 견해가 크게 늘어났다. 북한의 핵무기 포기 여부에 대한 한국 내 여론은 국민의 정부, 참여정부 기간에는 대체로 북한이 핵무기를 북미 관계 개선에 활용하고 종국적으로 포기할 것이라는 여론이 우세했다. 그러나 이명박 정부 기간에 와서는 핵무기를 보유할 가능성을 더 많이 우려하고 있다. 북한의 제2차 핵실험 강행에 대해 유엔 안보리가 2009년 6월 12일 만장일치로 제재 결의안을 채택해 시행했다. 그러자 북한은 2010년에 천안함 피격 사건과 연평도 포격 사건 그리고 우라늄 농축시설 공개를 통해 위기조성전략으로 미국을 압박하였으며, 이에 미국은 대내외적 환경으로 인해 다시 협상에 대한 필요성을 인식하여 2011년에 남북회담 및 북미회담을 거쳐 2012년 2·29 합의를 추동했다. 그러나 얼마 지나지 않아 북한은 장거리 로켓 발사를 예고하며 위기를 조성하고, 이어서 발사를 강행했다. 이에 따른 국제사회의 제재가 이루어졌으며, 급기야 2013년 제3차 핵실험을 강행했다. 그리고 2016년 제4·5차 핵실험, 2017년 제6차 핵실험까지 강행하는 등 여전히 도발 행위를 멈추고 있지 않다.

결론적으로 탈냉전기 북한의 핵무기 개발 문제는 아직 비관도 낙관도 할 수 없는 상황에 놓여 있다. 특히 북한의 핵문제를 해결하기 위해 마련된 6자회담은 합의와 파기, 대화와 교착 등을 반복하며 존폐위기의 상태까지 이르고 있는 것이 작금의 현실이다.

더불어 김정은 체제 등장 이후 북한의 핵정책은 핵보유의 방향으로 가깝게 가고 있으며, 이러한 방향으로 나아가게끔 하는 데 있어서 정치적 동기를 주된 결정요인으로서 안보적·경제적 동기를 부차적 결정요인으로 상정한 가운데서 핵게임을 계속하고 있는 것으로 보인다.

게임체인지로 가는 첫 여정

현재 북한이 생각하기에 핵무기 보유 방향으로 나아가는 것이 체제 생존 및 대내외적 안정성 추구에 유리하다고 여기고 있음을 지난 세 차례의 북핵위기를 통해 학습한 것으로 추론이 가능하다.

이상에서 논의된 탈냉전기 북한의 핵정책 결정요인 매커니즘은 평화적인 '북핵문제' 해결을 위해 한국을 포함한 관련국가들에게 더 많은 '창조적 생각'을 강요하고 있으며, 북한의 핵정책 결정요인에 대한 근원적인 동기를 고찰하는 데 있어 학계의 논의를 좀 더 심화시키고 일반 대중들의 관심을 제고하여 평화적인 '북핵문제' 해결을 위한 공감대를 형성하는 데 기여함과 함께 대북정책을 연구하고 입안하는 전문가와 정부관계자들에게 기초자료로 사용될 수 있으리라 기대한다.

탈냉전기 북한의 핵정책 결정시 정치적 동기를 주된 결정요인으로 한 분석은 북한의 정치적 동기를 상쇄시킬 수 있는 시의적절한 대응방안을 마련하고 시행해야 하는 고도의 '전략적 계산'이 요구된다는 시사점을 주고 있다. 더불어 북한의 핵정책 결정요인에 대한 상대적으로 간과되었던 '정치적 동기' 요인에 대한 '새로운 시각'을 제공한다는 점에서 미미한 의미가 있다고 생각한다.

그럼에도 불구하고 본 저서가 보완해야 할 점을 찾아내는 것은 무척 쉬운 일이다. 무엇보다도 북한의 1차 자료를 통해 객관성을 가지려고 노력했으나, 다른 한편으로는 북한의 1차 자료에 대한 지나친 신빙성을 부여하지 않았나 하는 한계점을 내포하고 있다.

지금으로부터 약 2,500년 전에 손무(孫武)가 저술한 동양 최고 병법서인 손자병법의 모공(謨攻)편에서는 "최상의 용병은 적의 의도를 파괴하는 것이고, 그다음은 적의 동맹관계를 끊는 것이며, 그다음은 군대를 치는 것이고, 최하는 적의 성을 공격하는 것이다(故 上兵伐謀, 其次伐交 其次兵 基下攻城)"고 기술하고 있다. 이는 유사시 온전한 승리를 하기 위해서는 적의 의도를 꺾는 것이며, 이를 위해 선차적인 노력을 집중해야 할 부분이 바로 적의 의도가 무엇인지를 알아내는 것이다.

이런 점을 감안하면 작금의 현실화되고 있는 북한의 핵무기 고도화에 대한 의도를 재조명해 보는 연구는 반드시 지속되어야 한다. 그리고 이러한 연구가 보다 면밀한 전략적 대응방안의 구체적인 계획이 마련됨과 함께 즉시 실행되어야 한다는 공감대를 확장시키는 데 작은 불쏘시개의 역할을 할 수 있기를 간절히 기대한다.

'게임체인지(GameChange)'를 향하여

　미래 국가안보를 위해 무엇을 할 수 있을까? 현재 북한이 핵 · WMD를 가지고 벌이고 있는 위험한 핵게임을 종식시킬 수 없을까?

　많은 사람들이 이런 질문을 하지만 쉽게 지나쳐 버리거나, 복잡한 문제이기에 외면하는 경우를 보게 된다. 필자도 '미래 국가안보를 위해 무엇을 할 수 있을까?', '북한의 핵게임을 종식시킬 수 없을까?'라는 질문에 대한 답을 찾는 과정 속에서 국가안보에 작은 도움이 되고자 하는 바람에 이 책을 집필하게 됐다.

　이 책을 집필하면서 다시 한번 부족한 필력을 한탄하면서도 끝까지 펜을 놓지 않을 수 있었던 것은 동양고전 중 『중용 23장』의 "작은 일도 무시하지 않고 최선을 다해야 한다. 작은 일에도 최선을 다하면 정성스럽게 된다. 정성스럽게 되면 겉으로 드러나고, 겉으로 드러나면 이내 밝아진다. 밝아지면 남을 감동시키고, 남을 감동시키면 변하게 되고, 변하면 생육된다. 그러니 오직 세상에서 지극히 '정성(精誠)'을 다하는 사람만이 나와 세상을 변하게 할 수 있는 것이다"라는 문장 덕분이다.

　현재 한반도 전략환경 속에서 북한의 핵게임을 종식시키기 위해서는 미국과 중국을 비롯한 러시아와 일본 그리고 국제사회의 협력이 필수적이기에 모든 구성원들의 지지(支持)와 성원(聲援)의 토대 위에 '정성(精誠)'이 깃든 대응정책 수립과 집행을 통해서만이 근원적인 문제해결의 길로 나아갈 수 있을 것이다.

필자는 현재 북한의 무모한 핵게임이 반드시 종식될 수 있을 것으로 생각되며, 이를 구현하기 위해서는 민(民)·관(官)·군(軍)의 많은 구성원들이 북한의 핵·WMD에 대한 위협을 상쇄시키고 전쟁을 억지시킬 수 있는 방안을 마련하는 데 지극히 '정성(精誠)'을 쏟아 부어야 한다고 생각한다.

왜냐하면 북한의 핵게임은 복합적인 문제들이 얽혀 있어서 미국을 비롯한 국제사회는 물론이고 국내에서는 민(民)·관(官)·군(軍) 등 모두의 총체적인 협업에 의해서 진행되어야 하기 때문이다. 그러기에 그 어떤 문제보다도 세심히 그리고 면밀히 살펴가면서 '정성(精誠)'을 쏟아 부어야 그 해결의 실마리를 마련할 수 있고, 궁극적으로 해결의 통로를 찾아갈 수 있을 것이다.

분명 지금 이 시간에도 보이는 곳에서 그리고 보이지 않는 곳에서 맡은 소임에 '정성(精誠)'을 쏟고 있는 분들이 많이 있다. 먼저는 이런 모든 분들께 진심으로 경의(敬意)와 찬사(讚辭)를 보낸다.

이와 함께 우리가 잊지 말아야 할 것은 제 위치에서 뿌려지는 '정성(精誠)'들이 한곳으로 모여 분명 꽃을 피울 것이라는 믿음이다.

그 선두에 육군의 구성원 모두가 지향하고 있는 '대한민국을 지키는 무적(無敵)의 전사(戰士) 공동체'가 있음이 자랑스럽다.

게임체인지로 가는 첫 여정

참고문헌

1. 북한문헌

1) 단행본

김화·고봉,『21세기 태양 김정일장군』(평양: 평양출판사, 2000).

김철우,『김정일 장군의 선군정치』(평양: 평양출판사, 2000).

2) 김일성·김정일 저작집류

김일성,『김일성저작집 20』(평양: 조선로동당출판사, 1982).

_____,『김일성저작집 35』(평양: 조선로동당출판사, 1987).

_____,『김일성저작집 43』(평양: 조선로동당출판사, 1996).

_____,『김일성저작집 44』(평양: 조선로동당출판사, 1996).

_____,『김정일선집 14』(평양: 조선로동당출판사, 2000).

3) 정기간행물, 신문, 방송

조선중앙통신사,『조선중앙년감 1988』(평양: 조선중앙통신사, 1989).

조선중앙통신사,『조선중앙년감 1995』(평양: 조선중앙통신사, 1996).

『로동신문』

『조선중앙통신』

『조선중앙방송』

2. 국내문헌

1) 단행본

경수로사업지원기획단, 『대북 경수로지원사업 개관: 추진현황과 과제』(서울: 서라벌인쇄주식회사, 1997).

구영록, 『한국의 국가이익』(서울: 법문사, 1995).

그래엄 앨리슨·필립 젤리코, 김태현 옮김, 『결정의 엣센스: 쿠바 미사일 사태와 세계핵전쟁의 위기』(서울: 모음북스, 2005).

김동수·안진수·이동훈·전은주, 『2013년 북한 핵프로그램 및 능력 평가』(서울: 통일연구원, 2013).

김열수, 『국가안보: 위협과 취약성의 딜레마』(서울: 법문사, 2010).

김재목, 『北核협상 드라마』(서울: 경당, 1995).

김창효 엮음, 『핵공학개론』(서울: 원자력학회, 1989).

류광철 외, 『군축과 비확산의 세계』(서울: 평민사, 2005).

백승주 외 16명, 『2010 한국의 안보와 국방』(서울: 한국국방연구원, 2010).

백학순, 『부시정부 출범 이후의 북미관계 변화와 북한핵 문제』(성남: 세종연구소, 2003).

_____, 『오바마정부 시기의 북미관계 2009~2012』(성남: 세종연구소, 2012).

북한연구소, 『북한총람: 1945~1982년』(서울: 북한연구소, 1983).

_____, 『북한총람: 1994년』(서울: 북한연구소, 1994).

이수혁, 『전환적 사건』(서울: 중앙books, 2008).

이용준, 『게임의 종말』(파주: 한울아카데미, 2010).

이우탁, 『오바마와 김정일의 생존게임: 북핵 6자회담 현장의 기록』(서울: 창해, 2009).

이종석, 『조선로동당 연구』(서울: 역사비평사, 1995).

_____, 『현대 북한의 이해』(서울: 역사비평사, 2000).

이춘근, 『북한 핵의 문제: 발단·협상과정·전망』(성남: 세종연구소, 1995).

_____, 『과학기술로 읽는 북한핵』(서울: 생각의 나무, 2005).

스즈끼 마사유끼, 유영구 옮김, 『김정일과 수령제 사회주의』(서울: 중앙일보사, 1994).

신성택, 『신성택의 북핵리포트』(서울: 뉴스한국, 2009).

오경섭, 『북한의 위기와 선군정치』(서울: 시대정신, 2015).

장달중·이정철·임수호, 『북미대립: 탈냉전 속의 냉전 대립』(서울: 서울대학교 출판문화원, 2011).

장준익, 『북한 핵위협 대비책』(고양: 서문당, 2015).

전성훈, 『북한의 고농축우라늄(HEU) 프로그램 추진 실태』(서울: 통일연구원, 2004).

정봉화, 『북한의 대남정책: 지속성과 변화, 1948-2004』(파주: 한울아카데미, 2005).

정성윤 외 4명, 『북한 핵 개발 고도화의 파급영향과 대응방향』(서울: 통일연구원, 2016).

정성장 외, 『북한의 국가전략』(파주: 한울아카데미, 2003).

정영태, 『파키스탄-인도-북한의 핵정책』(서울: 통일연구원, 2002).

조셉 나이, 홍수원 옮김, 『소프트 파워(SOFT POWER)』(서울: 세종연구원, 2004).

조엘 위트·대니엘 폰먼·로버트 갈루치, 김태현 옮김, 『북핵위기의 전말: 벼랑 끝의 북미협상』(서울: 모음북스, 2005).

조지 W. 부시, 안진환·구계원 옮김, 『결정의 순간』(서울: YBM Si-sa, 2011).

존 J. 미어셰이머, 이춘근 옮김, 『강대국 국제정치의 비극』(서울: 나남출판, 2004).

크리스토퍼 힐, 이미숙 옮김, 『크리스토퍼 힐 회고록: 미국 외교의 최전선』(서울: 메디치미디어, 2015).

케네스 퀴노네스, 노순옥 옮김, 『2평 빵집에서 결정된 한반도 운명』(서울: 중앙 M&B, 2000).

하버드 대학교 케네디 스쿨 엮음, 서재경 옮김, 『한반도, 운명에 관한 보고서』(서울: 김영사, 1998).

하영선 엮음, 『북핵위기와 한반도 평화』(서울: 동아시아연구원, 2006).

함형필, 『NUCLEAR DILEMMA: 김정일체제의 핵전략 딜레마』(서울: 한국국방연구원, 2009).

황영채, 『NPT 어떤 조약인가』(서울: 한울아카데미, 1995).

후나바시 요이치, 오영환 옮김, 『김정일 최후의 도박』(서울: 중앙일보시사미디어, 2007).

2) 논문, 연구보고서

구갑우, "'3차 북핵위기'와 북미 핵협상의 역사적 교훈: 북미 핵갈등은 왜 계속되고 있는가", 『한반도 포커스』, 2009년 7·8월호.

김광용, "북한 수령제 정치체제의 구조와 특성에 관한 연구", 한양대학교 박사학위논문 (1995).

김근식, "북한 발전전략의 형성과 변화에 관한 연구", 서울대학교 박사학위논문 (1999).

_____, "북핵문제와 6자회담 그리고 제도화", 『한국동북아논총』, 제45권 (2007).

_____, "북한의 핵협상: 주장, 행동, 패턴", 『한국과 국제정치』, 제27권 제1호 (2011).

김보미, "김정은 정권의 핵무력 고도화의 원인과 한계", 『국방정책연구』, 제33권 제2호 (2017).

김연철, "북한의 산업화과정과 공장관리의 정치", 성균관대학교 박사학위논문 (1996).

김태현, "북한의 공세적 군사전략: 지속과 변화", 『국방정책연구』, 제33권 제1호 (2017).

남만권, "북한 핵무장의 안보적 파급영향 분석", 『전략연구』, 제28호 (2003).

박병광, "후진타오시기 중국의 대북정책 기조와 북핵 인식: 1·2차 핵실험 이전과 이후의 변화를 중심으로", 『통일정책연구』, 제19권 제1호 (2010).

박용수, "1990년대 이후 한반도 안보환경의 변화: '푸에블로호 사건'과 비교해 본 제1, 2차 '북핵위기'의 특징", 『국제정치논총』, 제47집 제2호 (2007).

박인휘, "오바마 행정부의 등장과 2009년 북핵문제 및 북미관계 전망", 『국방정책연구』, 제24권 제4호 (2008).

손용우, "신현실주의 관점에서 본 북한의 핵정책", 북한대학원대학교 박사학위논문 (2012).

양무진, "제2차 북핵문제와 미북간 대응전략: 미국의 강압전략과 북한의 맞대응전략", 『현대북한연구』, 제10권 제1호 (2007).

유성옥, "북한의 핵정책 동학에 관한 이론적 고찰", 고려대학교 박사학위논문 (1996).

이근욱, "북한의 핵전력 지휘-통제 체제에 대한 예측: 이론 검토와 이에 따른 시론적 분석",『국가전략』, 제11권 제3호 (2005).

이은철, "북한 핵의 과학기술적 의미",『북한연구』, 제3권 제2호, (1992).

이정철, "북한의 핵 억지와 강제",『민주사회와 정책연구』, 제13호 (2008).

이종석, "북핵·미사일 문제의 해법: 한반도 냉전 구조의 해체를 위한 제언",『당대비평』, 제7호 (1999).

임수호, "실존적 억지와 협상을 통한 확산", 서울대학교 박사학위논문 (2007).

지그프리드 해커, "북핵 위기는 해결될 수 있는가?",『Rethinking Nuclear Issues in Northeast Asia: 동북아시아 핵 문제의 재고』, 경남대학교 극동문제연구소 40주년 기념 국제학술회의 (2012).

장노순, "약소국의 갈등적 편승외교정책: 북한의 통미봉남 정책",『한국정치학회보』, 제33권 제1호 (1999).

장달중, "한반도의 냉전 엔드게임(Endgame)과 북미대립",『한국과 국제정치』, 제25권 제2호 (2009).

전병곤, "중국의 북핵 해결 전략과 대북 영향력 평가",『국방연구』, 제54권 제1호 (2011).

전성훈, "핵보유국 북한과 한국의 선택",『국가전략』, 제10권 제3호 (2004).

_____, "북한의 핵능력과 핵위협 분석",『국가전략』, 제11권 제1호 (2005).

전재성, "관여(engagement)정책의 국제정치이론적 기반과 한국의 대북 정책",『국제정치논총』, 제43집 제1호 (2003).

정성윤, "북한의 6차 핵실험(1): 평가와 정세전망",『통일연구원 Online Series』, 제17-26호 (2017).

최용환, "북한의 대미 비대칭 억지·강제 전략", 서강대학교 박사학위논문 (2002).

황진환, "북한의 대량살상무기 개발과 한국의 대응",『국제정치논총』, 제39집 제2호 (1999).

Michael J. Mazarr, 김태규 옮김,『북한 핵 뛰어넘기』(서울: 홍림문화사, 1996).

3) 정부간행물

국방부,『국방백서』, 각 년도 (서울: 국방부).

_____,『참여정부의 국방정책』(서울: 국방부, 2003).

_____, 『대량살상무기에 대한 이해』(서울: 국방부, 2007).

외교통상부, 『외교백서』, 각 년도 (서울: 외교통상부).

외무부, 『한반도문제 주요현안 자료집』(서울: 외무부, 1998).

통일부, 『통일백서』, 각 년도 (서울: 통일부).

_____, 『2013년 북한이해』(서울: 통일부, 2013).

3. 외국문헌

1) 단행본

Art, Robert J. and Robert Jervis, *International Politics: Enduring Concepts and Contemporary Issues*, 3rd ed. (New York: Harper Collins Publishers, 1992).

Bader, Jeffrey A., *Obama and China's Rise: An Insider's Account of America's Asia Strategy*, (Washington D. C: The Brookings Institution, 2012).

Bermudez, Joseph S., *The Armed Forces of North Korea*, (London&New York: I. B. Tauris&Co Ltd, 2001).

Chinoy, Mike, *MELTDOWN*, (New York: St. Martin's Press, 2009).

Cha, Victor D. and David C. Kang, *Nuclear North Korea: A Debate on Engagement Strategies*, (New York: Columbia University Press, 2003).

Dahl, Robert A., *Modern Political Analysis*, (Englewood Cliffs, NJ: Prentice Hall, 1976).

Fischer, David, *History of the International Atomic Energy Agency: the first forty years*, (Vienna: A Fortieth Anniversary Publication, 1997).

Funabashi, Yoichi, *The Peninsula Question: A Chronicle of the Second Korean Nuclear Crisis*, (Washington, D. C.: Brookings Institution Press, 2007).

Harrison, Selig S., *Korean Endgame: A Strategy for Reunification and U.S. Disengagement*, (Princeton, N. J.: Princeton University Press, 2002).

IISS, *North Korea's Weapons Programmes: A Net Assessment*, (London: The International Institute for Strategic Studies, 2004).

Khan, Sadruddin A., ed., *Nuclear War, Nuclear Proliferation and their Consequences*, (New York: Oxford University Press, 1986).

Mazarr, Michael J., *North Korea and the Bomb: A Case Study in Nonproliferation*, (New York: St. Martin's Press, 1995).

Meyer, Stephen M., *The Dynamics of Nuclear Proliferation*, (Chicago: The University of Chicago Press, 1984).

Moltz, James Clay and Alexandre Y. Mansourov, *The North Korean Nuclear Program: Security, Strategy, and New Perspectives from Russia*, (New York: Routledge, 2000).

Morgenthau, Hans J., *In Defense of the National Interest: A Critical Examination of American Foreign Policy*, (New York: Alfred A. Knopf, 1951).

———, *Politics Among Nations: The Struggle for Power and Peace*, 5th ed., (New York: Alfred A. Knopf, 1973).

Oberdorfer, Don, *The Two Koreas: A Contemporary History*, 3rd ed., (New York: Basic Books, 2013).

Pollack, Jonathan D., *NO EXIT: North Korea, Nuclear Weapons and International Security*, (New York: Routledge, 2011).

Pritchard Charles L., *Failed Diplomacy: The Tragic Story of How North Korea Got The Bomb*, (Washington, D. C.: Brookings Institution Press, 2007).

Sagan, Scott and Kenneth Waltz, *The Spread of Nuclear Weapons*, (New York/London: W. W. Norton&Company, 1995).

———, *The Spread of Nuclear Weapons*, 2nd ed., (New York/London: W. W. Norton&Company, 2003).

———, *The Spread of Nuclear Weapons*, 3rd ed., (New York/London: W. W. Norton&Company, 2013).

Shelling, Thomas C., *Arms and Influence*, (New Haven: Yale University Press, 1966).

Sigal, Leon V., *Disarming Strangers: Nuclear Diplomacy with North Korea*, (Princeton, N. J.: Princeton University Press, 1998).

Snyder, Scott, *Negotiation on the Edge: North Korean Negotiation Behavior*, (Washington D. C.: United States Institute of Peace, 1999).

Utgoff, Victor A. ed., *The Coming Crisis: Nuclear Proliferation, U.S. Interests, and world Order*, (Harvard University Cambridge, Mass.: MIT Press, 2000).

Waltz, Kenneth N., *Theory of International Politics*, (Reading, Mass.: Addison–Wesley, 1979).

Wit. Joel S., Daniel B. Poneman, and Robert L. Gallucci, *Going Critical: The First North Korean Nuclear Crisis*, (Washington D. C.: The Brookings Institution, 2004).

2) 논문, 연구보고서

Albright, David and Paul Brannan, "The North Plutonium Stock," *Institute for Science and International Security* (ISIS), (February 20, 2007).

Andrew Mack, "The Nuclear Crisis on the Korean Peninsula," *Asian Survey*, Vol. 33, No. 4 (April, 1993).

Armitage, Richard, "A Comprehensive Approach to North Korea," *Strategic Forum*, No. 159 (March, 1999).

Bradner, Stephen, "North Korea's Strategy," Henry Sokolski ed., *Planning For a Peaceful Korea*, Strategic Studies Institute, (2001).

Cha, Victor D., "Hawk Engagement and Preventive Defense on the Korean Peninsula," *International Security*, Vol. 27, No. 1 (Summer 2002).

_____, "North Korea's Weapons of Mass Destruction: Badges, Shields, or Swords," *Political Science Quarterly*, Vol. 117, No. 2 (2002).

Cleave, William R. Van, "Nuclear Proliferation: The Interaction of Politics and Technology," Ph. D. Dissertation at Claremont Graduate School, (1967).

Thomas Dorian, Leonard Spector, "Covert Nuclear Trade and International Nuclear Regime," *Journal of International Affairs*, Vol. 35, No. 1 (Sping/Summer, 1981).

Hecker, Siegfried S., "Dangerous Dealings: North Korea's Nuclear Capabilities and the Threat of Export to Iran," *Arms Control Today*, Vol. 37, No. 2 (2007).

_____, "A Return Trip to North Korea's Yongbyon Nuclear Complex," *Center for International Security and Cooperation*, Stanford University, (November 20, 2010).

Hwang, Jihwan, "Weaker States, Risk-Taking, and Foreign Policy: Rethinking North Korea's Nuclear Policy, 1989-2005," University of Colorado at Boulder Ph. D. Dissertation, (2005).

Kaiser, Karl, "Nonproliferation and Nuclear Deterrence," Survival, Vol. 31, No. 2 (March/April, 1989).

Kim, Taewoo, "Nuclear Proliferation: Long Term Prospect and Strategy on the Basis of

게임체인지로 가는 첫 여정

a Realist Explanation of India Case," Dissertation for Ph. D. of Political Science, (State University of New York at Buffalo, 1989).

Lake, Anthony, "Confronting Backlash States," *Foreign Affairs*, Vol. 73, No. 2 (March/ April, 1994).

Lavoy, Peter R., "The Strategic Consequences of Nuclear Proliferation," *Security Studies*, Vol. 4, No. 4 (Summer, 1995).

Mearsheimer, John, "The Case for a Ukrainian Nuclear Deterrent," *Foreign Affairs*, Vol. 72, No. 3 (Summer, 1993).

Michael, J. Mazarr, "Going Just a Little Nuclear: Nonproliferation Lessons from North Korea," *International Security*, Vol. 20, No. 2 (Fall 1995).

Niksch, Larry A., "North Korea's Nuclear Weapons Development and Diplomacy," *CRS Report* (January 3, 2007).

Obama, Barack, "Renewing American Leadership," *Foreign Affairs*, Vol. 86, No. 4 (July/ August 2007).

Perry, William, *Review of United States Policy Toward North Korea: Findings and Recommendations*, Unclassified Report, (October, 1999).

Rice, Condoleezza, "Campaign 2000: Promoting the National Interest," *Foreign Affairs*, Vol. 79, No. 1 (January/February 2000).

Schlesinger, James R., "The Strategic Consequences of Nuclear Proliferation" in James E. Dougherty and J. F. Lehman, Jr. ed., *Arms Control for the Late Sixties* (New York: D. Van Nostrand, 1967).

Waltz, Keneth N., "The Spread of Nuclear Weapons: More May Be Better," *Adelphi Paper*, No. 171 (1981).

Weltman, John J., "Managing Nuclear Multi-polarity," International Security, Vol. 6, No. 3 (Winter, 1981/1982).

Wentz, Walter B., "Nuclear Proliferation: A Study of the New Reality," Ph. D. Dissertation at Claremont Graduate School, (1967).

3) 정부간행물

Senior Administration Official, Office of the Spokesperson, "Background Briefing on the Democratic People's Republic of Korea," *Special Briefing* (February 29, 2012).

The White House, *The National Security Strategy of the United States of America*, (September, 2002).

_____, *The National Security Strategy of the United States of America*, (March, 2006).

_____, "U.S.-China Joint Statement," *Office of the Press Secretary*, (January 19, 2011).

United Nations, "Resolution 1695 (2006)," Adopted by the Security Council at its 5490th meeting, (15 July 2006).

_____, "Resolution 1718 (2009)," Adopted by the Security Council at its 5551st meeting, (14 October 2009).

_____, "Resolution 1874 (2009)," Adopted by the Security Council at its 6141st meeting, (12 June 2009).

_____, "Resolution 2087 (2013)," Adopted by the Security Council at its 6904th meeting, (22 January 2013).

U. S. Department of Defense, *Nuclear Posture Review Report*, (January, 2001).

_____, *Nuclear Posture Review Report*, (April, 2010).

U. S. Department of State, Bureau of Verification and Compliance, *World Military Expenditures and Arms,* (Washington, D.C: US Gov. Printing Office, 2000).

U. S. Department of State, *Daily Press Briefing*, (October 17, 2002).

4. 기타(신문, 방송, 인터넷 등)

『경향신문』, 『내일신문』, 『노컷뉴스』, 『뉴시스』, 『데일리NK』, 『동아일보』, 『매일신문』, 『머니투데이』, 『문화일보』, 『서울경제』, 『아시아경제』, 『업코리아』, 『연합뉴스』, 『중앙일보』, 『한국경제』, 『New York Times』, 『Wall Street Journal』, 『Washington Post』, 『Washington Times』, 국방부, 네이버, 통계청, 통일부